神奈川大学経済貿易研究叢書第30号

日本における農業簿記の研究

戦後の諸展開とその問題点について

戸田龍介［著］
Toda Ryusuke

A Research on
Agriculture Bookkeeping in Japan

中央経済社

はしがき

　周知のとおり，現在，日本の農業を取り巻く環境は激変しつつある。日本の農業に対するとらえ方も，従来のような政権与党の安定的な票田というとらえ方から，日本に残された数少ない成長余力のある分野というとらえ方に変化している。現行安倍政権下におけるアベノミクスも，こういったとらえ方のもと，日本の農業の成長力・競争力に期待をかけているのである。つまり，21世紀における日本の農業は，20世紀後半，つまり戦後に見られたような「保護」一辺倒の観点からではなく，「競争」という観点からもとらえられるようになったことになる。しかしながら，この「競争」という観点は，日本の農業界が内生的・自発的に派生させたものではなく，TPP等をめぐる議論を契機として，言ってみれば外圧によって，はじめて真剣に日本の農業界に持ち込まれたものであることは論を俟たない。

　この，現在大きな注目が集まっている農業の分野においては，従来から「農業簿記」という簿記があったことが知られている。本書は，当該農業簿記について論じるものであるが，ここで大いなる疑問が湧いてくるのである。これまで日本において展開されてきた農業簿記が，本来の「簿記」であったならば，記録に基づく農産物の原価把握を通じた損益計算を担ってきたはずであり，たとえ直接的ではないにしろ，原価削減による利益の確保等，日本の農業の競争力強化に対する寄与があったはずである。しかしながら，これまで日本において展開されてきた農業簿記が，日本の農業の競争力強化に寄与したという話は，寡聞にして知らないのである。これは一体なぜなのか。なぜ，日本においてこれまで展開されてきた農業簿記は，TPPといういわば外圧がかかる以前に，簿記を前提とするならば当然行き着くはずである原価の問題等を契機に，競争力強化という新たな視座を，内生的・自発的に日本の農業界に持ち込むことができなかったのであろうか。この疑問こそ，本書を貫くリサーチ・クエスチョンなのである。

　なお，本書は，筆者による博士学位請求論文「日本における農業簿記の研究 ―農業税務簿記，農業統計調査，農協簿記の3つの流れを中心に―」をもとに，

大幅な加筆修正を加えたものである。当該博士論文については，特に主査の大石桂一九州大学大学院教授に，論文作成全般において大変有益なご指摘・ご示唆をいただいた。大石教授の下でなければ，2年間（2015～2016年度）という短い期間で，博士論文を作成・提出することは到底不可能であった。

　本書は，大石教授をはじめ，多くの方による導きがあってはじめて上梓できたものである。中でも，そもそも，農業簿記という筆者にとって全く未知だった領域に，筆者を導いてくれた方がいる。筆者が農業簿記を研究し始めた契機は，2011～2012年度の日本簿記学会・簿記実務研究部会（課題：「地域振興のための簿記の役割―農業・地場産業を対象として―」）の部会長を務めたからであるが，この部会長に筆者を推薦してくれたのが佐藤信彦熊本学園大学大学院教授であった。あの時，佐藤教授に背中を押してもらわなければ，筆者が農業簿記を研究することもなければ，本書が世に出ることもなかったのである。

　上記研究部会には，多くの有為な研究者に集ってもらったが，特に研究開始直後は，筆者自身の力不足により学問的展望が何ら開けていなかった。この苦しい時代に，陰に陽に筆者を励まし支えてくれたのが，成川正晃東北工業大学教授である。今もなお，苦しい局面を迎えると，成川教授の助けを乞うことがしばしばある。また，上記研究部会のメンバーでもあり，院生時代から数えればすでに30年以上の付き合いとなる，工藤栄一郎西南学院大学教授も，得難い畏友である。工藤教授からは，常日頃から，筆者の研究に対する厳しくも温かい直言を頂戴している。本書の刊行も，「早く単著を」という工藤教授の檄に背中を押してもらったものである。

　本書の完成に対しては，筆者が勤める神奈川大学経済学部の研究者の方々からも多大な助力を得た。特に，田中弘名誉教授からは，田中名誉教授が本学を退職する前から，「早く研究を成就させ博士号の取得を」と常日頃から叱咤激励をいただいていた。さらに，本書における研究の進展において決定的となる，西田尚史税理士（西田氏については後述）との知己も，田中名誉教授の導きにより結ばれたものである。また，岡村勝義教授には，筆者の研究が行き詰った際，しばしば苦し紛れの報告を静かに聞いてもらい，いつも貴重なご示唆をいただいている。日本経済史を専門とされる谷沢弘毅教授も，農業統計調査という流れが農業簿記に存することを筆者に教授してくれた同僚研究者である。

本書に示した研究は，未完成の状態で学外の研究会で報告し，多くの貴重なご示唆を受け完成したものである。特に，先述した大石教授が主催している九州会計研究会では，たび重なる研究報告を行わせていただいた。九州では毎夏，「会計学サマーセミナーin九州」という研究会が開催されるが，当該研究会においても，農業簿記の研究をはじめてからほぼ毎年連続で報告させてもらっている。また，齋藤真哉横浜国立大学大学院教授が主催している青山会計研究会においては，幾度も拙い報告をさせてもらった。齋藤教授や門下の先生方の厳しくも的確な質問に，本書の研究を鍛えてもらった。さらに先述した佐藤教授の紹介により参加することになった，明治大学の嶌村会計学研究会でも，多くの研究報告の機会をいただいた。もともと，関東にベースがなかった筆者が，多くの関東在住の研究者と知己を結べたのも，嶌村会計学研究会のおかげである。

　本書はこのように，多くの研究者の方々からの助力をいただいているが，同様に，多くの関係者の方々へのヒアリング調査に基づき完成したものでもある。本書の特徴の1つに，ヒアリング調査を重用・多用していることがあげられる。これは，真に意味ある日本の農業簿記の研究のためには，文献研究だけでは限界があり，現場を直接知る方へのタブーなき実態調査が不可欠であったためである。その意味で，本書の最大の貢献者であり，感謝申し上げるべきは，ヒアリング調査を受けていただいた全ての方々である。ここで，全ての方々のお名前や所属団体を列挙する紙幅の余裕はないが，ヒアリング調査を受けていただいた皆様に最大限の感謝の意を表したい。

　ただ，お一人だけ，どうしてもお名前をあげなければならない。それは，全国農業経営コンサルタント協会の前会長であり，熊本市小峰の未来税務会計事務所所長でもある西田尚史税理士である。本書における研究の進展において，いや，それどころか，本書における研究の基本的視座の獲得において，西田税理士から頂戴したものは，計り知れないほど大きなものであった。もし，西田税理士と知己を結べていなければ，本書における研究は全く別物となっていたであろう。

　思うに，筆者は，本当に人に恵まれてきたのだと思う。正式な言葉として辞書にはないが，「人運」にだけはたいそう恵まれてきたことを自覚するもので

ある。そして，筆者にとっての最大の「人運」は，恩師である津守常弘九州大学名誉教授と出会えたことである。津守先生（津守名誉教授だけは「先生」と呼称させていただく）には，学部ゼミの時代から今日まで不断にご指導賜っており，筆者が今あるのは津守先生のおかげであると言って何ら過言ではない。不肖の弟子である筆者は，これまで津守先生の学恩になかなか応えることができず，内心忸怩たるものがあった。本書の刊行により，津守先生からの学恩に僅かでも応えることができるのなら，これこそまさに筆者の喜びとするところである。

最後に，本書のような市場性に乏しい書物の出版を引き受けていただいた中央経済社ホールディングス会長の山本継氏，ならびに，本書の計画段階から刊行に至るまで適切なアドバイスをいただき，時に筆者を鼓舞してくれた長田烈氏に対して，厚く御礼申し上げる次第である。また，筆者が研究に没頭できるよう家庭を守ってくれた妻美保子に感謝したい。なお，本書において示す一連の研究には，科学研究費補助金（基盤研究（c），課題番号26380626）を受けている。また，本書は，神奈川大学経済貿易研究所の研究叢書として，同研究所から出版助成を受けている。本書の刊行をもって，以上全ての方々・団体に対する感謝の意とさせていただけるならば幸いである。

2017年3月

戸田　龍介

初出文献一覧

　本書は，既述のとおり，筆者の博士論文をもとにしたものである。当該論文および本書は，以下に示す論文を初出・基本文献としているが，それぞれ大幅な加筆修正が施されており，その内容も複数の章に分散して収められている場合があるため，章ごとの対応関係を示すことなく，公表順に一覧掲示するにとどめる。

　　戸田龍介（2010）「利益の信頼性と複式簿記」『日本簿記学会年報』第25号（2010年7月），21-27頁。
　　戸田龍介（2013）「地域振興のための簿記の役割（10）―従来の農業簿記の理論的問題点を中心に―」『商経論叢』第48巻第4号（2013年6月），157-171頁。
　　戸田龍介（2014）「日本の農業簿記の特徴と問題点―農業簿記検定教科書3級を題材にして―」『税経通信』第69巻第6号（2014年6月），17-26頁。
　　戸田龍介（2014）「日本における農業簿記の研究（2）―全国農業経営コンサルタント協会会長・西田尚史税理士へのヒアリング調査（第1回）―」『商経論叢』第50巻第1号（2014年10月），83-99頁。
　　戸田龍介（2014）「日本における農業簿記の研究（3）―全国農業経営コンサルタント協会専務理事・森剛一税理士他へのヒアリング調査―」『商経論叢』第50巻第1号（2014年10月），101-125頁。
　　戸田龍介（2015）「日本における農業簿記の研究（4）―ミツハシライス管理部財務課長・澤田泰二氏へのヒアリング調査―」『商経論叢』第50巻第2号（2015年3月），309-324頁。
　　戸田龍介（2015）「日本における農業簿記の研究（6）―神奈川大学経済学部・谷沢弘毅教授へのヒアリング調査―」『商経論叢』第50巻第3・4号合併号（2015年4月），103-118頁。
　　戸田龍介（2015）「日本における農業簿記の研究（7）―全国農業経営コンサルタント協会代表理事・西田尚史税理士へのヒアリング調査（第2回）―」『商経論叢』第50巻第3・4号合併号（2015年4月），119-134頁。
　　戸田龍介（2015）「日本における農業簿記の史的展開と展望―農業税務簿記，農業統計調査，農協簿記を超えて―」『會計』第187巻第6号（2015年6月），41-55頁。
　　戸田龍介（2015）「日本における農業簿記の研究―収穫基準の両義性に注目して

―」『日本簿記学会年報』第30号（2015年7月），68-74頁。

戸田龍介（2015）「日本における農業簿記の研究（8）―JA北ひびき　営農部経営対策課・真嶋憲一課長へのヒアリング調査―」『商経論叢』第51巻第1号（2015年10月），69-87頁。

戸田龍介（2015）「日本における農業簿記の研究（9）―JA北海道中央会　基本農政対策室・小南裕之室長他へのヒアリング調査―」『商経論叢』第51巻第1号（2015年10月），89-110頁。

戸田龍介（2015）「農業所得標準と概算金の研究―日本の農業において簿記会計の普及を阻んできたもの―」『産業経理』第75巻第3号（2015年10月），65-78頁。

戸田龍介（2016）「京大式農家経済簿記の再検討―農林省農家経済調査との近似性に注目して」『會計』第190巻第3号（2016年9月），54-68頁。

目　　次

はしがき
初出文献一覧

序章　従来の農業簿記に対する疑問 ―――― 1

1　研究の目的／1
2　研究の方法／5
3　本書の構成／8

第Ⅰ部　日本における農業簿記の諸展開

第1章　従来の農業簿記関連文献について ―――― 15

1　はじめに／15
2　これまでの農業簿記関連著書について／16
3　農業簿記関連研究の特徴についての考察／21
4　大槻正男博士の発案による京大式農家経済簿記について
　　―戦後の農業簿記研究に対する示唆をめぐって―／25
5　おわりに／29

第2章　農業税務簿記の流れについての考察 ―――― 33

1　はじめに／33
2　ヒアリング調査からみる農業税務簿記の特徴
　　―収穫基準を中心に―／34
3　農業税務簿記を支えるもの
　　―農業に関する標準・基準を中心にして―／41
4　農業税務簿記を支えるもの
　　―概算金を中心として―／44
5　むすび／49

第3章 農業統計調査簿記の流れについての考察 ——— 53

1 はじめに／53

2 ヒアリング調査から確認された農業統計調査簿記の流れ／54

3 京大式農家経済簿記の再検討
—要としての現金現物日記帳について—／57

4 京大式農家経済簿記の特徴と画期性についての再検討／60

5 京大式農家経済簿記の目的と方向性についての再検討／64

6 むすび／67

第4章 農協簿記の流れについての考察 ——— 71

1 はじめに／71

2 ヒアリング調査から確認された農協簿記の流れ／71

3 農協問題について
—「記録」の問題を中心に—／76

4 農協問題について
—ワンストップ体制の問題を中心に—／80

5 むすび／84

第5章 日本における農業簿記の3つの流れ ——— 89

1 はじめに／89

2 農業税務簿記の流れ
—その目的について—／90

3 農業税務簿記の流れ
—その前提について—／96

4 農業統計調査簿記の流れ／102

5 農協簿記の流れ／106

6 むすび／111

第Ⅱ部 農業税務簿記の研究

第6章 農業税務簿記の特徴と問題点
　　　―農業簿記検定教科書3級における仕訳を題材にして― ―― *119*

　1　はじめに／*119*
　2　農業簿記検定教科書3級の概要／*120*
　3　家事消費取引仕訳について／*123*
　4　未販売農産物の棚卸評価仕訳について／*126*
　5　未収穫農産物の棚卸評価仕訳について／*130*
　6　収穫基準について
　　　―農業税務簿記の「根幹」としての本質的意味―／*135*
　7　むすび／*139*

第7章 収穫基準の両義性についての考察
　　　―計算構造および記帳を中心として― ―― *143*

　1　はじめに／*143*
　2　収穫基準の両義性について
　　　―計算構造的視点からの考察―／*144*
　3　収穫基準の両義性について
　　　―記帳の視点からの考察―／*149*
　4　むすび／*151*

第8章 農業に関する標準・基準の研究
　　　―農業所得標準および概算金を中心として― ―― *153*

　1　はじめに／*153*
　2　農業所得標準の概要について／*154*
　3　農業所得標準の変遷
　　　―熊本における実際の適用状況調査―／*160*
　4　概算金の概要とその問題点／*163*
　5　むすび
　　　―農業に関する標準・基準の適用がもたらす簿記会計的弊害―／*167*

第Ⅲ部 農業税務簿記に関するヒアリング調査

第9章 全国農業経営コンサルタント協会前会長・
西田尚史税理士へのヒアリング調査（第1回）——— *175*

第10章 全国農業経営コンサルタント協会前会長・
西田尚史税理士へのヒアリング調査（第2回）——— *195*

第11章 全国農業経営コンサルタント協会現会長・
森剛一税理士等へのヒアリング調査 ——— *213*

第12章 ミツハシライス管理部財務課長・
澤田泰二氏へのヒアリング調査 ——— *241*

*

終　章 従来の農業簿記に内在する問題点と将来展望 ——— *259*

参考文献／*273*
索　引／*281*

序　章

従来の農業簿記に対する疑問

1　研究の目的

　本書は，日本においてこれまで展開されてきた農業簿記は，なぜ日本の農業経営の発展や競争力強化に資することができなかったのか，言い換えれば，簿記が本来果たすべき経営管理に役立つ情報を提供するという役割を，従来の農業簿記はなぜ十分に果たすことができなかったのかを問うものである。

　2015年10月5日，ついに環太平洋経済連携協定（Trans-Pacific Partnership, TPP）が大筋合意された。2016年11月8日，アメリカ合衆国大統領選挙において，TPP反対を明言するトランプ氏が勝利したため混迷を極めそうであるが，それでもいよいよ待ったなしの対策を迫られているのが，日本の農業の競争力強化である。本書は，TPPについての是非を議論するものではないが，日本の農業を取り巻く環境が，今後TPPをはじめとする外的要因によって，激変していこうとしていること自体は論を俟たないであろう。これまで，日本の農業は，高関税と手厚い保護行政に守られてきた。いわば，「保護」[1]の対象であった。しかしながら，農業をめぐる新たな世界においては，各国の農業・農産物との「競争」にさらされることが必至である。この大競争に適切に対処するためにも，日本の農業の競争力強化は，喫緊の課題として現在急浮上してきたものである。

　しかしながら，ここで大いなる疑問が湧き上がってくるのである。TPPといういわば外圧がかかる以前に，それまでの「保護」とは異なる「競争」という視座を，日本の農業界に新たに持ち込む契機は，果たして何も存在しなかった

のであろうか。ここに，本書の研究対象である農業簿記という分野が，急浮上してくることになる。日本には，これまで農業簿記と呼ばれる分野が実務上も研究上も確かに存在してきた。しかしなぜ，日本におけるこれまでの農業簿記は，日本の農業の競争力強化に寄与したり，あるいは少なくともそういった議論の契機になれなかったのであろうか。「簿記」であるなら，これを用いて，農家の真の財政状態・経営成績を把握することができたはずであるし，利益計算に必須の「原価」を把握することで，競争力強化に大いに役立ってきたはずである。あるいは，直接的にではなくとも，そういった原価等の実態把握を通して，TPP交渉のずっと以前に，日本農業の競争力強化に対し，何らかの問題提起を行ったり，警鐘を鳴らしているはずであった。ところが，これまで日本で展開されてきた農業簿記については，日本の農業経営の発展に寄与してきたという言説はもちろん，競争力強化に対する議論の契機を提供したという話すら，寡聞にして知らないのである。

　以上のように，日本におけるこれまでの農業簿記に対する最大の疑問は，なぜ，TPPといういわば外圧がかかる以前に，簿記を前提とするならば当然行き着くはずである原価の問題等を契機に，競争力強化という新たな視座を，内生的・自発的に日本の農業界に持ち込むことができなかったのかという点にある。

　ところで，そもそも，農業簿記の目的とは，一体どのようなものであるのだろうか。農業簿記の目的は，通常の簿記のそれとは異なるものなのであろうか。ここで，農業簿記の目的について，農業簿記検定試験を大原学園と共催している全国農業経営コンサルタント協会の前会長である西田尚史税理士が明確に述べている箇所があるので，次に示したい。

　「農業簿記の目的は，正しい記帳を行うことにより，正しい損益計算書と貸借対照表を作成して，一定期間の経営成績を明らかにすること（損益計算書），一定時点の財政状態を明らかにすること（貸借対照表）です。そして，正しい所得にもとづいた税務申告を行うだけでなく，農業経営の分析などを行い，農産物の生産に要した原価を把握してこれをもとに改善をはかり，農業経営の発展に寄与することが真の目的なのです」（教科書3級2013, 4）。

　上記の言にあるように，農業簿記の目的は，「正しい記帳」，つまり農家自身による記帳記録に基づき，「農産物の生産に要した原価を把握」する，つまり

農産物のコストを把握することにより,「農業経営の発展に寄与すること」なのである。これらの方法や前提,そしてその目的は,通常の簿記と異なるものではない。ではなぜ,日本におけるこれまでの農業簿記は,本来の簿記であるならば把握できたはずのことを,そして本来の簿記であるならば寄与できたはずのことを,どれも遂行し寄与してきたと言い切ることができないのであろうか。

　この疑問に対して,本書では,これまで日本において展開されてきた農業簿記は,「簿記」という名称は付されているが,簿記本来の前提とは異なる前提に基づき,簿記本来の目的とは異なる目的を達成しようとしていたのではないかという仮説をおいて,論を進めていく。そもそも,簿記とは,帳「簿記」入または帳「簿記」録の略称であると言われている。現在の世の中で昔ながらの帳簿を使うかどうかはさておき,パソコンを含めた何らかの媒体に継続的・規則的に取引を記入・記録していき,少なくともそういった「記録」を前提としていくことは,「簿記」であるならば必須であると考えられる。そして,そういった前提に基づき,記録する者の財政状態や経営成績が計算されていくシステムこそ,本来の簿記が生み出す最も重要なものである。なお,経営成績,つまり利益の計算において決定的に重要になるのが,コスト（原価）である。したがって,簿記あるところ,取引記録に基づいて記録者の財政状態と経営成績が示せるはずであり,特に,記録に基づくコストが計算されることで,コストの実態把握を通じた「コスト削減」という,競争力強化にとって不可欠な視点が必ずや醸成されるはずである。ところが,先述のとおり,日本で展開されてきた農業簿記は,そういった日本農業の競争力強化という新たな視座について,その議論の契機にすらなれず,ただいたずらにTPP交渉の大筋合意という期を迎えてしまったのである。これはやはり,日本におけるこれまでの農業簿記は,記録に基づきコストをはじめとする記録者の真の経営実態を明らかにするという,簿記本来の前提と目的とは,異なった前提と異なった目的の下展開されてきた可能性が高いと言えるのではなかろうか。

　本書は,上記のような仮説を検証していくものであるが,その際,検証の対象である日本の農業簿記については,そもそも,どのようなものとしてこれまで展開されてきたのかという,いわば実態解明についての必要性が存している

と考えられる。ちなみに，街中でも，大型書店に行けば，「農業簿記」と銘打った書籍は目にすることができる。ただし，「簿記・会計」のコーナーではなく，「農業」のコーナーであることがほとんどである。これは，工業簿記や商業簿記の書籍が，「工業」や「商業」のコーナーに置かれることはあまりないのと対照的である。また，その農業簿記の書籍を広げてみると，簿記会計の知識がある者にとっては，少し違和感があるのではと思われる。多くの農業簿記の書籍には，「事業主貸」であるとか「事業主借」であるといった，通常の簿記の学習ではお目にかかれない勘定科目が出てくる。また，そういった書籍には，説明のおりおりに，「青色申告」とか「所得税法」といった言葉が出てくるし，巻末を見ると「所得税青色申告決算書」というものが付録でついていたりする。事前知識なしに見れば，とにかく税の計算に関係した簿記という印象を抱くのではないか。ということは，農業に関する税について処理するのが，農業簿記ということになるのだろうか。一方，農業高校や農業大学校に在籍した者なら，そういった授業科目を，学内で学んだはずである。また，この分野に少し詳しい者や簿記会計の研究者なら，「大槻正男」という農業簿記の研究者の名前や，「京大式農業簿記」という名称をどこかで聞いた覚えがあるかもしれない。どうやら，農業簿記には，いくつかのとらえ方や流れが存在するようなのである。

　そこで本書では，農業簿記には，実はいくつかの流れがあるのではないかという観点から，これまで一口に「農業簿記」と言われてきたものを，まずいくつかに分類していきたい。ちなみに，戸田編（2014）では，これまで，「農家」や「農業者」と一括りにされてきた対象を，5つに分類した後，それぞれの分類対象ごとに記録の実態について調査し，またそれぞれの対象別に具体的な提言を行っている。当該書には一定の評価が与えられたが[2]，それは，実態調査や具体的提言もさることながら，これまで一括りにされることが多かった日本の農家・農業者を「分類」して論を展開したことに対してのものだったと考えられる。本書においても，その対象，つまり日本における農業簿記を，可能な限り適切に分類して論を進めたい。さらに，いくつかに分類される日本の農業簿記は，それぞれどのような前提と目的を持ったものであったのかについて解明していく。

2 研究の方法

上記諸点の解明のために，本書では，ヒアリング調査を重用・多用している。研究調査手法として，ヒアリング調査を重用・多用する理由はいくつか存在する。まず，農業簿記を実際に，使用・適用している実務家の生の声を聴く必要があったからである。実は，これまでの農業簿記の研究では，この現場における実態・事実の集積がおろそかにされてきたきらいがある。なお，農業簿記の適用現場における実態・事実の集積については，農業に関する簿記処理を実際に行っている税理士の方から直接話をうかがうのが，最も効果的な研究手法であった。さらに言えば，ヒアリング調査を受けていただいた，農業簿記を実際に適用している税理士方は，全国農業経営コンサルタント協会という団体の幹部であったことも，本書における研究の進展には大きな意味を持っていた。当該団体は，2014年に新設された農業簿記検定（2級および3級）という検定試験の，実質的な主導団体であったからである。つまり，実務としての農業簿記と，試験科目としての農業簿記とを共に，現在の日本において最高レベルで知る人物の生の声が確認できたのである。彼らへのヒアリング調査は，いまだ黎明期である農業簿記検定制度についての，言ってみれば貴重なオーラルヒストリーの集積であるとも言えるのである。そして何より，彼らの生の声を聞くことにより，日本における農業簿記が有してきた驚くべき一面が，はじめて確認されたのである。彼らへのヒアリング調査によりはじめて確認された種々の農業簿記の実態は，文献研究のみの調査では，決して知ることができなかったものである。

本書において，このようにヒアリング調査を重用・多用する理由は，文献にのみ頼る研究では，日本における農業簿記の実態を明らかにするには，限界があるためであった。この「限界」については，単に，実務家や関係者の生の声が文献に記録されていなかったことから生じたものばかりではなく，さらに根深い問題から生じているものもある。実は，農業簿記研究には，いやもっと言えば，日本における農業分野の研究には，当該分野の研究者がその研究を進めるに際し，意識的にか無意識にかは定かではないが，あまり触れてこなかった

論点がある。それは,「農協」問題である。特に戦後の日本における農業問題を扱えば,必ず日本の農業協同組合(以下適宜「農協」または「JA」という略称を使用)との関係が出てくるはずであるのに,とにかく最初から農協問題には一切触れないという姿勢が,一部の研究には見られたように思われる。さらに由々しき問題は,農協の批判につながるような研究は,これまでほとんどと言っていいほどなされてはこなかったことである[3]。勢い,どのような扱い方がされているかにかかわらず,農協について触れた文献は,その数がきわめて少ない――農業簿記関係では特に――ということになる。日本における農業簿記研究,さらには農業全般に関する研究においては,タブーが存在していたのである。

　断っておくが,本書では,むやみやたらな農協批判を繰り広げるつもりなど毛頭ない。しかしながら,日本における農業簿記の実態をさぐる上で,農協または農協問題に触れざるを得ない場合は,タブーなく触れていく。そもそも,戦後日本農業界における最大のキープレーヤー[4]と目され,自民党,農林省と共に,戦後の日本農業界の社会的構造であった「農政トライアングル」[5]の重要な一角を占めてきた農協が,日本においてながくそして現実に展開されてきた農業簿記と,全く何の関係もなかったとするほうがとらえ方として難があるのではないだろうか。しかしながら,先述したように,農協問題に踏み込むというより,触れた文献すら少ないのが現実である。だからこそ,農業簿記と農協との関係について,直接的にしろ間接的にしろ言及するヒアリング調査は,本書における研究にとって,必要不可欠なものであったことになる。さらに,例えば,その農協と国税局が相対で決定していく農業に関する標準・基準等も,現在は公式には存在しないことになっているが,地域によっては現実に存在し,いまだ活用されているのである。それゆえ,こういったものの存在や使用状況の確認・調査については,文献研究によってではなくヒアリング調査によってしか成し得ないものであったことになる。

　以上のように,これまでの農業簿記研究においては,とにかくその実態の集積があまりにも欠けており,その結果,研究も実態とは向き合わない,「研究のための研究」となっていったきらいがある。また,農業簿記研究のみならず,日本の農業全般について考察・言及する際,農協問題を筆頭に強いタブーが存

していたため，勢い研究も，タブーを避けあるいはあえて触れず，穏当な結論に終始してきたきらいがある。したがって，真に意味ある日本の農業簿記の研究のためには，農業簿記の現場におけるタブーなき実態調査が不可欠であり，そのためには，研究手法としてヒアリング調査に頼ることが絶対に必要であった[6]。なお，ヒアリング調査について，特に重要なものは，本書第Ⅲ部に収録している。また，そこに収録されていないものも含め，行ったヒアリング調査については，調査時に語られた言葉全てを，筆者が勤める大学の紀要（筆者注：神奈川大学経済学会発行の『商経論叢』）に「研究ノート」として掲載している。これは，筆者の意図による恣意的なピックアップ問題を避けるためである。ただし，ヒアリング調査における筆者の問いかけ自体が，完全に価値中立的に行われているわけではないことは十分に認識している。

　これまで述べてきたような理由により，本書における研究手法としては，ヒアリング調査を重用・多用しているが，まずは当該ヒアリング調査を中心にして，これまで日本において展開されてきた農業簿記の実態を把握する。当該実態把握に際しては，これまで一般に「農業簿記」と称されてきたものは，ただ1つの流れではなく，実はいくつかの流れがあったのではないかという視点から行う。次いで，いくつかの流れがあったとして，では一体なぜ，日本における農業簿記は，そのどの流れにしても，簿記あるところ当然生み出されるべき競争力強化という視座を生み出せなかったのかという，本書における課題を検証していく。

　当該課題の解明にあたっては，いくつかの流れを有する日本の農業簿記は，そのいずれもが，まず目的として，通常の簿記が有するような目的，つまり先述したような，記録者の真の財政状態と経営成績を明らかにするという目的とは異なる，何か別の目的のもとで展開されてきたのではないかという仮説を検証していく。さらに，重要な仮説として，これまで日本で展開されてきた農業簿記は，「簿記」という名はついているものの，通常の簿記がそのシステム遂行にあたり当然のごとく前提とするもの，つまり農業についての継続的・規則的な取引「記録」を，実は前提としていないのではないかという仮説を設定し，これを検証していく。これらの仮説を検証するにあたっては，ヒアリング調査によりはじめて確認された実態をふまえながら，これまでタブーとされていた

問題にまで踏み込んでいく。

3 本書の構成

上記のような仮説検証を通し，研究課題を解明していくために，本書では，次のような構成をとっている。

次章第1章では，これまで日本で出版・発行されてきた「農業簿記」と題する書籍・論文を概観することで，まずは先行研究のレビューを行う。全体を概観することで，これまで日本において展開されてきたのは，税務を中心とする農業簿記の流れと，それ以外の流れの，大別すると2つの流れであることを文献上確認する。

第2章では，第1章で文献上確認された，税務を中心とする農業簿記の流れを，ヒアリング調査で再確認すると共に，この流れが現在の農業簿記の主流であることも確認する。なお，第2章より，この税務を中心とする農業簿記を，「農業税務簿記」と称し，当該農業税務簿記が有する特徴と問題点について，これもヒアリング調査により確認する。

第3章では，第1章で文献上確認された，税務とは別の農業簿記の流れを，ヒアリング調査で再確認する。ヒアリング調査により，この流れの中には，農業統計調査の一環として行われてきた農業簿記の流れがあることが明らかとなるため，第3章より，この流れを「農業統計調査簿記」と称している。さらに，京都帝国大学農学部教授であった大槻正男博士が考案したとされる京大式農家経済簿記についても，この農業統計調査簿記の一面があったのではないかとして再検討を行っている。

第4章では，日本における農業簿記の流れには，農業税務簿記，そして農業統計調査簿記以外にも，さらに「農協簿記」という別の流れも存することを，これもヒアリング調査により確認する。農協簿記については，北海道で行われているクミカン（組合員勘定）処理を具体的に考察することや，設立間もない日本農協に対してGHQが出していた要請を歴史的に考察することで，その特徴と問題点について確認する。

第5章では，以上確認された点をふまえ，これまで日本で展開されてきた農

業簿記は，1つの流れしかなかったわけでなく，実は3つほどの流れがあったことを，必要に応じて文献調査も随時加えながら明らかにする。3つの流れとは，それぞれ，農業税務簿記，農業統計調査簿記，そして農協簿記という流れである。第5章では，さらに，この3つの流れの，それぞれの目的と拠って立つ前提とを調査・確認し，本来の簿記のそれとの異同を明らかにする。

　本書では，この第5章までを第Ⅰ部，第6章からを第Ⅱ部，第9章からを第Ⅲ部としているが，これは，第Ⅰ部では，これまで日本において展開されてきた農業簿記には3つの流れがあったという実態が示されるのに対し，第Ⅱ部は，3つの流れのうち最主流である農業税務簿記に焦点をあてて詳細に論じるためのものであり，第Ⅲ部は，その農業税務簿記に関する実際のヒアリング調査のもようを示すためである。よって，本書第Ⅱ部および第Ⅲ部では，その対象が農業簿記第1の流れである農業税務簿記となる。なお，本書第Ⅱ部は，農業税務簿記の目的と，その目的を達成するために拠って立とうとしている前提を，改めて調査・確認する。さらに，農業税務簿記の根幹とされる，「収穫基準」という独特の基準が，本質的にどのような意味を有した基準なのかということを考察する。

　そこでまず，第6章では，2014年に新設された農業簿記検定教科書3級に示された仕訳を題材にし，農業税務簿記が有する特徴と問題点を抽出する。なお，農業簿記検定教科書3級は，主に農業所得申告を主業務とする税理士により作成されているため，そこに示される仕訳は，彼らが通常依拠する税務に基づいたものとなっていることが確認されている。

　第7章では，農業税務簿記の根幹とされる収穫基準を，計算構造および記帳の面から考察する。考察にあたっては，収穫基準が理論上・原則上求めるものと，実務的・実際上の取り扱いとの違い，つまりその「両義性」に注目する。最も注目すべき点は，収穫基準が実務的・実際上適用される局面で，通常の簿記が絶対の前提とする「記録」が，変わらずその前提とされるかどうかということである。

　第8章では，第7章で明らかになる，収穫基準は実は記録を前提としていない点に注目し，しかし，それではなぜ，記録に基づかずに農業税務簿記の目的でありゴールである青色申告決算書が，実務的・実際上は問題なく作成できる

のかという点を分析する。

　本書における以上のような構成によって，当初に掲げた研究課題（リサーチクエスチョン）を検証していく。ここで，本書における研究課題を改めて確認しておくと，これまで日本において展開されてきた農業簿記は，なぜ，TPPといういわば外圧がかかる以前に，農業に関する本来の「簿記」であったならば必ず獲得できていたはずの競争力強化という視座を，内生的・自発的に日本の農業界に持ち込むことができなかったのか，というものである。当該研究課題に対して，本書では，日本においてこれまで展開されてきた農業簿記は，そのどれもが，「簿記」であるならば有すべき目的とは異なる目的を，「簿記」であるならば当然の前提に基づかずに達成しようとしていたのではないかという仮説をおき，これを検証しようとするものである。本書における研究は，端的に言えば，これまで日本で展開されてきた農業簿記とは，そこに付された名称にもかかわらず，本当に「簿記」と呼んでいいものだったのかを問うものである。その意味で，本書における研究は，これまで日本において当然のごとく展開されてきた農業簿記というものの，タブーなき真摯な棚卸作業であるとも言えるものである。

■注
（1）「保護」という言葉は，戦後の日本の農業がおかれてきた環境・実態・実情をあらわす，最重要のキーワードである。
　　戦後の日本の農業は，「競争」による発展を目指してきたのではなく，手厚く「保護」されてきたわけだが，実はこのことは，日本国全体のスキームにとっては，非常に重要なことであったと考えられる。敗戦後，焼け野原からの脱却を目指す日本は，戦争を放棄する新憲法の下，軍事的には米国の傘に入ることとし，加工貿易を軸とする産業立国として立ち上がることを，換言すれば「競争」は産業政策に限定・集中させることを，戦後の全体スキームとした。当該スキームは，結果としては大きな成功を収めた。国力が集中投下された工業分野は，世界的な「競争」を勝ち抜き，GDPは米国に次ぐ世界第2位にまで登りつめた。この，日本国全体のスキームを，政治的に支えていたのは政権与党の自民党であるが，その自民党を，長期安定的に選挙で支えてきたものこそ，戦後農地改革で生まれた多数の小規模農家であった。この大票田に，「競争」を持ち込むことは，絶対のタブーであったと考えられる。なぜなら，「競争」は，競争に勝ち富が集中する少数の勝者と共に，競争に負けその場から退出を余儀なくされる多数の敗者を生むのがその理であるが，戦後の日本農業界では，どの主要プレーヤー（農家，農協，自民党，農林省）も，農業という場から，「競争」に敗れた農家が退出する，つまりのその数が減ることを望まなかった。

そして，だからこそ，戦後の日本農業に対する視座は，発展のための「競争」ではなく，多数の小規模農家への「保護」一辺倒になっていったと考えられる。
（2）当該編著書は，2014年度の日本簿記学会・学会賞を受賞している。
（3）この点についての興味深い言説を次に示したい。「学者・研究者の仕事のひとつに批判という任務がある。しかし，農業関係の多数の学者・研究者にとって，聴衆は農協と農協に組織された農家である。彼らは，農家の所得が苦しくなる等の観点から農政を批判することはあっても，農協の批判はしない。そのようなことをしても，農協から講演依頼は来ない。しかも地方では，農協は農学部の卒業生にとって数少ない就職先であり，実際，彼らの多くが農協に就職する。ある大学教授が農協批判をしたら，農協から学生を採用しませんよといわれた……そんな話も聞く。かくして，農協に不都合な農水省の政策は批判しても，農協の主張は擁護する"農協御用学者"が誕生する」（山下2009, 104）。
（4）農協が，戦後日本農業界における最大のキープレーヤーとなれたのは，農地改革後，日本に多数出現した小規模農家を一手に束ねられたからである。彼らは，その多数さゆえ，票田としての魅力・力を有していたのである。そして，そういった多数の小規模農家を掌握するに際し，非常に大きく影響したのが，農協が「経済事業等と金融事業を兼業できること」（八田・髙田2010, 16）であった。農協は，金融事業をはじめ，農業以外の事業もワンストップで行う体制を整えることができたため，設立当初には想像もできなかったような強い影響力を，戦後の日本農業界に及ぼしていくことになるのである。なお，農協の有するワンストップ体制については，第4章第4節において取り扱う。
（5）農政トライアングルとは，「自民党，農林水産省，農業協同組合（農協）によって構成される」（内田2015, 231），戦後の農政を支える社会的構造であった。戦後の農政においては，「農村は農協（農業協同組合。以下，JAという農協を指す）によって組織化され，これに自民党や農水省も依存するという，農協＝自民党＝農水省の"農政トライアングル"が定着した」（山下2009, 4。括弧文は原文のまま）。
（6）本書における研究手法としてヒアリング調査を重用・多用する理由は，文献調査では限界のある実態把握をタブーなく行うためであるが，実はそれにとどまらない。ヒアリング調査で確認された重要な実態や視点は，可能な限り文献でも確認をとって論を進めているが，その確認をとる文献についても，誰でも手にできる書籍や論文だけでなく，例えば，『農業所得標準表』などの一般には知られておらず，また入手困難な資料を用いている。こういった資料も実は，ヒアリング調査を機にはじめてその存在を知り，ヒアリング調査の対象者が保有していたものを閲覧する機会に恵まれたために，本書の中で使用可能となったものもあるのである。このように，ヒアリング調査は，そのヒアリングの内容が貴重であったばかりでなく，当該調査がなければ，決してたどり着けなかった資料の存在を知る上でも，本書における研究にとって必要不可欠なものであったことになる。

第Ⅰ部

日本における農業簿記の諸展開

第1章

従来の農業簿記関連文献について

1 はじめに

　本章では，戦後[1]の日本において発行・刊行されてきた「農業簿記」に関する書籍・論文を概観し，これまで日本において展開されてきた農業簿記においては，まずもって，どのようなことが主に論じられてきたのかを確認する。なお，農業簿記は，実務・実践や教育の場面では，農業会計の一環として行われまた教授されることもあるため，必要に応じて，書名や論文名に「農業会計」とあるものも本章の考察の対象とする。さらに，本章の本来の考察対象は，戦後の日本における農業簿記であるが，戦前における農業簿記の中で，戦後の農業簿記と深い関係があると見なされるものについては，本章の考察対象に加えていくことにする。また，諸外国における農業簿記の研究や翻訳も，日本における農業簿記研究の一環として行われることがあったため，これらも必要に応じて，適宜本章の考察対象につけ加える。ただし，むろん考察の中心は，戦後日本で刊行されてきた農業簿記関連文献であり，かつまた，日本において戦後行われてきた農業簿記関連研究である。

　本章における注目点は，これらの農業簿記関連文献や研究は，そもそもどのようなことを論じようとしてきたのかという点にある。その点を確認した後，さらに，それらの持つ共通した特徴を抽出したい。そうすることで，これまで日本において展開されてきた農業簿記は，共通した特徴かつ問題を抱えてきたのではないかということが指摘可能になると考えられる。この，共通した特徴であり問題点の抽出にこそ，本書の研究課題の解明に対し，有効となる仮説を

提示する一助となることが期待されるのである。

2 これまでの農業簿記関連著書について

実は，これまで著された農業簿記および農業会計に関する文献は大量に存在する。家串（2001）では，「農業会計学文献目録（表2－1）」として，1879年から1999年までに著された農業簿記会計学文献が15頁にわたり掲載されているほどである。

本節では，この中で，戦後に公刊され，かつ「農業簿記」という用語が使用されている書籍を中心に，そこでは何が主に取り扱われているのかを確認していく。ここではまず，農業簿記の関連書籍で現在最も人気の高い[2]，古塚秀夫と髙田理の共著である『現代農業簿記会計』を取り上げることにする。同書の最大の特徴は，結論から言うと，税務からの強い影響が随所に見受けられることである。同書によれば，簿記記帳の目的について，「青色申告に代表される外部報告と経営管理に役立たせる内部報告」（古塚・髙田2009, 86）という2つの目的があるとしているが，しかしながら，同書をよく読むと，青色申告目的が非常に大きいことがわかる。このこと，例えば，「農業所得を申告する場合，このような調整計算（筆者注：収益と益金および費用と損金の調整）は必要ない。最初から課税所得計算目的で記帳できる」（古塚・髙田2009, 231）とし，農業簿記を，最初から課税所得計算目的とする利点が強調される。

さらに，同書の主眼が，課税所得計算に資することであることを，農家の自己育成資産を例に確認する。ここで言う自己育成資産とは，「繁殖や果樹などのように自己の農業経営で1年以上にわたって育成したものを利用して，肥育牛や果実などの生産物を生産する」（古塚・髙田2009, 85）特徴をもった資産である。そして，自己の農業経営で育成する自己育成資産については，育成期間・用役期間等全てにわたり，こと細かな税務規定が定められていることを前提に，例えば，「実務上，これらの判断（筆者注：育成期間と用役期間の区分判断）が難しい場合は，税法で定めている成熟の年齢・樹齢の標準を利用する」（古塚・髙田2009, 87）と明記しているのである。ここで，繁殖牛の場合における自己育成資産の評価図を，同書で示されている，牛を含めた諸生物の減価償

却に関する税務規定と合体させて，図表1－1として以下に示す。

　図表1－1より確認されることは，現在最も人口に膾炙されている農業簿記本の1つである『現代農業簿記会計』において，税務申告において必要とされる規定が非常に多く記載されているということである。同書は，多くの農業簿記に関する書籍において引用されているが，このことは，日本における農業簿記は，税務に深く関連したものとして展開されてきたのではないかという推察を当然のように生むことになる。ただし，事を複雑にしているのは，税務に深く関係した農業簿記は，その説明において，複式処理を前提としているものがほとんどであるということである。ここで，「複式簿記」ではなく「複式処理」とあえて言っているのは，損益計算を目的とした複式簿記という技法と，青色申告決算書の作成に必要な複式処理という技法は，たとえ形は似ていても，その目的や前提に相違があるのではないかという考えに基づいている[3]。よって，「青色申告決算書の作成に必要な複式処理という技法」の対象には，通常の複式簿記が処理対象としないものが含まれることになる。典型的なものとしては，「事業主貸」勘定と「事業主借」勘定があげられよう。

　これらの勘定は，経営と家計が未分離の状態である農業者を対象に，主に税理士が税務目的で用いるものである。その説明を全国農業会議所が編集・発行する『複式農業簿記　仕訳ハンドブック』に聞こう。

　「農業経営に係る取引と家計に係る取引とは分離して記帳することが原則ですが，現実的には農業経営と家計との間のやり取りは避けられません。農業経営と家計との間のやり取りは事業主勘定を使って仕訳します」（全国農業会議所，2011, 22）。

　しかしながら，経営と家計の分離は，簿記会計学の基本であり，「現実的には農業経営と家計との間のやり取りは避けられ」ないからといって，「事業主勘定を使って仕訳」することをはじめから前提とすることは，本来の複式簿記が立つべき前提とは異なっていると言わざるを得ない。さらに言えば，事業主勘定の使用は，税務申告のためであることも明らかである。これについても，次に聞こう。

　「**農業所得以外の収益を『農外収入』とせずに『事業主借』，その所得に係る費用を『農外支出』とせずに『事業主貸』として仕訳しておくと**，確定申告の

図表 1-1　諸生物の減価償却に関する税務規定

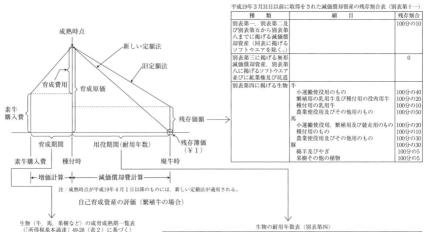

出所：古塚・髙田（2009, 85, 275-276, 279, 280 より作成）

際便利です」(全国農業会議所2011, 22。太字原文のまま,傍点筆者挿入)。

　上記のように,事業主勘定を使った仕訳は,形の上では複式簿記と同様に見えるが,その目的は,適正な損益計算のためではなく,確定申告を問題なく行うことであった。このように,形の上では複式処理による説明を行いながら,最終的な目的は確定申告にあるという農業簿記関連書籍が,数の上では多く見受けられた。例えば,西村林編著の『農業簿記の基礎知識』においても,同書のねらいについては次のように記されている。

　「本書は『自主申告を基本に』し,『複式簿記の基本原理』を取り入れつつ,『所得税の確定計算』における『青色申告』にも対応できるようにしました」(西村編1998, 2。太字原文のまま,傍点筆者挿入)。

　この言からも明らかなように,日本において現在刊行されている多くの農業簿記関連書籍においては,青色申告に対応できる複式の所得税確定計算技法こそが,「農業簿記」を指しているようなのである。そのような意味での農業簿記は,その最大の目的が,当然のことながら青色申告への対応となるわけであるが,ここで,青色申告の趣旨について次に確認しておきたい。

　「一定の記帳義務を納税者に課して申告内容の信頼性を求めることの反面,納税者の税負担が軽減されるようにいくつかの優遇措置を認めるのが青色申告の趣旨です。・・(中略)・・。代表的な特典としては,①青色事業専従者の必要経費算入,②引当金や準備金の繰入れ,③青色申告特別控除,④純損失の繰越し・繰戻し,⑤減価償却における割増償却・特別償却,⑥納税における異議申立てと審査の請求の選択などがあります」(西村編1998, 10)。

　ここで重要だと思われるのが,我が国の税制上,青色申告は白色申告より「有益」(西村編1998, 8)であると見なされているが,その主たる理由は,「納税者の税負担が軽減されるようにいくつかの優遇措置を認める」ことにあるとされている点である。

　日本において刊行されている農業簿記関連書籍が,青色申告を重視する傾向にあったことについては,多くの当該書が,その巻末に,付表や付録として青色申告書や税務資料を掲げていることからも確認できる。例えば,先に取り上げた『農業簿記の基礎知識』では,「平成9年分所得税青色申告決算書(農業所得用)」の実例が参考資料として示されているばかりか,巻末に「収支内訳

書（農業所得用）の書きかた」が別刷りで綴じられている。さらに，「本書の第1の特徴は，農業簿記を企業会計原則に準拠して体系づけようとしたことである」（倉田1996,「はしがき」）と謳っている倉田貞著の『新版　複式農業簿記』ですら，「青色申告決算書の作成」を付録として掲げているほどである。

　以上のように，戦後日本において著されてきた農業簿記関連書籍は，そのかなりの数が，青色申告を中心とする「税務」に関連したものであったと指摘することができるのである。そしてそういった書籍への需要は，以下の諸言で示されるように，農業簿記の実務が税務中心になっていったからこそ生じたものと考えられるのである。この点に関連して，農業会計研究会の第二代会長である松田藤四郎氏は，次のように述べている。「戦後簿記の普及率は急速に高まったが，最大の要因は課税対策，すなわち青色申告の普及である。ここにおいて税務会計が優先され，経営会計の立場が弱く，記帳結果が経営管理に活かされないという問題を生じている」（松田2000, 9）。さらに，新井（2000）でも具体的に次のような指摘がなされている。「農業簿記の多くが税務会計を優先しているため，経営判断のための会計という点からみると，多くの修正が必要になる。例えば，乳牛の処分益は一定規模以下の経営では譲渡所得とされるため簿記上の収益に算入されないが，これは酪農経営の常識に反している。また税法では，固定資産は取得価額10万円未満（以前は20万円未満）の場合，償却資産に計上する必要がないため，一部の繁殖豚は資産勘定にも，またその償却費が損益計算書にも記載されず，このまま分析すれば経営の実態を反映しなくなる等である」（新井2000, 204）。上記諸言に見るように，戦後に急速に普及した農業簿記は，その弊害が指摘されるほど，税務の影響を強く受けていたことになる。そしてだからこそ，税務の要求に沿った農業簿記関連書籍の需要が高まったと考えられるのである。

　以上，本節では，これまで日本で刊行されてきた農業簿記関連書籍について概観した結果，特に戦後の書籍の多くは，最終的に青色申告書作成を主たる目的としていること，つまり税務からの影響が非常に強いことを明らかにしたことになる。

3 農業簿記関連研究の特徴についての考察

　前節では，農業簿記に関する書籍を概観することで，これまで日本において刊行されてきた関連書籍は，特に戦後のものについては，税務からの影響を強く受けてきたことを確認した。なお，「農業簿記」というタイトルが付された書籍は，その内容に練習問題などを数多く含んでいるため，勢い実務・実践対応型のものが多いことも確認されている。そこで本節では，実務対応型以外の，いわゆる「研究」の対象としての農業簿記も考察の対象としていく。その際，書籍だけでなく研究論文に対しても，かつまた，農業会計という名称が付されているが農業簿記がその内容として含まれているものに対しても，考察の対象を広げていく。もって，農業簿記に関する研究も含めて，これまで日本において展開されてきた農業簿記の特徴を抽出していきたい。

　さて，これまで農業簿記という分野について行われてきた研究は，農業会計研究ともあわせて見ると，その数は，先述したようにかなりにのぼっている。そのあまたある農業簿記研究の中でも，燦然と輝くのが，京都帝国大学農学部教授であった大槻正男博士の研究であり，彼が考案したと言われる「京大式農家経済簿記」という独特の農業簿記は，地域は限定されていたが，記帳協力農家によって実際に用いられるまでになっていた。ただし，この大槻の研究は戦前に行われたものであるので，考察については，次節で別に行う。なお，次節における考察は，基本的に通説に基づき行うが，通説とは異なる本書独自の視座からの考察については，第3章第4節および第5節で行う。かように，大槻の研究は現在でも注目に値するわけだが，ともかくもその伝統からか，農業簿記研究の分野では，京都大学農学部出身の研究者の活躍が目立つ。ただし本節では，その出身には拘泥せず，これまで行われてきた農業簿記研究全体の特徴の抽出に努めたい。

　ここで，まずは，農業簿記そのものの特徴について，どのような論点が研究上指摘されてきたのかを確認していく。そもそも，農業簿記は，商業簿記や工業簿記と，一体どこが異なるのであろうか。対象となるものや目的が，それらの簿記と農業簿記では異なるのであろうか。また，そういった各種の違いが，

農業簿記の特徴なのだろうか。ここで、農業簿記会計の特徴と考えられる事項を、「農業会計の基本的問題」と見なし、まとめた言説があるので次に見ることにする。

「今日、農業会計における問題は基本的には次の点にあるように思う。

a．農産物には、人手の賦課、物財の添加なしに『自然増殖』あるいは自然に増加する現象がある。

　ア．成長と加工努力との関連は必ずしもパラレルではない。コスト・イフェクトがとらえにくい。

　イ．会計処理に当たっては自然増加を無視するかどうか。

b．農業は、生産プロセスの区切りが明確にできない。例えば、繁殖肥育一貫経営の場合、繁殖の工程と肥育の工程に明確な区分けをすることができるか。また、成長の度合いが揃わないままに製品として出荷されることがある。製品に成長してもなお出荷されないまま維持のコストが負担されていく場合もある」（稲葉2000, 168）。

上記で示された言説は、農業簿記における特徴・問題として、多くの研究者が同様に指摘してきたものである。例えば、「もともと農業は、農地とその他の生産手段（建物、農機具、家畜、種苗、植物、自動車など）を利用して農業生産（耕種、養畜、養蚕、園芸など）を営んでいるので、天候・水などの自然条件によって生産高が大きく左右されてしまう」（西村編1998, 4）という説明も、同様の指摘に連なるものとなる。つまり、農業簿記は商業簿記や工業簿記とは異なり、特殊な農業事象を対象とした簿記であり、したがって他の簿記とは異なったものとならざるを得ないという、いわば農業簿記特殊論に繋がる指摘である。こういった指摘は、かなり一般的に見受けられるものである。確かに、商業簿記が主に対象としてきた取引とは、日々生じる商品取引を中心としたものであり、農業においてしばしば生じる自然増殖自体は、そのような取引とは異質なものである。例えば、土地の肥沃度の上昇は、農業の収穫高にとっては非常に重要なのであるが、金銭評価および将来への貢献度が測定できるわけもなく、複式簿記のシステムにのせることが現実的ではない。

しかしながら、考えてみれば、例えば従業員の人的能力のアップは、一般の簿記会計でもその対象、つまり「取引」とはしない。経営上重要であることに

疑いの余地はないものの，周知のとおり，自己創設のれんの計上となるからである。その意味では，農業においていかに自然増殖が多いといっても，自己創設のれんと同様に，本来の簿記会計ではそもそも扱わない事象であるという研究上の指摘があってもよかったのではないかと思われる。上記はほんの一例であるが，商業簿記であれ農業簿記であれ，「簿記」であるならば本来，対象とすべき取引と，対象とすべきでない取引は，当然のことながら峻別しなければならないはずである。どうやら，これまでの農業簿記研究においては，農業簿記特殊論に立つものが多く，対して，コストの把握と損益計算を軸とする通常の簿記を前提として展開された農業簿記研究は，意外なほど少なかったのではないかと考えられる。

　上記の問題は，何を農業簿記の取引とみなすかという問題であったが，これに関連して，その取引を認識する会計主体の問題も，農業簿記の研究上の課題として存してきた。これら諸問題については，次のような指摘がある。「家計をともにする家族間の金銭のやりとりにも，『取引』の条件が乏しい。『取引』がなければ仕訳も不可能である。・・(中略)・・このように個人経営と法人経営はその外観に相違がないようにみえたとしても，『取引』の認識，すなわち簿記上のコストの把握の仕方には全く異なったものがある。農業会計学はどちらの経営組織を研究の対象にするのか。このことが明確に区分されていない」(稲葉2000, 167)。

　上記に言う「どちらの」というのは，文中にもあるように，「個人経営」と「法人経営」のどちらの，という意味である。この問いかけ自体に，日本における農業簿記がおかれてきた，特殊な環境が見てとれよう。通常の簿記会計学に基づくなら，当然の前提であるいわゆる「家計」と「経営」が分離した会計主体，つまり法人経営という経営組織を研究の対象にするはずである。しかし，「農業会計学はどちらの経営組織を研究の対象にするのか」が，「明確に区分されていない」のである。研究上のこの指摘自体は重要であるものの，通常の簿記会計学に基づくならば，家計と経営が未分離な個人経営，つまり個人農家は，会計主体とはとらえられなかったはずである。しかしながら，日本における農業簿記は，実務上だけでなく，研究上も，当該個人農家を主たる会計主体として設定してきたし，そうせざるを得なかったのである。この矛盾した状態に対

する苦悩と決断を，阿部（1990）は次のように表現している。「農業会計と称しても，・・種々の主体と客体を考えうるであろう。またわが国独特の簿記会計に対する歴史的経緯を無視することはできない。しかし，本書では，個人農業者を主流として，しかも農業経営という，産業を担う一生産者としての立場からこれをみることとし，若干これを補足することとする」（阿部1990, 8）。

つまり，これまで行われてきた農業簿記研究では，「会計主体の問題とその会計主体の担当する農業という個々の対象の問題」（阿部1990, 8）が研究者によって認識されていたにもかかわらず，戦後日本に多数存在した小規模農家が日本の農業を担っているという現実の前に，現状追認型の研究が行われる傾向が強かったと考えられる。当然のことながら，本来の簿記会計的前提に立つならば，あるいは本来の農業簿記であるならば，という現状追認とは異なる視点からの研究が乏しかったのではないかと指摘できるのである[4]。

さらに，戦後日本における農業簿記研究においては，もっと深刻な問題が存していたと思われる。それは，研究対象である，戦後日本における農業者の記録に関する実態・実情を本当に把握していたのかという問題である。例えば，農業簿記を研究し論じる前に，そもそも農業者は記録をとっているのかどうか，とっているとすればどのような形式でとっているのか，あるいは，とっていないとすれば，どうしてとっていないのにもかかわらず問題が生じていないのか，等々の現場における実態調査が必要不可欠であったはずである[5]。ところが，こういった現場における実態把握が疎かになっていたため，考察すべき当然の問題点が見過ごされたり[6]，よって抽出すべきオリジナルな研究成果が生み出せなかったとも考えられるのである。

そして，オリジナルな農業簿記の論理を生み出すために必須であったはずの実態把握や，考察すべき問題点を，故意にか無意識にか行わなかったり見過ごしてしまった結果，戦後の農業簿記研究の特徴は，次の言で明確に指摘される通りとなってしまったのではないだろうか。その言を聞こう。

「これまでの農業簿記会計研究の成果の特徴は，一般会計学の理論や技法を農業へ適用し，その有用性や妥協性を検討する傾向が強かったように思われる。しかし，その重要性を否定するわけではないが，このような，いわば受身の方法論だけでなく，今日の多様な農業経営実態の中から農業にオリジナルな簿記

会計の論理を抽出し、それを理論化し、さらにそれを技法化していくという研究方法論がとられる必要があるのではないか」(大室2010, 244)。

　本節における以上の考察より明らかになったのは、従来の日本における農業簿記関連研究の特徴は、まさに上記の言にあるように、戦後日本農業界の真の実態把握に基づいて、「農業にオリジナルな簿記会計の論理を抽出し、それを理論化し、さらにそれを技法化していく」ことより、「一般会計学の理論や技法を農業へ適用し、その有用性や妥協性を検討する傾向が強かった」ことにある。換言すれば、特に戦後の農業簿記関連研究の特徴として、「受身の方法論」に基づく研究が多かったことを指摘できるのである。

4　大槻正男博士の発案による京大式農家経済簿記について
　　―戦後の農業簿記研究に対する示唆をめぐって―

　前節では、戦後日本において行われてきた農業簿記研究を概観した。そこには種々の問題が存したが、明確に指摘された問題としては、一般会計学の理論や技法を農業へ適用し、その有用性や妥協性を検討する傾向が強く、いわば受身の方法論に基づく研究が多く見られたことである。何より、戦後の日本農業に対する、地道で真摯な実態解明が疎かにされていたきらいがあった。しかしながら、日本の農業簿記研究の全てが、そういった受身の研究ではなく、農家の実態に即した真に独創的な研究ももちろん存した。そういった研究の1つとしてあげられるのが、大槻正男博士の発案とされる京大式農家経済簿記に関する研究である。なお、京大式農家経済簿記の研究は、主に戦前に行われたものであるが、当該簿記の実際の適用は、戦後も一部地域とはいえ継続されており、また、なにより、前節でとりあげた戦後の農業簿記研究に多大な影響を及ぼしたことに鑑み、本節で特別にとりあげて考察対象としたい。なお、本節では、当該大槻研究について、基本的に通説に基づき紹介・考察を行うが、次章第3章では、通説とは異なる視座から大槻研究を再検討した考察結果を別に示している。

　ここではまず、大槻正男という人物の経歴を簡単に見ることにする。大槻は、大正10年4月に東京帝国大学農学部農学科を卒業後、農商務省に一旦就職するが、1年後には東大の助手となり、さらに大正14年1月に京都帝国大学農学部

に助教授として赴任している。これは，京大に，日本でただ1つの「農業計算学」という講座があり，当該講座を担当するためであった。農業計算学の内容は，「簿記および評価であり，さらにそれから出て経営計算をしたり，生産費計算をしたりする講座」（柏1990, 14。なお大槻の経歴についても柏（1990）によっている）であった。

さて，大槻は上記の目的のもと，農業簿記を研究の柱としていくわけだが，その1つの到達点が『農業簿記原理』という著書の中で説かれている，京大式農家経済簿記と言われる記帳形式である。ここでは，農業簿記の古典としても名高い彼の業績として，『農業生産費論考・農業簿記原理（昭和前期農政経済名著集16）』をとりあげ，特に彼の説く独特の農業簿記を考察の対象としたい。なお，同書は復刻合併本であり，農業簿記を直接取り扱った『農業簿記原理』は，単著として高陽書院より1941年に発行されている。『農業簿記原理』の最大の注目点は，大槻発案の独自の農業簿記が理論的に展開されたことである。なお，大槻の考案した独自の記帳法は，自計式農家経済簿記等の様々な名称で呼ばれることになるが，本書においては，すでに示している通り，基本的に「京大式農家経済簿記」という名称を使用する。

京大式農家経済簿記の特徴は，「企業簿記の複記式複計算簿記様式をとらず単記式複計算簿記として，経営と家計を含めている」（松田・稲本編2000, ⅱ）こととされる。換言すると，家計に関する支出と農業経営に関する支出とを，分けずに共に記帳するということである。つまり，簿記会計の公準・原則と言われる家計と経営との分離を，形式上行わないのである。このような記帳形式は，大槻氏が農家の実情に鑑み考え出したと言われている。京大式農家経済簿記の人要については，大槻氏の著書より，図表1－2として次に抜粋表示する。

図表1－2からもわかるように，京大式農家経済簿記は，財産台帳による財産純増加額と現金現物日記帳による農家経済余剰とが，最終的に等しくなるような決算を指向したものであった。つまり京大式農家経済簿記とは，家計に関する支出と農業経営に関する支出を，分けずに共に記帳しながらも，財産純増加額と農家経済余剰とが，最終的に等しくなるような計算構造を有した，独特の簿記システムであったことになる。大槻の発案による京大式農家経済簿記は，多忙な農家が，家計と農業経営とを分けずに記録しても，増加した財産と農業

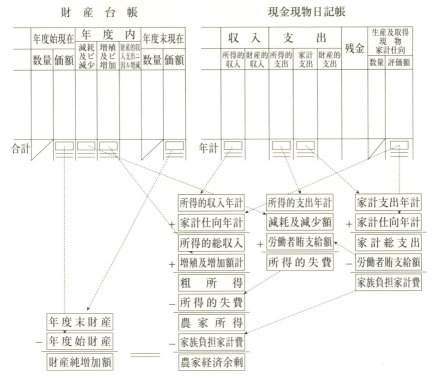

図表1-2 京大式農家経済簿記の抜粋表示

出所:大槻(1990/1941, 87)

経営が生み出す利益が,それぞれが同額として計算できるシステムだったととらえることができるのである。

　京大式農家経済簿記の要諦は,簿記会計の公準・原則と言われる家計と経営との分離を形式上行わないにもかかわらず,複式簿記が生み出す損益法利益計算と財産法利益計算とが一致する機能自体は,何とか農家に享受させようとしたところにあると考えられる。この機能が有する最大の利点は,期間計算された利益が,財産変動額によっても裏づけられることにある。当該利点は,むろん両利益計算が複式簿記システムのもと行われていることを前提として生み出されたものである。これに対し,京大式農家経済簿記は,複式簿記記入を農家が行わなくとも,複式簿記が生み出す利点・効用が最終的には変わらず存する

ものとして発案されたものだったことになる。

つまり,京大式農家経済簿記とは,難しくやっかいな複式簿記という記録形式によらずに,それでも複式簿記が生み出す効果だけは忙しい日本の農家に享受させたいという思いから,大槻が独自に発案した記帳形式だととらえることができるのである。京大式農家経済簿記は,「この大槻簿記の精緻さと熱心な普及活動の結果,大槻簿記のファンは多く,大槻先生の人柄とも相まって一世を風靡した。しかし,高度経済成長を通して選択的拡大が進むなかで,家族経営も資本装備率が高まり変質してきたし,協業経営,生産組織,法人経営などが発展するにつれ,複式簿記による農業簿記の必要性が,また原価会計やそれと連携した経営計画手法の開発の必要性などが高まるなかで,大槻簿記からの脱却が徐々に進んできた」(松田・稲本編2000, ii)とされる。

京大式農家経済簿記が普及し続けることがなかった理由として,上述されたもの以外の理由もあると思われる。京大式農家経済簿記は,家計と農業経営に関する支出を一括して記入し,両者を分離する労を回避しようとしているが,実際は「所得的支出」「財産的支出」「家計支出」といった各支出欄へ分類して記入する必要があり,実質的には家計と農業経営とを分離しなければならないことになっている。さらに,農業経営に関する取引を複式に分類して記録する労を回避しようとしているが,実際は「所得的支出」と「財産的支出」とを分類して記録する必要があり,実質的には損益計算と財産計算という2系統に取引を分類しなければならない。以上のように,京大式農家経済簿記は,農家の複式簿記適用による労を何とか回避させることを意図していたものの,結果的には同様の,いやそれ以上の労や適用力・理解力を必要としたため,実務的・実際上,普及し続けるのが難しかったと考えられるのである。

ただし,大槻の研究が後世に残したものは少なくなかった。特に,農業簿記の研究については,大槻の在籍した京都大学農学部が一大拠点と見なされるようになるが,これは大槻の業績のなせる業であろう。さらに,大槻の研究・考察が現在に与える示唆としては,商工業分野で発展を遂げてきた複式簿記思考や,複式簿記が適用される前提が,そのまま農業分野に適用可能かどうかを,真摯に,批判的に考察したことではないかと思われる[7]。大槻が指摘する,通常の簿記会計が前提とする取引概念に対する批判(大槻1990/1941, 10-11)も,

そういった考察の一環であると考えられる。

　しかし，本章における視座から見る大槻研究の重要性は，また別のところにある。実は，大槻は京大式農家経済簿記を完成させるまで，長期間，近畿地方の農家の実態調査に従事している。そこで，戦前の農家の実態を充分に知悉した上で，しかも，自身の留学経験から，ドイツ・スイスで展開されていた最先端の複式簿記理論を知っていながら，それらの単純適用とは全く異なる，独特の記帳法を編み出していったのである。戦後の農業簿記研究において，ともすれば希薄になりがちであった，「農業経営実態の中から農業にオリジナルな簿記会計の論理を抽出し，それを理論化し，さらにそれを技法化していくという研究方法論」（大室2010, 244）が，まさに大槻研究ではとられていたのである。この点こそ，戦前の大槻研究が，戦後の多くの農業簿記研究に対して与え得る，最大の示唆だと考えられる。

5　おわりに

　以上，本章における考察の結果，これまで日本において展開されてきた農業簿記には，税務の影響が色濃い実務書・教科書の流れと，少なくとも税務とは直接関係しない，主として研究上の流れがあることが確認された。そして，特に後者の流れには，大きな問題があったことも確認された。それは，特に戦後の農業簿記研究は，戦前の大槻研究のように，対象となる農家の真摯で地道な実態研究を疎かにしてきたきらいがあり，したがって，そういった実態に基づく，オリジナルな農業簿記の論理を抽出できなかったと考えられる。

　「今日ほど生きた農業会計が求められているときはない」（松田2000, 9）にもかかわらず，戦後の農業簿記研究が生み出してきた文献には，上記で指摘したような問題が内在していることになる。ここに，本書における研究をさらに進めていく上で，ただこれまで発表された文献研究のみに頼る研究手法では，限界があることが明らかになった。そこで，次章以降，主たる調査手法を，文献研究・文献調査からヒアリング調査に切り替えていく。まずは次章において，本章で確認された税務をメインテーマとする農業簿記について，文献研究とは異なるヒアリング調査の手法により，詳細に検討していくことにしたい。次い

で第3章以降において，これも本章で確認された税務とは別の流れの農業簿記についても，同じくヒアリング調査を活用することで，さらなる考察を進めていくことにする。

■注────────
（1）本章における考察においては，時代区分を主に戦後に限定している。これは本書全体の考察対象の中心が戦後にあるという理由もあるが，次のような別の理由にもよっている。

筆者の考えによれば，特に戦前期においては，本書で後に取り上げる農業税務簿記，農業統計調査簿記，農協簿記の3つの流れ以外に，農家家計簿記という別の流れが存在していた。さらに，この農家家計簿記には，最終的な目的が農業統計調査にある簿記と，農地解放以前の豪農による，いわば豪農家計簿記の，2つの流れがあったと考えられる。この2つの流れのうち前者は，戦前戦後と続く農業統計調査簿記の流れととらえることができるため，本書においても農業簿記第2の流れである当該農業統計調査簿記として取り扱っている。ただし，後者の流れは，戦後の農地解放後生まれた多数の小規模兼業米農家が，記録自体を含めすべてを農協に依存してしまったため，残念ながら戦後継承されることはなかった。つまり，戦前の農家家計簿記の流れのうち，戦後も継承されるものとしては，農業統計調査簿記の流れしかなく，しかもこの流れが，農林省農家経済調査や京大式農家経済簿記に見るように，戦前期の農家家計簿記においてもその中心を占めていたと考えられる。よって，本書では，戦前の農家家計簿記の流れについては，戦後の農業統計調査簿記に継承されたものとして取り扱うことにしている。なお，戦前の農家家計簿記については，上記の視座と必ずしも同一ではないものの，三代川正秀拓殖大学名誉教授の著書『日本家計簿記史』に詳しく，特に第4章の2「農家自力更生簿」（三代川1997, 80-88）および第8章の3「農業簿記の普及」（三代川1997, 156-164）において詳細に取り扱われているので参照されたい。

（2）「農業簿記」と「書籍」というアンド検索をかけると，どの検索サイトでも上位となるのが同書である。なお，同書は，アマゾン（amazon.co.jp）において，「農業」という広い部門であっても常に上位にランクインしている。

（3）ただし，「複式簿記」という用語に対する一般の農業者の受け取り方は，これを使った青色申告書と同義であるようだ。その証左が，外資系企業のトップ営業マンでありながら，農業に転身し成功を収めた杉山経昌氏の次の言にあらわれている。「農水省もお金を使うなら，・・青色申告特別控除五十五万円（筆者注：当時）は複式簿記と貸借対照表に対してではなく，JAに入力してもらったのではない自前のコンピューター原簿をそのまま報告する者に100万円の補填を出す。それは産業のインフラを作り上げる努力に対する補填であって補助金ではない」（杉山2008, 109）。杉山氏の主張自体には大いに賛同するものの，多くの一般的な農家は「複式簿記＝税務申告手段」と見ている現実があるようである。

（4）そういった状況に風穴を開ける可能性があったものこそ，諸外国の事例の詳細で正確な紹介，あるいは諸外国の農業簿記研究者の翻訳であった。ここでは，その一例として，アルブレヒト・テーア（Albrecht Daniel Thaer）を取り上げることにする。テーアは，アダム・スミス『国富論』に比肩する歴史的名著と称される，『合理的農業の原理

(Grundsätze der rationellen Landwirtschaft)』全3巻（相川哲夫（2007）訳。相川による訳を以下「邦訳2007」と称する）を，1809年から1812年にかけてドイツで刊行している。この『合理的農業の原理』上巻第2編「経営・農法論（エコノミー）―すなわち農場経営の諸関係，組織，管理の学―」の第5章こそが，農業簿記についてテーアが考察した箇所である。

　テーア理論の神髄は，農業は1つの事業であり，究極において相当の利潤を獲得することを目的とすることを明確に説いたことである。そして，当該目的のためには，厳密な計算が必要であり，その計算には「簿記」と呼ばれる規則的・継続的な記録が必要であることを指摘したのである（邦訳2007，227。「§225. 簿記の重要性」）。さらにテーアは，より効果的で効率的に農業経営を管理・運営するためには，「簿記」に比して高度で難しくはあるが，「複式簿記」を用いる方がより効果的であると説くのである（邦訳2007，262。「§247. 複式簿記の当初のむずかしさ」）。ただし，複式簿記が効果的にその機能を発揮するためには，各種の条件の整備が必要であり，その中でも特に重要なのは，土地や設備資産とは異なる「資本」概念の確立であった。テーアの時代にあっては，資本とは農地のことを指しているため，テーアの著書においても複式簿記の説明は不完全なものに終わってしまっている（邦訳2007，260-261）。このことがまさにその証左なのだが，複式簿記を体系的に矛盾なく説明しようとすれば，土地や設備資産とは異なる資本概念を前提としなければならないのである。テーアの理論的苦闘こそが，複式簿記がその効果を真に発揮するには，種々の条件の完備，例えば，対象の貨幣的評価の統一，その評価を支える原則等の完備はもちろん，資本概念の完備・確立こそが何より重要であることを証明していると思われる。

　さらにテーアは，18世紀末のドイツにおいて黎明期を迎えていた農業簿記に対し，商業簿記に費やした努力と洞察力を投入すべきことを明確に指摘して，次のように言っている。農業簿記は，「欠点や問題点，あいまいさを残すものとなっている。これは当たりまえというべきで，商業簿記が今日の完成度にいたるために費やした努力と洞察力をどれぐらい農業に投入してきたのか疑わし」（邦訳2007，235。「§233. 記帳形式の多様さ」）いからである。以上のようなテーアの研究や，当該研究の過程で確認される理論的苦闘は，農業簿記についての貴重な視座が，すでに19世紀初頭において見出し得ることを物語っていよう。

（5）ここで筆者が行っている批判に対し，可能な限り自ら応えようとしたのが，筆者が編著者となって刊行した『農業発展に向けた簿記の役割―農業者のモデル別分析と提言』(2014)である。同書では，日本の農家の多数を占める小規模兼業米農家は，簿記を論じる前に，そもそも記録をとっていないという実態をまず明らかにした上で，彼らが記録をとらないで済む理由について調査・確認を行っている。当該理由については，価格決定権を大手スーパーが握ってしまう市場流通問題や，記録に基づく原価の把握を虚しくさせる補助金問題等，いくつかの問題が存しているが，その最も大きなものに，記録は農家ではなく農協がJAバンクへの記帳を通じて行っていることが確認されている。そして，こういったことにこそ，記録の受益者が農家ではなく農協になっているという，農協問題が存することを指摘したのである。

　本書における研究は，この戸田編（2014）で得た新たな視座に基づき，同書に次いで，日本における農業簿記の研究に一石を投じようとするものである。なお，戸田編（2014）で得た新たな視座のうち，本書における研究においても有効だと考えられるものに，まず，

日本の農業（者）を一律に見ないという視座があげられる。この視座により，日本において展開されてきた農業簿記には，一律ではなくいくつかの流れが存してきたのではないかという仮説を設定できることとなった。さらに，同書で得た新たな，そして本書にとって有効な視座として，農業者が記録をとっていないという実態が確認できた場合，どうやって彼らに記録をとらせるのかではなく，なぜ記録をとらないで済むのかという点からその実態を改めて観察してみるという視座があげられる。この，新たに得た視座により，特に本書第8章における，農業に関する標準・基準の考察が有効に行われることになった。

（6）戦後における日本の農業簿記研究が，本来考察すべき当然の問題として，農協問題があったはずである。農協問題を，簿記との関係で論じた数少ない研究として，坂内久氏による『総合農協の構造と採算問題』（2006）という研究書がある。同書は，題名からもわかるとおり，農業簿記を直接の対象としたものではないが，第2章「総合農協方式とGHQの視座」および第3章「1950年代の経営問題」において，農協組織に複式簿記導入が要請された経緯が明らかにされている。ところで，同書のような名作が，広く人口に膾炙しないのは，農協側の公式見解と異なるからのようであるが，実はこの点においてこそ，従来の日本における農業簿記研究を見直すヒントが隠れているように思われる。本書第5章第5節で詳しく取り上げるが，同書によれば，農協が複式簿記導入を検討したのは，自らの判断ではなく，GHQ側の意向によるものであった。対して，農協側は，自らを律するために農協自らの判断で複式簿記を導入したという見解をとっている。ここでは，いずれの見解が正しいか判断するものではないが，そもそもこれまで，日本農業界のキーマンだった農協の問題を，簿記会計的視点から直視しようとする研究が，上記研究を除けばほとんどなかったこと自体を，驚きをもって指摘するにとどめておきたい。

（7）大槻が設定した各種の前提は，本来の簿記会計的な視点から見れば，疑問視せざるを得ない点も見受けられる。しかしながら，そもそも，大槻の目的が，簿記会計的なそれとは異なる，別のものだった可能性も十分あり得る。その目的については，本書第3章において詳しく論ずる。

第2章

農業税務簿記の流れについての考察

1　はじめに

　前章において，これまで「農業簿記」と総称されてきたものの中には，税務を中心とする流れとそれ以外の流れという，少なくとも2つの流れがあったことが確認されている。本章では，この2つの流れのうち，税務を中心とする流れについて，ヒアリング調査を中心にして改めて確認・調査するものである。いくつか存すると考えられる農業簿記の流れのうち，まずもって，税務を中心とする流れを取り扱うのには理由がある。そもそも現在，「農業簿記」と言った場合，それは農業税務に関する簿記であるという理解が，すでに一般的になっていることが確認されているからである。

　例えば，前章で見たように，現在「農業簿記」という名称が付されている書物は，ほとんど農業に関する税務処理を簿記的に解説したものとなっている。また，多くの農家や農業法人が使用していると言われているソリマチ社のソフトは，「農業簿記」という名称が付されているが，その目的は青色申告書の作成にある（古塚・髙田2009，244）。さらに，2014年に新設された農業簿記検定という検定試験も，その主導団体は，農業所得用の所得税青色申告決算書の作成を主業務とする税理士であり，検定用教科書には，「所得税法青色申告決算書における取扱い」という説明が頻繁に見受けられるのである。ことほど左様に，現在の日本において，農業簿記についての一般的なとらえ方としては，農業所得を青色申告するために税務上必要とされる簿記，言い換えれば，農業税務に関する簿記ということになろう。

つまり，これまで日本において，「農業簿記」と総称されてきたものには，確かにいくつかの流れがあるようだが，その中でも，最も大きな流れと言っていいのが，農業税務に関する流れということになる（以下，この流れを「農業税務簿記」と称す）。したがって，本章では，農業税務簿記という，農業簿記第1の流れの存在を，前章のような文献調査に加え，ヒアリング調査という新たな調査研究を手掛かりに，改めて確認・調査していくことにする。ここで，「手掛かり」というのは，文献研究では決して知り得ない実態・事実や実務の手法を，関係者へのヒアリング調査を通して把握していくことを意味している。なお，確認・調査にあたっては，所得税法に基づく実務，つまり農業所得用の青色申告決算書の作成を，実際に行っている税理士へのヒアリング調査を重視した。彼らへのヒアリング調査を重視した理由は，農業に関する税務業務の実態に最も詳しいからである。

したがって，本章の特徴は，農業税務簿記を実際に使用・適用する税理士へのヒアリング調査を通して，彼らしか知り得ない事実や実態を把握することで，これまで日本で展開されてきた農業簿記の中でも最大の流れである農業税務簿記を，従来の研究とは異なる新たな視点で考察しようとする点に認められる。

2　ヒアリング調査からみる農業税務簿記の特徴
　　―収穫基準を中心に―

前節で見たように，現在「農業簿記」と言えば，農業税務簿記を指すことが一般的となっている。事の適否は一旦おき，本節では，この，現在主流と考えられている農業税務簿記を調査の対象とする。調査手法としては，前節で述べたようにヒアリング調査を用いるが，調査事項としては，農業税務簿記の基本的な特徴が表れているものを，まず押さえておきたい。農業税務簿記の最大の特徴でもあり，また多くの問題を抱えているのが，「収穫基準」という独特の基準である。そこで本節では，この収穫基準の本質について，関係者へのヒアリング調査を中心に，これを抽出することにしたい。

そこでまず，収穫基準の定義について確認しておくことにする。収穫基準とは，『農業簿記検定教科書3級』（以下，「教科書3級」と称す）によると，「所得税の所得計算においては，米，麦などの農産物に限ってこれらのものが収穫さ

れた年の収益に計上することとされています。これを農作物の収穫基準といいます」（教科書3級2013, 40）と説明されている（同様の定義は所得税法第41条，所得税法施行令第88条でも行われている）。定義から明らかなように，当該収穫基準は，販売という取引事象を収益認識の基本とする実現主義とは，つまり通常の簿記会計学における考えとは，異なる収益認識基準なのである。さらに，収穫基準が，通常の簿記会計学における考えと異なる点として，期末農産物の棚卸に際し，期末に確認された数量に乗じることが求められるのは，「収穫（時の販売）価額」という特殊な測定属性であることもあげられる（教科書3級2013, 89。同様の要請は所得税基本通達41-1でも行われている）。通常の簿記処理で用いられるような，仕入時の原価あるいは期末時の時価ではないのである。

　さて，上記のように通常の簿記会計学の原則とは異なったところのある収穫基準であるが，「実務的には今も絶対的」（西田発言，戸田（2015d, 133））な基準であり，これを除外・無視して現行の農業簿記を語ることや，農業簿記の教科書を編むことは事実上不可能であると，関係者が異口同音に述べるところである。ただし，将来的にも，収穫基準が農業簿記の中核を占め続けるかどうかについては，関係者の中でも温度差があった。

　全国農業経営コンサルタント協会前会長である西田尚史税理士は，収穫基準については，実務的には現在でも絶対的なものであるが，簿記会計学的にはおかしいところがあり，将来的には条件付きで廃止も検討すべきであるという見解を持っているようであった。なお，西田氏は，収穫基準については，実は米に限った基準であるともとらえており，そういった考えがわかるヒアリング調査のもようを，そのまま以下に掲げておく（戸田2015d, 124-125）。

> 【戸田】・・・。ところで，この米なんかの穀物に関する収益については，収穫基準という，独特の基準が使われていますよね。この収穫基準について，お伺いしたいと思います。前に，森先生（筆者注：全国農業経営コンサルタント協会現会長である森剛一税理士）とお話した時に，収穫基準は，「米，麦などに限って」の基準なのかをお聞きしたことがあります。森先生のお答は，いや，そうではなくて，農産物全体にかかるんだというものでした。「米，麦などに限って」というのは，畜産物なんかとは違う，という意味なんだと。

【西田】どうなんでしょう，私はやはり，「米に限って」と，とらえてますけどね。米が一番のポイントで，だから農政も，ずっと米に対してのものだった。‥(中略)‥。だから，税法上の収穫基準だって，まずは米を対象としていた。とにかく，米の収穫が終わった時にちゃんと所得を上げるようにしましょう，というのが収穫基準なんですよ。収穫基準で一番メーンになるというのは，何と言っても米です。あとは，あったとしても麦くらい。だから，「米，麦などに限って」という，収穫基準の文言になるんです。それに，日本の農家って，主力商品がやっぱり米，麦ぐらいしかなかったんです。今でこそハウスで野菜の栽培をなんて結構ありますが，私が事務所を開業した昭和58年頃あたりでも，やっぱり米が一番主でしたよ。

　だけど，これは戸田先生たち，学者さんが考えて欲しいことだけど，収穫基準にもおかしかところがあるんです。そりゃやっぱり，(筆者注：農産物が)売れた時じゃなく，とれたとき，収穫したときに売り上げをあげるというのは，やっぱりね。別な点から言うと，本当は売れないかもしれないけど，棚卸があるっていうことになる。棚卸があるということは，私たち税理士から見ると先払いなんですよ，税金の。しかも，その在庫というのが，工場製品なんかだったらいいんですけど，農産物ですよ。いつまでももたんじゃないですか，米や麦以外は。

　だから，収穫基準というのは，米だから(筆者注：適用)できた，米の買い上げ価格が決まっとったからできたわけです。

さらに，収穫基準に対する，西田氏の考えが明確になるヒアリング調査があるので，そのもようも以下に掲げておく(戸田2015d, 133)。

【西田】きちんとした費用収益の対応をとる，つまり正しい損益を出すためには，これまで我々実務家が当然として処理してきたもんも見直さにゃいかんと思います。
【戸田】その，当然だとされてきたものの中に，ここでずっと話題になってる収穫基準もあるわけですね。
【西田】そう，だから悩ましい。実務的には今も絶対的なんだけど，これからのことを考えるとね。でもやっぱり，会計っていう点から考えるんなら，会計を本当に農業にいれようとするんなら，収穫基準というもんの問題はなくしていかにゃならんことがあるかもしれません。もちろん，それはあくまで，会計の話。やっぱり一方で，·課税庁としては，画一的に大量に短時間で税を徴収するため

には，収穫基準のような基準がどうしても必要でしょう。会計と税がつながってる日本では，そりゃ，税の考えが会計を縛ることになる。
【戸田】森先生も，そうおっしゃっていました。税務が会計を規定するんです，って。
【西田】ただ，私は森先生とちょっと違うところもあってね。だから，税が会計を規定する，そういうのはどうかと思ってる。それは，じゃあ，何のために帳面つけるかって言ったら，確かに税金のためにそうするのもあるでしょう。でも，自分のところの本当の経営を見たいと思ってつけるような人もおりますよね。確かに，農家の人も帳面つけてる人は，どちらかというと，税金のために仕方なくつけてる人が多いでしょう。でも，会社というか組織になれば，税金は抜きで経営感覚でもって経理をせにゃならん，帳簿をつけにゃいかんじゃないですか。そして，農家もこれから，組織として農業経営していかなならんのだから，農業にも税とは別の会計が必要になってくるんじゃないですかね。シャウプさんが，農業にも会計が必要だと言ったようにね。

　上記のヒアリング調査からもわかるように，西田氏は，収穫基準に対しては基本的に疑問を抱いているようであった。それは，上記のヒアリング調査以外の，例えば，「本来は農業簿記には収穫基準を入れるべきじゃないという，会計学的にはそう考えていいんですよ。というのは，収穫基準はもともと所得税法上のものでしょう」（西田発言，戸田（2014b, 91））という発言からもわかることであった。

　ただし，次のようにも発言している。「私だって，収穫基準に問題があることはわかっておっても，実務ではやっぱりそれに従っちょる。実務家としては，お上が言ったやつ（筆者注：収穫基準）でやっておったら，何も言われんじゃないですか」（西田発言，戸田（2015d, 128））。つまり，収穫基準に問題を見出している西田氏であるが，一方で，実務上，収穫基準は絶対的であることもまた認めているのである。だからこそ，「収穫基準というのは，本当に頭の痛か問題」（西田発言，戸田（2015d, 129））なのだということができよう[1]。

　しかしながら，それでもなお，西田氏の真意は，いつかは収穫基準を廃し，農産物の正確な原価を算出し，もって農業経営の発展に資するような，「本当の農業簿記」（西田発言，戸田（2015d, 128））が，この日本において現れることにあると推察される。これまでの農業税務簿記は，なぜ，「本当の農業簿記」

ではなかったのか。それは,「本当の簿記」ならば,「記録」を前提とするはずであるのに対し,農業税務簿記の根幹である収穫基準は,帳面につけられた「記録」を,そもそもの前提としていないからである。「記録」を前提とした「本当の農業簿記」に,農業税務簿記を変えていくべきである。この西田氏の真意が明確にあらわれたヒアリング調査を,以下に2つ掲げておきたい(前者;戸田2015d, 127。後者;戸田2015d, 133)。

【西田】収穫基準にしたがうことで,いろいろな問題,例えば農産物のちゃんとした原価が出ないといったことが起こります。だから,収穫基準の問題は,やっぱり解決はせにゃならんが,帳面をちゃんとつけることは絶対必要ですよ。それは小さな農家さんだって,本当は。農業簿記全体を,そういうふうに変えてもらいたいんです。本当のことを帳面からわかるためにも。みんなが帳面の大事さがわかったら,そういう風にだって変えられるんです。

【西田】そして,組織だけじゃなくて,農業に携わる人たちがみんな,やっぱりちゃんと帳面つけとかにゃいかんと思い,帳面ばつけることが当たり前になったら,収穫基準をなくしていいんです。なくすべきです。その時は,農産物が売れたときに,売れるまでにかかった原価を帳面から計算すりゃええことになる。米や麦だって,収益と費用がきちんと対応して,正しい損益が計算できることになる。ただ,こんな風になるまでには,相当長い時間が必要でしょう。

収穫基準については,西田氏以外にも,全国農業経営コンサルタント協会現会長(ヒアリング調査時点では専務理事)の森剛一税理士もまた,そこに問題を認めつつも,しかしながら,現行の環境下では規範として確立した基準であるとの認識を示している。森氏の発言を,次に掲げておく。

「今現在も,農業者個人から見ると,収穫基準は原価基準による棚卸資産の評価に比べて不利なわけですよ。なぜかというと,通常時価の方が原価より高いわけで,時価評価をして棚卸をするということは,未実現利益が計上されてしまいますから不利なわけです」(森発言,戸田(2014c, 109))。

しかしながら,「戦後ずっとこの収穫基準というのが続いています。税法が会計を規定してしまっているんです。そもそも,農業簿記の基本的な考え方が税法から来ているということもよく分からないで(筆者注:農業簿記検定教科書

3級を）書いている人も，もしかしたらいるかもしれません。そのぐらい規範として確立してしまっているので。われわれ税理士は，税法に書いてあるからというのは知っていますけど，税理士でない人はそういうものだと思っている人もいるかもしれませんね」(森発言，戸田 (2014c, 122))。

　西田氏や森氏も認めるように，収穫基準は，農業者にとって一面で不利になるとも考えられる収益認識基準でもある。しかし，ではなぜ，収穫基準は，農業税務簿記において，特に収益認識に関する基本として，ながきにわたり用いられてきたのであろうか。ここで改めて確認しておきたいことは，収穫基準という独特の基準は，両氏も述べているように，もともと所得税法上のものであるということである。そして，税法である限り基本的に，課税庁側の意図・意向と無関係であるというわけにはいかないということである。だからこそ，西田氏が，先に示したヒアリング調査の中で語った，次の言が重要なのである。「課税庁としては，画一的に大量に短時間で税を徴収するためには，収穫基準のような基準がどうしても必要でしょう」(西田発言，戸田 (2015d, 133))。この発言が意味するところは，収穫基準とは，農業者が継続的な記録に基づき正確な収益を算定するための基準ではなく，期末の一括処理だけで簡素・簡便に農業所得を算定し徴税するという，いわば課税庁のための基準であったということである。

　ここではさらに，所得税法上なぜ，かような基準が設けられたのかについても考察したい。これについては，前出の森氏が示唆に富む発言をしているので，次に記すことにする。

　「なぜ税法上収穫基準なるものが設けられたかというと，農業者に原価計算というものを適用させるのに，実態上困難があったからだと思うんです。結局，農産物を原価で棚卸をする場合には，当然原価計算をして，その単位当たりの原価というのを出さなければ，棚卸ができないわけですよね。収穫したお米全量を秋で売ってしまうとか，あるいは逆に，全量を翌年に繰り越すということであればいいかもしれませんが，そうでない限り，収穫した年に一部を売り，一部在庫として残している場合には，原価を計算するだけじゃなくて，収穫量を把握しないと，単位当たりの原価というのは出ないわけですよね。(中略)。農業者の所得を計算する上で，原価計算をやらないと所得計算ができないとい

うような税法の仕組みになっていたとしたら，これはきわめて執行が難しいわけですよね」(森発言，戸田 (2014c, 108-109))。森氏の言で確認できるように，収穫基準には，先にも考察した通り，税の執行可能性の観点が非常に色濃く反映されていると考えられるのである。

　森氏は，さらに続けて次のように述べる。

「そういうことも背景にあり，農業者の方はものづくりをしているわけですから，当然の簿記の理論から言えば，原価計算をして棚卸をするということになるわけですが，それができないということになればどうするかというと，じゃあ時価（筆者注：収穫時の販売価額）だと。特に戦後間もなくというのは，ほとんど農産物には公定価格があって，時価というものがきわめてはっきりしているわけですから，あとは推定収穫量，あなたのうちは田んぼがどれだけあって，平均反収はこのぐらいだから，このぐらい農産物がとれましたねと。じゃあ，いくらいくらの収入になってるはずですねということが推定できるわけです。実際売っていなくても，収穫したということを基準に収益を計上するということになれば」(森発言，戸田 (2014c, 109))。

　最終的に，森氏は次のように言う。

「時価評価をして棚卸をするということは，未実現利益が計上されてしまいますから不利なわけですけども，若干税金を余分に取られるという意味での不利になる要素よりも，原価計算をしなくて済むという，そういう実務上のメリットというのが大きくて，なかなかこれは戦後何十年もたっているわけですけども，改正されないんですよね。実際それを変えようとすると，恐らく相当困難な問題があるんじゃないかと思うんです」(同)。

　上記の森氏の言ほど，収穫基準に基づくと，なぜ農産物の棚卸計算には「収穫時の販売価額」という特殊な測定属性が適用されてきたのか，そして農業所得計算の基本として，なぜ収穫基準がながく続いてきたのかについて，的確に示すものはないであろう。森氏の話を要約すると，農産物には公定価格が存した時代があったので，それを「収穫時の販売価額」とすれば原価計算をやらずにすむわけであるし，原価計算をやらないで，なおかつ農業者の所得を容易に算定できるようにするという，「税の執行側のニーズがあって，収穫基準というのが導入された」(森発言，戸田 (2014c, 109)。傍点筆者挿入) わけである。

だからこそ，収穫基準は，現在も変わらずに農業所得算定上大きな効力を有しているわけであり，よって当然のことながら，農業税務簿記最大の特徴ともなっているわけである。

3 農業税務簿記を支えるもの
　　―農業に関する標準・基準を中心にして―

　前節で見たように，農業税務簿記の大きな特徴である収穫基準は，収穫という事実を基に期末に一括で農業者の農業所得を算定するという，税の執行側のニーズに応える基準であった。収穫基準に基づくなら，農業者側が記録に基づく原価計算をしなくても済み，したがって必然的に，期中の継続的な記録も基本的には必要なくなる。ではそもそも，収穫基準は，一体どの局面で簿記的に見て機能しているのであろうか。これについて，森氏は次のように語っている。

　「じゃあ，本当に収穫基準が適用されるのはどこかというと，期末の手持ち在庫の部分だけということなんです」（森発言，戸田（2014c, 118））。同様に，「棚卸だけは省略できないから，そう（筆者注：収穫基準が適用）なる。だから実際上，収穫基準が機能しているのは，期末の在庫の評価だけなんです。あと，家事消費，事業消費のところ」（同）と語っている。

　上記の森氏の言にしたがうなら，期末在庫の評価，そして家事消費・事業消費のところだけは，収穫基準が機能していることになる。つまり，期末在庫の評価や家事消費・事業消費に際してのみ，「収穫時の販売価額」という収穫基準が求める測定属性を，確認された在庫量や消費量に乗じることが，実務上要請されることになる。そして，その数値が，青色申告決算書の該当欄に記入されることになるのである。

　ところで，当該青色申告決算書の中には，先にとりあげた「期首農産物棚卸高」や「期末農産物棚卸高」といった欄と並び，森氏の語る「家事消費・事業消費」の欄もある。当該欄は，親戚に贈ったり自分で食べた分を計上する欄である。これらはすでに収穫した分であるから，収穫基準に基づき農業収入としてカウントされることになる。しかし，親戚に贈ったり自分で食べた分を，本当に測定・記録し，さらに複式仕訳処理を施す農業者など果たして存在するのだろうか。筆者の抱いたこの素朴な疑問が氷解したのが，西田氏との次のやり

とりであった（戸田2014b, 86-87）。

【戸田】これ（筆者注：家事消費仕訳）本当に，こんな処理をする農家さんってあるんですか。

【西田】処理します。これはやらないと，税務署からいろいろと言われます。実際に食べますからね。それで，これから先生にお見せしますが，大体の標準があるんですよ。本来は標準というのはないことになってるんですけど，標準をつくっておかないと大変でしょう。

【戸田】そうすると，1つ1つ記録をつけるのが難しいときは，大体その標準というのを見るわけですね。

【西田】そういうことなんですよ。標準がないとわかりっこないんですよね。これ，さしあげます。

【戸田】ありがとうございます。

【西田】これは熊本版です。

【戸田】各県で違うんですか。

【西田】各県で違います。国税局で違うんですよ。これは正式には公表はされてないけど，これでやれということですね。わかりにくいから。

【戸田】確かにここに，1人当たりの自家消費の標準額がありますね。

【西田】はい。自家消費は1人当たり12,500円で計上しろということです。1年間にですね。保有米は玄米60キロを単位とします。

・・（中略）・・

【西田】・・・。いずれにせよ，これは国税局が出しています。これは24年の所得税の分。さらに25年の分もあるんですよ。

【戸田】毎年，各県でこういうものがあるんですか。

【西田】あるんです。これには，農産物だけじゃなく，牛とか馬の標準価格も載っています。ただし，各年で価格が違っているのがわかるでしょう。

【戸田】これらの標準価格はどうやって決まるのですか。

【西田】JAと国税局が話し合いをしながら決めているんです。要は，こういうのがないことに表向きはなっているけど，それじゃあ仕事ができませんでしょう。それで標準というものが必要なんですね。青色申告会なんかある場合，統一しておかないといけないところもありますよね。昔はもっと細かい規定があったんですよ。反別課税とか。

・・（中略）・・

【西田】これは毎年1月頃に話し合いをするんです。本来なら国税局から出るもの

でしょうけど，今，国税局はこういうのは出さないんです。だからJAの名前で出しているんです。でも，これで実務はやっていくんです。
【戸田】でも，これは勝手につくっているわけじゃなくて，もちろん国税とJAがきちんと打ち合わせをして作成しているんですね。
【西田】打ち合わせしてやってる。それでこの前，千葉のある税理士先生から電話あったんですけど，西田先生，棚卸はどうやってやってるのって私に聞くんです。その人の言うには，農業所得の申告は初めてで，標準表のようなものが今は原則としてないと言われてるから，どうしようかと。それで，熊本じゃあ，こうやってあるよと。だから，もう少しJAなり国税局なりで聞いてごらんって言ったんです。
【戸田】でも，各地の国税局にとっては，標準をしっかり把握している税理士さんがいてもらったほうがいいですよね。ばらばらに申告書をつくってこられるよりも，基本的には標準表に基づくほうが好ましいでしょうね。
【西田】標準表に基づかないと駄目なんです。でも，標準は毎年変わるんですよ。

　西田氏との以上のやりとりの結果判明したのは，例えば家事消費については，具体的には「6歳未満の乳幼児を除く家族1人当たりの金額」という標準が，実務的・実際上は使われているということであった。例えば，当該標準額が12,500円で，6歳以上の家族が4人いれば，その一家の家事消費金額は50,000（12,500×4）円と，青色申告決算書には記入されることになる。標準の使用は，期末の在庫評価においても行われる。具体的には，各県あるいは各地域の「玄米60kg当たりの基準額」という標準に，棚卸で確認された袋数（1袋60kg）を乗じることで米の在庫評価額が求められ，青色申告決算書の該当欄に当該数値が記入されることになる。ここで重要なのは，「本当に収穫基準が適用される」（森発言，戸田（2014c, 118））局面において，定義上・原則的には「収穫時の販売価額」が適用されるべきところ，実務的・実際上は農業に関する標準・基準が適用されているということである。
　さらに，上記のような西田氏とのやりとりにおいて，これらの標準・基準は，誰が，いつ，どのような目的のために作成しているのかも明らかになった。これについて，西田氏の諸言を再び確認しておこう。
　「JAと国税局が話し合いをしながら決めてるんです。要は，こういうのがないことに表向きはなってるけど，それじゃあ仕事ができませんでしょう。それ

で標準というものが必要なんですね」(西田発言,戸田 (2014b, 87))。

「これは毎年1月頃に話し合いをするんです。本来なら国税局から出るものでしょうけど,今,国税局はこういうのは出さないんです。だからJAの名前で出しているんです。でも,これで実務はやっていくんです」(同)。

つまり,農業に関する様々な標準・基準は,各地のJA (農協) と国税局との間の「話し合い」を経て決定されていることになる。収穫基準に基づいて農業所得を計算する必要のある税理士事務所にとっても,「地域ごとの現実に基づいた標準は絶対必要」(西田発言,戸田 (2014b, 97)) なのである。

以上,本節では,前節に引き続き,収穫基準に焦点を当て,ヒアリング調査に基づきその適用実態を明らかにした。前節において示したヒアリング調査から,農業税務簿記最大の特徴である収穫基準は,農業者側の記録に頼らずに農業所得を確定する基準と見なし得た。しかしながら,ではなぜそんなことが可能なのであろうか。本節において示したヒアリング調査から,その疑問に対しては,農業に関する標準・基準の存在が一定の解を導いてくれることが明らかとなった。当該標準は,その作成に国税局自体も関わっているため,農業所得算定の現場において決定的に重要なものであると共に,収穫基準の適用局面において,同基準がその定義上求める「収穫時の販売価額」となるため,収穫基準をその根幹とする農業税務簿記にとっても必要不可欠なものとなる。よって,本節で示したヒアリング調査より明らかとなった農業に関する標準・基準は,収穫基準を,ひいては収穫基準をその根幹とする農業税務簿記自体を支えるものと位置づけることができるのである。この点が,本節で示したヒアリング調査から,はじめて明らかになった点である。

4 農業税務簿記を支えるもの
―概算金を中心として―

前節では,農業税務簿記が,なぜ農業者側の記録に依拠せずとも,収穫基準に基づく農業所得計算を実務上遂行できるのかについて考察した。結論としては,農協と国税局との間で相対で決定された,農業に関する各種の標準・基準が適用されているからであった。農業に関する各種の標準・基準については,その存在の確認を文献研究から行うことは困難であり,ヒアリング調査による

ほかなかったことになる。

　本節では，前節・前々節に引き続き，収穫基準に注目し，特に当該基準がその適用局面において求める「収穫時の販売価額」という独特な測定属性に，前節同様再び焦点を当て，これも引き続き，ヒアリング調査でしか知り得なかった知見に注目して論を進めていきたい。既述のように，農業税務簿記の根幹をなす収穫基準は，「収穫時の販売価額」という独特の測定属性の適用を原則的に求めている。しかしながら，この「収穫時の販売価額」とは，農作物が収穫された時の市中販売価格を調べて記録しておいたものなどではないのである。実際は，前節で確認されたように，農業に関する様々な標準・基準が適用されているのである。

　前節で明らかになったのは，具体的には，つくった農作物を自分の家で食べた分に関する標準・基準であったが，個別の農産物，特に日本農業の中心である「米」に関する標準・基準は，実際はどのようになっているのであろうか。本節では，この点について，つまり米に関する現代的な標準・基準について，ヒアリング調査に基づき明らかにしていきたい。なお，ここで「現代的」と言うのは，かつて，食糧管理法に基づく政府の買い上げ価格が存在した時代があり，「過去」においては，誰の目にも明らかな，米に関する標準・基準が存在したことと対比したものである。

　食糧管理法が廃止され，米の政府買い上げ価格もなくなった今，米に関する標準・基準もなくなっていったのであろうか。否，そうではない。そうでないどころか，結論的には，「概算金」と呼ばれる，米の集荷に際して農協（全農）が農家に渡す前払金・仮渡金が，米に関する新たな，そして現代的な標準・基準として，農業税務簿記を支えているのである。ここで，本節における注目点である「収穫時の販売価額」に，当該概算金が実務上適用されている実態について，全国農業経営コンサルタント協会現会長（ヒアリング時は専務理事）である森剛一税理士へのヒアリング調査から確認する。以下に，そのやりとりを示す（戸田2014c, 117-118）。

【森】・・・，今のご質問（筆者注：「収穫時の販売価額」をどうやって把握するのか）に答えることになるんですが，収穫時の時価（筆者注：販売価額を意味し

ている)というものを実務上どこでとっているかというと，概算金単価なんです。例えばお米で言うと，最初契約金というのをもらうわけですが，概算金とか仮渡金という言い方をする時もありますけど，それを受け取るわけです。その受け取ったものというのが，本来はこれは農家から見ると売上ではなくて，前受金なんです。

【戸田】教科書（筆者注：農業簿記検定教科書3級）ではそう処理していますね。

【森】ところが農家のほとんどが，農業法人も含めて，仮渡金，概算金を受け取った時に売上を計上しているんです。

【戸田】実際には？

【森】実際に。なぜかというと，清算というのが2年後になっちゃうんです，最終清算って。野菜とか畜産物の清算。農産物というのは，ほとんどが買取販売ではなくて委託販売なんです。ですから農協に出荷した時に，法的には農家の所有権のまま農協に販売を委託して，預け在庫にすぎないんです。それを法的な形式に沿って仕訳すると，本来ならば仮渡金を受け取った時に，借方現金預金，貸方前受金という経理をして。と同時に，その段階で期末日を迎えたら，借方農産物，貸方期末農産物棚卸高という仕訳を入れなきゃいけない。じゃあ，この時の期末農産物棚卸高というものをいくらで評価するかというと，仮渡金と同額になるわけです。

つまり，第1番目の仕訳の借方現金預金，貸方前受金という仕訳，これは資産と負債の仕訳ですから収益は発生していないわけですけども，期末における借方農産物，貸方期末農産物棚卸高という仕訳，これは貸方の期末農産物棚卸高が収益の勘定になるわけですよね。でも，これはさっき言った前受金と同額なわけですから，前受金として計上するのはやめちゃって，その段階で売上高って経理して，期末の棚卸を省略しても，収益は変わらないわけです。実務上はそうしているということです。つまり，農協に預けている在庫なんだけど，それを在庫として認識せずに，仮渡金（筆者注：概算金）をもって販売金額というふうに認識をして経理しているのがほとんどです。

上記のやりとりからわかるように，特に米については，概算金の受取をもって売上計上するのが，農家のみならず農業法人においても，現在の日本における一般的な実務となっているようである。「基本的には仮渡金（筆者注：概算金）をもって売上高にあげているのが，商慣習として定着」（森発言，戸田（2014c，118））しているのである。これは現金主義の経理処理になっているのではないかという筆者の問いに，森氏も，「まあ，現金主義ですね。そうですね」（同）と答えている。当該実務，つまり全農から渡される概算金をもって売上とする

処理については，既出の西田税理士も，「まあ，そういうことです。農協というか全農が，今やってるやり方ですね」(西田発言，戸田(2015d, 127))として認めている。

以上のように，収穫基準の理論上の要請とは全く別に，実際は農業者側が全農から受け取る概算金をもって売上として計上する商慣習が，現在のところ，現場では強く根付いていることがうかがわれる。収穫基準が要請する「収穫時の販売価額」には，現在の実務上，概算金単価に基づいて計算された金額があてられていることが，上記ヒアリング調査より明らかとなったことになる。ただし，森氏とのやりとりでは，この概算金が，特に米に対するものであることが掴みづらかったため，次に，この点が明瞭に示されるヒアリング調査を示し，さらなる考察を行うことにする。

概算金が，特に米集荷に際して全農から生産農家に支払われる仮渡金であり，さらにそれにとどまらず，実は日本で流通する米価格全体に多大な影響を与えていることが，中堅の米卸し会社のミツハシライスに勤務する澤田泰二管理部財務課長へのヒアリング調査から明らかになっている。澤田氏は，「日本の米のベンチマークは，特に価格的には，概算金によって決まるんだと思いますね。全農が各農家に支払う概算金が，日本の米の取引価格のスタートになるんです」(澤田発言，戸田(2015a, 319))と明言している。

ところで，澤田氏が勤務するミツハシライス社を含め，米卸し会社は，ほとんどの米を全農から仕入れるようだが，その際重要なのは価格より量なのだそうだ。澤田氏は次のように言う。

「一般的にあまり知られていないことで言うと，価格の形成なんかの前に，とにかく量の確保とその発注があることですかね。価格の話以前に，例えばどこ産の何とかという品種を，当社はどれぐらい必要としているということを全農さんに伝えることから，実際の米の取引はスタートします」(澤田発言，戸田(2015a, 313-314))。

こうやってスタートする米の取引だが，本節の主題である概算金については，全農と米卸し会社とのやりとりの中において，次のような段階で重要になる。

「その後，希望を出してきた各社に，どのくらいの量を，どのくらいの価格で出せそうだということを，全農の中で調整することになるんだと思います。

このステップに移る前に重要なのが，実際の米の集荷に際して農家に支払う仮渡金あるいは概算金です。多分，全農の中では，こういったことを大枠で決定する前のタイミングで，仮渡しはどれぐらいにしようかみたいな話があるんだと思うんですけど」（澤田発言，戸田（2015a, 316））。

つまり，量のやり取りが先にあって，次いで価格の話に移るのだが，この価格を決定する際に重要なのが概算金なのである。これほど重要な概算金なのであるが，確たる算定根拠があるというわけではないようで，「いくら払うから，このくらいは集荷させてくれという世界」（澤田発言，戸田（2015a, 317）），あるいは，「米を集めるために全農がどこまで出せるか」（澤田発言，戸田（2015a, 318））という世界であり，最終的には「これぐらいの価格だったら集められる，っていうところを全農が意思決定」（同）した額となるようである。

このような，「本来の米のバリューとは全然関係ないところで決ま」（澤田発言，戸田（2015a, 318））る曖昧な価格が，なぜすんなり成立してしまうかというと，集荷する全農側の問題だけでなく，「米を提供する農家さんにしても，この価格で売りたいというのはない」（同）からなのである。この極めて重要な点について，澤田氏は以下のように語っている（戸田2015a, 318）。

> 【澤田】この価格以下では原価割れで商売にならない，なんて発想はそもそもないはずなんです。たとえ赤字になっても，最終的に補助金をもらえれば，というのが日本における米をつくる環境なんじゃないでしょうか。米の流通の中で最大の構造的な問題は，農家さんだけでなく，これくらいの原価がかかってるんだからこれこれの価格で取引しなきゃペイしないという，こういった発想がそもそも形成されていないことだと思いますね（傍点筆者挿入）。

上記の澤田氏の言に明確に見られるように，日本の米についての最大の構造的問題は，生産農家だけでなく，それに関わる全ての農業関係者が，ペイする価格をめぐる交渉を行うために必須であるはずの米の原価を，自ら把握しようという発想が全く形成されていないということである[(2)]。こういった環境の中では，全農が支払う概算金だけが，日本における米価格の決定要因となっていかざるを得ないのである。

そもそも日本には，「公正な市場や公正な価格が，米に関しては基本的にな

い」(澤田発言,戸田（2015a, 311))のである。そういった環境に加え，1次生産者も含め米に関わる全ての関係者に，記録に基づく「内部コストがいくらなのかという原価計算の発想がほどんどない」(同)のである。したがって，結局のところ，全農が各地の農業者にキャッシュで前渡しする概算金しか，米に対するベンチマークが存在せず，当該概算金が必然的に，農業税務簿記の根幹である収穫基準のもと要請される，「収穫時の販売価額」として適用されざるを得ないことになるのである。つまり，概算金こそ，日本の米に関する現代的な標準・基準として，今現在の農業税務簿記を支えているということが指摘できるのである。

5　むすび

　本章の研究上の特徴は，農業簿記，その中でも現在主流と見なされている農業税務簿記について，通常の文献研究からではなく，ヒアリング調査に基づきアプローチしたことにある。

　その結果，農業税務簿記の最大の特徴である収穫基準は，実は税の執行側のニーズに基づいたものであったことが判明した。また，収穫基準の実務上の適用にあたって，農業者側の継続的な記録を必要としないのは，農協と国税局が相対で決定する各種の標準・基準が使われているからであることも判明した。さらに，特に米については，全農が農業者から集荷する際に仮渡しされる概算金をもって売上計上してしまう商慣習が定着していること，当該概算金単価が，米に関する「収穫時の販売価額」になっていること，またかつての政府買い上げ価格に代わり新たな現代的な標準・基準となっていること等が判明した。判明したいずれの実態も，文献研究からは知り得ないもので，ただヒアリング調査から解明・確認されたものばかりである。特に，農業に関する標準・基準については，「国税は個別評価をせよというのが原則」(西田発言，戸田（2014b, 99))で，「今は標準や基準はないっていう建前」[3]（西田発言，戸田（2015d, 128))なため，本来はまず表に出てこないものであり，だからこそ，ヒアリング調査という手段に頼るしかなかったことになる。

　むろん，ヒアリング調査に頼る研究には，限界と問題も存していることは自

覚している。ヒアリングした内容が，時代や地域を超え，本当に一般的な実態だと言えるのかという点を確認する必要があるからである。ただ一方で，これまでの日本の農業簿記研究において，少なくとも実態の一面をあらわすと考えられるものの集積が，あまりにも少なかったことも事実である。したがって，まずは，農業簿記に関する実態を，一般的か特殊かを問わず，ヒアリング調査等を通して集積していかなければならないと考えるものである。そこからしか見えてこない知見や発想[4]が，21世紀における新たな日本の農業簿記研究の端緒となると期待されるからである。

最後に，本章における貢献をまとめると，日本における農業簿記の主要な流れである農業税務簿記について，その知られざる実態や事実を，ヒアリング調査により集積していったことがあげられよう。ただし，日本における農業簿記には，本章で確認・調査した農業税務簿記とは異なる，別な流れも存在していることがすでに判明している。そこで次章以降では，これまで日本において展開されてきた，農業税務簿記とは別な農業簿記の流れについて，さらに考察を進めていくことにする。

■注
（1）問題を有する収穫基準であるが，具体的にどういった条件が整えば，その廃止を検討できるのだろうか。この点について，次の西田氏の発言は示唆に富む。「農業に携わる人たちがみんな，やっぱりちゃんと帳面をつけとかにゃいかんと思い，帳面ばつけることが当たり前になったら，収穫基準をなくしていいんです。なくすべきです。その時は，農産物が売れたときに，売れるまでにかかった原価を帳面から計算すりゃええことになる。米や麦だって，収益と費用がきちんと対応して，正しい損益が計算できることになる」（西田発言，戸田（2015d, 133））。この発言は，もし農業者自らが，「自分のところの本当の経営を見たいと思って（筆者注：帳簿を）つりける」（同）ようになったら，つまり，農業者が記録をとることが当然になったら，事態は変わる可能性もあることを示唆している。
（2）記録に基づく原価計算のインセンティブに乏しいのは，米の1次生産者だけではない。実は，米卸し会社も，「いわゆる原価計算があまり発達していないというのが現実」（澤田発言，戸田（2015a, 311））のようである。驚くことに，米卸し各社は，「お互いが全農といくらで相対取引したのかは，完全にブラインド状態」（澤田発言，戸田（2015a, 322））で，米の取引を行っている。「基本的にはすべて（筆者注：全農との）相対の世界なので」（同），全農側から伝えられた米仕入価格が，他社への卸値と比較して，高いのか安いのかもわからないのである。知られざる日本における米の流通の実態が，澤田氏へのヒアリング調査によって，はじめて明らかにされたことになる。澤田氏へのヒアリング調査については，

本書第12章においてそのもようを示している。
（３）例えば，農業所得標準自体は，公式的には廃止されていることになっている。ただし，実際には，地域によっていまだ農業に関する標準・基準は適用されているし，概算金のような新たな標準・基準が適用されていることについては，本章で確認したとおりである。農業所得標準については，その歴史的推移や実際の適用状況推移も含め，第8章において改めて詳細に検討する。
（４）例えばであるが，農産物の中でも特に米の取引は，通常の商品の売買と全く異なるものであったかもしれないといった発想も，ヒアリング調査を通してはじめて得ることができた。それは澤田氏がいみじくも言った，「全農さんとか農協さんとかいうのは，お米の取引に対する感覚が通常の商品の売買じゃないんですよ」（澤田発言，戸田（2015a, 314））という言葉に起因したものである。
　しかしながら，簿記会計は，特に複式簿記は，そういった通常の商品でない特殊なものを対象とするためのものではないのではないか。利益をあげる目的を純粋に有する商品，そういった意味での通常の商品の売買・取引を記録し，目的通りの利益があがったのかどうかを，自らが生み出す計算構造の中で測定する手段，それが複式簿記なのではないだろうか。そういった意味で，日本の農産物の中で中心的な位置をながく占めてきた米が，その売買により利益を生み出す「通常の商品」となるときこそ，日本の農業界で複式簿記が真に役立つときなのではないだろうか。以上のような発想は，これまでの文献のみを対象とした農業簿記研究からではなく，ヒアリング調査における実際の会話の中からしか出てこないものであった。

第3章

農業統計調査簿記の流れについての考察

1　はじめに

　前章までの考察の結果明らかになったことは，これまで日本において「農業簿記」と総称されてきたものには，実はいくつかの流れが存していたが，その流れの中でも最大のものであり現在の主流となっているのが農業税務簿記の流れである，ということであった。この考察結果を受け，本章では，農業税務簿記という流れ以外に，どのような流れがこれまで日本において展開されてきた農業簿記には存していたかを調査・確認する。調査手法としては，ヒアリング調査を重用・多用する。ヒアリング調査に重きを置いている理由は，既述のように，文献研究では決して知り得ない実態・事実について，これらを別な角度から調査・確認できるためである。

　なお，本章では，ヒアリング調査により確認された実態・事実について，さらにより深く考察する必要がある場合は，必要に応じて文献調査も適宜加えていく。ただし，当該文献研究については，従来からの通説的解釈をなぞるようなことはせず，ヒアリング調査により新たに確認された実態・事実を改めて確認すると共に，通説的解釈に対しても新たな視座から再考察を行うものとしたい。

　したがって，本章の研究上の特徴は，ヒアリング調査を通してしか知り得ない実態・事実を手掛かりに，日本においてこれまで主流を占めてきた農業税務簿記以外に，どのような別な農業簿記の流れが存していたのかを調査・確認すると共に，当該農業簿記の流れについての通説的解釈に対し，新たな視座より再考察を行う点に求められることになる。

2 ヒアリング調査から確認された農業統計調査簿記の流れ

　これまで確認してきたように，現在，農業簿記と言えば，農業税務簿記を指すことが一般的となっている。これに対して，本章ではまず，他の方向性を有する農業簿記も存してきたことを，関係者からのヒアリング調査により確認していくことにしたい。

　さて，農業税務簿記とは異なる農業簿記の流れについて，筆者がはじめて自身の中で明確に確信できたのは，神奈川大学経済学部教授で日本経済史が専門の谷沢弘毅氏へのヒアリング調査においてであった。なお，谷沢氏へのヒアリング調査は，筆者が学内紀要（神奈川大学経済学会発行の『商経論叢』）に上梓していた一連の論文に対する，谷沢氏のコメントを契機としている。谷沢氏は，2014年度までの筆者の農業簿記に関する研究には，「明確にしていない点がある」（谷沢発言, 戸田（2015c, 103））と指摘する。そして，その「明確にしていない」最大の点は，「農林省サイドの調査の基本」（谷沢発言, 戸田（2015c, 105））である，「農家経済調査（農経調）」（同）への目配りの欠如であると明確に指摘する。また，それまでの筆者の農業簿記研究は，税務会計を中心とした旧大蔵省サイドの調査にその焦点があてられており，農家経済調査を中心とした旧農林省（以下「農林省」と称す）サイドの調査も加えなければ，真の農業簿記研究としては問題があることを指摘する。それらの指摘は，具体的には以下のようであった（戸田2015c, 106）。

> 【谷沢】農業実態に関する調査としては，戦前戦後とも農家経済調査がそのメインです。農家経済調査って，基本は農家の所得調査なんですよ。戸田さん会計屋さんだから，（筆者注：税務）会計のほうに引っ張りたいのはわかるんだけれども，農家の所得を正確に調査してきたのは，やはり農家経済調査なんですよ。もちろん所得というフローだけでなく，所有資産というストックも調査してた。・・（中略）・・。農林省管轄下の農家経済調査がすごかったのは，1カ月ごとに家族がどのぐらい労働投入しているかとか，あるいは労働時間がどのぐらいあるかと，そこまで調査してたこと。もっと言えば，戦前の農家経済調査は，戦後の調査よりさらにストイックだったってことなんですよ。

さらに谷沢氏から，農家経済調査について次のような情報を得た。まず，農家経済調査のような「農家や農業の実態調査って，これを正確にとろうとすると負担がものすごい。農林省は，かなりの数の統計職員を内部で抱えてたから，これができた。でも，そういった統計職員達が中曽根行革でバッサリやられてしまって，農林省も農家経済調査を，総務省にほっぽり出さざるを得なくなった」（谷沢発言，戸田（2015c, 106））。つまり，農林省は，他省庁に比して多くの統計職員を内部に抱えていたため，緻密で正確な農業統計をとることができたことになる。谷沢氏によれば，具体的には，日本全国に多数あった農業事務所にいた統計職員が，「『坪刈り』という方法で一生懸命田んぼを見ながら，極めて緻密に調査」（谷沢発言，戸田（2015c, 107））してきたということである。したがって，「ある意味，税金や課税とは全く別のアプローチなんだけど，すごく緻密にやって」（同）きたという歴史，つまり農業税務簿記とは全く異なる流れがあったことになる。しかしながら，そういった緻密な農業統計調査を支えていた多数の統計職員が，中曽根行革において目をつけられ削減されてしまった結果，農林省サイドでは農家経済調査を自前で行えなくなり，その調査権限を総務省に移管せざるを得なくなってしまうことになるわけである。
　さて，現在は総務省に移管されてしまった農家経済調査であるが，この調査は，特に戦前は農林省だけではやれるものではなかった。当該調査に対する有力な協力機関が，京都大学農学部であったという。農家経済調査と京大農学部との関係について，谷沢氏は次のように語っている。「京大農学部のかつての凄さってのは，この農家経済調査への関与にあったと思う。とにかく日本の農業というか，農家の実態把握については，やはり統計的手法に基づく農家経済調査がきっちりやってきた。戦前戦後を問わず，調査手法として根付いていた」（谷沢発言，戸田（2015c, 109））。この言にあるように，日本の農業の実態把握に関しては，農林省サイドの農家経済調査が，少なくとも中曽根行革までは緻密にやられてきたわけであるし，この流れの統計調査が税務とは異なる目的を持って遂行されてきたわけである。そして，この流れの中に，京都大学農学部の関与があったということになる。
　つまり，一般的に「農業簿記」と称されるものの中に，旧大蔵省サイドの農業税務簿記とは異なる，旧農林省サイドで京大農学部とも関係があった2つ目

の流れが存していたことになる。農業簿記についての2つ目の流れについて，さらに明確な形で確認がとれたものに，全国農業経営コンサルタント協会現会長（ヒアリング調査時は専務理事）の森剛一税理士に対する次のようなヒアリング調査があるので，以下に示す（戸田2014c, 120）。

> 【森】農業簿記の体系も，大きく分けて2つあるわけですよね。1つは，税務会計のサイドの農業簿記と，それともう1つは，簿記論的ではあるんだけど日商簿記の体系とは全く違う，京都大学の先生方がおつくりになった体系と大きく2つあって，それらは全然相いれないんですよね。相いれないというか，全然違うところが多いです。私は両方を知っているので，なかなかその統一が難しいですよね。
> 【戸田】私も研究論文で書きましたけど，大槻正男という方が京大式農業簿記といったすごい試みをされていますよね。複式簿記は大変なので，何とか複式じゃない会計を，という。私が見る限り，さらにややこしくなっている感じがしますけど。
> 【森】やっぱりその影響というのはすごく大きいというか，農業の世界で農業の簿記論，農業簿記をやっている人たちというのは，京大の人たちの理論的流れをくむ人たちがほとんどなので。私はすみません，戸田先生を存じあげなかったんですが。多分その流れじゃないということですね。
> 【戸田】全然違っています（笑）。

以上のように森氏は，農業簿記には，「税務会計サイドの農業簿記」とは異なる，2つ目の農業簿記が存在しており，これには，京都大学農学部の理論的流れをくむ研究者が深く関与してきたことを明瞭に語っている。では，この2つ目の農業簿記の流れは，基本的にどのような目的と結びついたものだったのであろうか。この問いに対して森氏は，筆者とのやりとりにおいて次のように語っている（戸田2014c, 121）。

> 【森】（筆者注：農業簿記に関する）研究会なんかも，ほとんどその流れの人（筆者注：京大農学部の理論的流れをくむ人）たちで占められていますから。
> 【戸田】そうですね。その流れの人たちが書いた農業簿記の文献は大量にあって，こんなにあったのかという感じですけど，でも会計研究側からはほとんど知ら

【森】だから（筆者注：彼らの農業簿記研究は）全然違う。ガラパゴスみたいなんです。別の論理体系，理論なんです。要は，大槻先生もそうなんですけど，基本的には農産物の生産費調査と結びついているんです。・・(中略)・・。基本的に，私もかつてそういう仕事をしていたんですが，国の政策として，政府買い上げ価格を決める上で彼らの理論というものは構築されているので，要は複式簿記だとか財貨の流れとかということよりも，所得補償する上でのコスト，生産費というものを解明するということが主眼なんです。京都大学の流れの学説というのはそういうふうにできているんで，逆に言うと，それでもう彼らは行き詰まっちゃっているので，それ以上進化しないんですよね，そこの垣根は取っ払いたいと私は思っているんですけど。

【戸田】重要な点は，生産費を調査するために使ったのは，複式簿記ではなく，統計という技術であったということだと思います。

【森】そうですね。まさにおっしゃるとおりで，生産費用を統計的に解明するための学問体系なんです。

上記のヒアリング調査からも明らかなように，農業簿記第2の流れとは，「農産物の生産費調査と結びついている」ものであり，「生産費を統計的に解明する」ことを目的とした流れということになる。先の谷沢氏の言と併せると，旧農林省主導ながら，京大農学部の調査協力も得て，政府買い上げ価格の基礎と見なされる農産物の生産費を統計的に解明しようとする流れこそ，農業簿記第2の流れと見なし得ることになる。次節以降，この農業簿記第2の流れを，「農業統計調査簿記」と称してさらに論を進めていくことにする。

3　京大式農家経済簿記の再検討
―要としての現金現物日記帳について―

本節では，前節までのヒアリング調査により確認された，農業統計調査簿記という農業簿記第2の流れについて，これを文献調査によって，別角度からより深く考察していく。前節において示されたヒアリング調査により，大槻氏発案による農業簿記も農業統計調査簿記の性格を有していることが確認されているが，本節においては，当該簿記―正式には「京大式農家経済簿記」と称されるので，以下当該名称を使用する―を，農業統計調査簿記と見なしてよいかど

うか，改めて文献調査に基づき考察していく。

　なお，京都帝国大学農学部教授だった大槻正男博士が考案し，かつて「一世を風靡した」（松田・稲本編2000, ⅱ）と言われる京大式農家経済簿記については，その概要を氏の略歴と共に，すでに第1章第4節において示している。加えて，主に戦前に行われた京大式農家経済簿記の研究を，戦後に展開された農業簿記の流れを研究対象とする本書の考察にあえて含めている理由も，同章同節冒頭において記してある。よって本節では，さっそく，考察対象の中心を，京大式農家経済簿記の中でも要とされる「現金現物日記帳」におくことにするが，その前に，京大式農家経済簿記の主要な特徴のみ次に再確認しておきたい。

　まず，通説では，京大式農家経済簿記は，「取引の1側面（現金側面）だけを記録する簿記様式」（古塚1993, 20）である単記式簿記を採用しているとされる。複式簿記ではなく単記式簿記を採用しているのに，フロー差額とストック差額が等しくなるのは，京大式農家経済簿記が「複計算」簿記であるからとされる。複計算簿記とは，「静態的計算方法と動態的計算方法を簿記内部で連携させ，両者の計算結果が一致することを保証する簿記」（草処2012, 5）であり，「この複計算簿記の機能は自己監査機能と呼ばれる」（同）。したがって，「単記式を採用しつつ，複計算による自己監査機能をもたせた簿記が単記式複計算簿記」（草処2012, 6）であり，京大式農家経済簿記は，「この単記式複計算簿記の1つに数えられる」（同）とされるのである。

　さて，上記のような特徴を有する京大式農家経済簿記の要とされ，「ユニークな帳簿」（古塚1993, 19）と位置づけられる「現金現物日記帳」であるが，当該日記帳は，「記帳の結果，所得経済面の成果である農家所得と，家計経済面の成果である家計費，そして，両者の差額である農家経済余剰が計算されるように設計されている」（草処2012, 3）。現金現物日記帳では，動態的（フロー）計算が行われ，当該日記帳において計算される農家経済余剰と，財産台帳で静態的（ストック）計算により算出される農家財産純増加額（＝年度末財産－年度始財産）とが，先の特徴で見たように，京大式農家経済簿記を用いると等しくなるとされる。

　ここで，京大式農家経済簿記の要である現金現物日記帳への，具体的な記入について見ることにしたい。京大式農家経済簿記では，全ての取引を，たとえ

非現金取引であっても全て現金取引として擬制し，現金現物日記帳における所得的収入・財産的収入・所得的支出・家計支出・財産的支出・残金という「最低限の6個」（草処2012, 11）にしぼった勘定に記入させることになる。具体的な記帳例について，次の図表3－1で示す。

図表3－1 現金現物日記帳の記帳例

① 1月1日：前年度からの繰越現金が20万円
② 1月10日：玄米500kgを10万円で販売→所得的収入取引
③ 1月16日：子牛1頭を35万円で振替買い（貯金買い）→大家畜についての財産的支出取引と，貯金の引出しという財産的収入取引に分解
④ 1月20日：肥料100kgを1万円で購入→所得的支出取引
⑤ 1月25日：子供の給食費5千円を支払う→家計支出取引
⑥ 1月31日：玄米60kgを家計仕向→生産物家計仕向

1月	摘要	数量	現金取引 収入 種目	所得的収入	財産的収入	現金取引 支出 種目	所得的支出	家計支出	財産的支出	残金	生産物家計仕向 種目	価額
1日	①			円	円		円	円	円	200,000円		円
10	②	500kg	稲	100,000						300,000		
16	③	1頭	貯		350,000	大畜			350,000	300,000		
20	④	100kg				肥	10,000			290,000		
25	⑤					外		5,000		285,000		
31	⑥	60kg									稲米	12,000
小計												

出所：草処（2012, 11）

図表3－1からわかるのが，現金取引の場合は，所得的収入・所得的支出・家計支出のいずれかの欄に記入させ，当該額分が変動した結果としての手元現金額を残金欄に記入させているということである。これに対して，独特の解釈が必要になっているのが，例③のような非現金取引の記入である。例③は，「実際には子牛と貯金（準現金）との交換取引である」（草処2012, 11）が，京大式農家経済簿記では，「この非現金取引を，貯金35万円を引出して現金化し（財産的収入），その現金で子牛を購入（財産的支出）したものとして現金化して記録する」（同）。こういった非現金取引の現金取引への擬制的分解は，京大式農家経済簿記の「際立った特徴をなしている」（草処2012, 9）。

京大式農家経済簿記の計算構造については，次の言により確認しておきたい。「京大式農家経済簿記では，・・所得的収支，家計支出は損益取引，財産的収支は交換取引に対応する。・・（中略）・・。（筆者注：帳簿記入により），・・年

計における年度末残金－年度始繰越金＋財産的支出－財産的収入＝所得的収入－所得的支出－家計費の均衡となる。左辺が財産台帳からもたらされるストックの情報で，右辺が現金現物日記帳からもたらされるフローの情報である」（浅見2009, 6）。

最終的に京大式農家経済簿記では決算に入り，粗所得（農家全体の総儲け高），所得的失費（農家全体で所得をあげるために必要だった総費用），農家所得，そして農家経済余剰といった各種数値を，記帳農家自らが求めることになっている。そして，ここまでの各種数値をベースにさらに，農業純収益，1日当たり家族農業労働報酬，そして農業生産費用等の，「統計に記載される数値」（浅見2009, 22）が算出可能となるとされる。

4　京大式農家経済簿記の特徴と画期性についての再検討

前節では京大式農家経済簿記について，その要と目される現金現物日記帳を具体的に見たわけであるが，通説によるとその特徴は，複式簿記に比べ記帳が容易であり，かつ自己監査機能があるということであった。そして，そういった特徴を有する京大式農家経済簿記の「画期性」（草処2012, 7）は，「農家自身の手による集計・決算を可能にしている」（同）という意味で，「自計式」である点にあるというのが，これも通説となっている。特にこの点は，大槻自身も重視しており，「京大式農家経済簿記は，農家自身が自ら記帳すると共に自ら決算をも行ふところの自計主義の簿記」（大槻1990/1941, 125）であると，自ら述べている。

本節では，以上のような通説を再検討していきたい。まず，京大式農家経済簿記の特徴の1つであると言われてきた，「記帳の容易性」についてである。この点については，「当時（筆者注：1930年代）の時代状況から考えると，こんなややこしい簿記をつけている状態ではないという農家がほとんどであった」（浅見編2011, 123）のが実情のようである。注目されるのは，大槻自身が次のように述べていることである。「記帳は多少難しくても農家が自分で決算が出來，次第に自家経濟と経營とに對し理解と興味とをもたせるやうな帳簿様式にすることが必要であると思ひます」（大槻発言1940, 143。傍点筆者挿入）。これらの諸

言から，京大式農家経済簿記は，通説のように記帳が容易というわけではなく，特に前節で見たような非現金取引を現金取引として擬制する処理法は，記帳協力農家にとっては実は難しかったととらえ直すほうが自然だと思われる。

記帳の容易性に次いで，「複計算による自己監査機能」についても再検討を行う。通説によれば，京大式農家経済簿記には，「決算時の動態的計算結果（農家経済余剰）と静態的計算結果（農家財産純増加額）とが等しくなるところに自己監査機能を見出すことができた」（古塚1993, 20）。ところでなぜ，複式簿記に基づいていないにもかかわらず，フロー差額である農家経済余剰と，ストック差額である農家財産純増加額が一致するのであろうか。ここで，その理由が分かる決算手続き一覧図を，図表3-2として次に示す。

図表3-2 京大式農家経済簿記における決算手続き一覧図

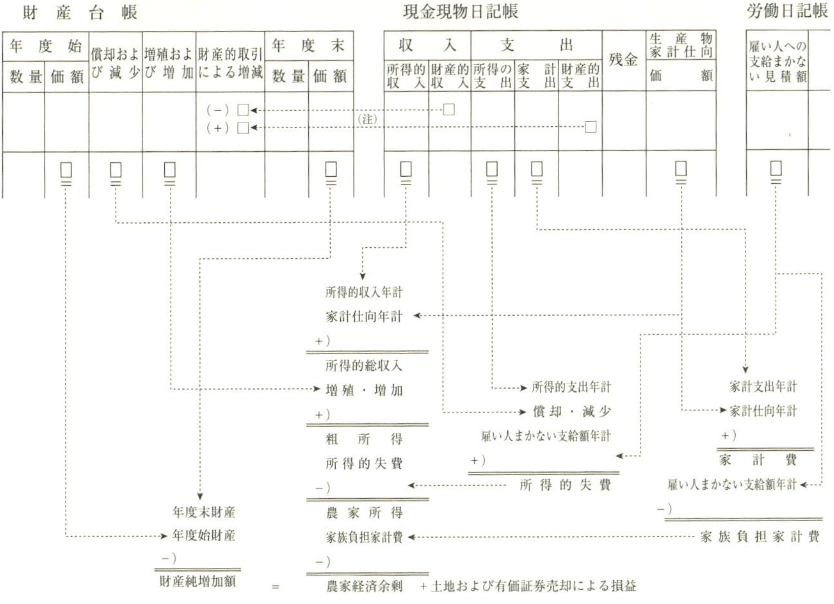

（図表省略）

出所：京都大学農学部農業簿記研究施設編（1988, 158）

図表3-2の決算手続き一覧図により，なぜ農家財産純増加額＝農家経済余剰となるのかがわかる。ポイントは2つあり，1つ目は，財産台帳において計

算される「償却および減少」「増殖および増加」というストック増減が，農家経済余剰を求める計算において同額分増減されていることである。2つ目は，例えば労働日記帳における「雇い人への支給まかない見積額」のような見積りでかつ単独で帳簿記入される項目は，農家経済余剰を最終的に算出する過程において一旦加算され，同額が別の箇所で減算されていることである。つまり，複計算における計算上の実態は，元々の等式の両辺で同数を加算減算したり，等式の片辺で同数を加算減算したりしているにすぎないととらえ直すことができよう。

　本節ではさらに，京大式農家経済簿記の画期性と見なされてきた「自計式」についても再検討を行う。再検討にあたりまず注目したいのが，京大式農家経済簿記の画期性を語る上で使われてきた「自計式」「他計式」という用語法は，統計調査史で一般に用いられてきた用語法とは異なるということである。「統計調査史で一般的に用いられてきた意味」（佐藤2012, 252）によれば，「調査員が調査対象から情報を聞き取って調査票に記入するのを『他計式』，調査対象が自らに関わる情報を調査票に記入するのを『自計式』とする。この場合，農家が決算まではしないが，日記帳等に自ら記入し，それを農会職員などの他者が決算・集計するシステムでも，自計式ということになる」（同）。

　興味深いのは，専門分野で用いられてきた一般的な用語法ではなく，大槻達独自の定義・区分にしたがって，次のような言説が行われていることである。いわく，京大式農家経済簿記は，「『自計式』という名に端的に表されているように，農家自らが記帳するだけでなく，集計・決算を行うことができる簿記となっている。一方，統計資料作成を目的とした農林省農家経済調査は，・・・，記帳のみを農家が行い，集計・決算は別の専門職員が行う『他計式』」（草処2012, 2）となっているというのである。ここに，大槻達独自の定義によるならば，京大式農家経済簿記は自計式だが，農林省農家経済調査は他計式となり，その相違性がことさら強調されることになるのである。

　ところで，京大式農家経済簿記は，京都帝国大学（以後，適宜「京大」と称す）による農家経済調査の展開過程で生み出されたものであるが，農家経済調査の本流はもともと，農商務省・農林省が全国規模で行う農家経済調査にあった（水田2009, 162-163）。両調査は共に農家経済調査という名称が付されている

が，「その出発点が大きく異なっていた」(水田2009, 164) ため，次のような通説が形成されてきた。

「本調査室（筆者注：京大農家経済調査を担った農林経済調査室）の主要な調査目標は，・・・，官庁的調査のように大量調査をおこない，それによって政策ないし行政の基礎資料を獲得するということではない。それはあくまで，ここでデザインされた簿記様式が実際の農家に如何に適合するかどうかの検証と，記帳農家自身に記帳と決算を通して自らの経済ないし経営の実態を認識させ，これを土台として自らの経済の改善の途を発見させることにある」（桑原1967, 4）。

上記通説のように，両調査については，これまでその「相違性」が強調されて論じられる傾向が強かった。しかし少数ながら，両調査の「近似性」に注目する論者も存在した。その言説を次に聞こう。「たしかに，・・・，農林省と京都帝国大学とでは農家経済調査へと駆り立てられた初発の動機が大きく異なっていた。しかし，ここでむしろ注目しておきたいことは，この２つの農家経済調査には，調査方法の面で極度に類似している点がある，ということである。たとえば，京都帝国大学の農家経済調査では，農林省の農家経済調査と同様に，農家が記帳した農業簿記を蒐集するという委託簿記法が調査方法として採用されている」（水田2009, 164）。

両調査の近似性は，第１章でも紹介した大槻の経歴からもうかがえる。この点について，続いて次の言説を聞こう。

「大槻正男は，京都帝国大学に赴任する前に，農商務省で農家経済調査の業務に従事した経歴を持っていた。大槻は，1921（大正10）年に東京帝国大学農学部農学科第二部を卒業したのち，すぐに農商務省に入省し，そこで農家経済調査事務を石黒忠篤（筆者注：農商務省農政課長）から嘱託されている。このとき大槻は，調査結果の分類・集計に大いに苦慮し，その経験がきっかけとなって，農業簿記研究のために東京帝国大学に助手として戻ることになる。・・(中略)・・，京都帝国大学の農家経済調査は，調査方法や簿記様式の面で農林省の農家経済調査と酷似している。これは，大槻が，農商務省の調査様式を京都帝国大学の農家経済調査に導入したからであると考えられる」（水田2009, 160）[1]。

本節における以上の考察の結果，京大式農家経済簿記を生み出した京大農家

経済調査と農林省農家経済調査とは，これまでその相違性ばかりが注目され，勢いその文脈で京大式農家経済簿記に対する通説が形成されてきたことが明らかとなった。しかしながら，一旦その近似性に目を転じれば，これまでとは異なる次のようなとらえ方が可能となろう。つまり，大槻発案の京大式農家経済簿記が目指したのは，農林省農家経済調査において統計調査のためにあった農業簿記とは異なる新たな調査法を樹立するというより，「農家が記帳した農業簿記（筆者注：帳簿）を蒐集するという委託簿記法」，つまり農林省農家経済調査と同一の調査法を，「調査結果の分類・集計に大いに苦慮」しないよう，何とか改善することだったと考えられるのである。

では，京大式農家経済簿記，つまり大槻発案の自計式簿記は，それまでの自計式簿記と比べ，何が改善されたのであろうか。私見によれば，それは，記帳農家にお金とモノの動きをすべて記帳させ，それらの記帳のチェックを手元現金により行えるようにしたことではないかと思われる。端的に言えば，手元現金を記帳上のアンカーとしたことだと考えられる。そして，こういった画期的な記帳法を大槻が考案するに際して非常に大きく寄与したと思われるのが，京大式農家経済簿記が1934年に完成する前に行われていた，近畿地方を中心とした農家の実態調査である。ここで大槻は，農家が本当に重視し記帳上のアンカーとなり得るのは，彼らの手元現金しかないことを見抜いたのではないか。こういった実態調査に基づきながら，日々の記帳を手元現金をアンカーとして農家自身がチェックできる記帳方法を新たに樹立したことこそ，京大式農家経済簿記の真の画期性なのだと思われる。

5　京大式農家経済簿記の目的と方向性についての再検討

前節では，京大式農家経済簿記を生み出した京大農家経済調査と農林省農家経済調査との，相違性ではなくその近似性に注目することで，京大式農家経済簿記に対して，通説とは異なるとらえ方が可能となることを示した。ここで改めて，通説による京大式農家経済簿記について，特にその目的について確認しておくと，農家自ら集計・決算を行うことで農業経営の発展に寄与することとされ，統計調査を目的とする農林省農家経済調査との相違が強調されてきたこ

とになる。勢い，京大式農家経済簿記が，統計調査との関連で通常語られることはほとんどなかったのである。

　ここで，京大式農家経済簿記を40年以上行い続けてきた人物に関する書籍に対して，興味深い書評が出されているので次に見たい。

　「この本（筆者注：『土に生きる―農業簿記と共に40年―』）の書評を私が依頼されたのは，私が農業統計学を専攻しており，そしていうまでもなく『農家経済調査』をはじめとする多くの農業統計の本源が農業簿記とそれを記帳する農家とにあるという理由からであったと思われる」（荏開津1976, 41）。

　この言からは，そもそも農家経済調査なるものは農業統計と同義であり，農業簿記はその農業統計に原資料を提供するための調査法であるというとらえ方が，ごく一般的であったことが窺われる。

　このような見方は，次の言説からも支持されよう。京大農家経済調査で使用された「農家経済調査簿は，主として『概況』『財産台帳』『日誌』という３つの帳簿組織から構成された調査用の農業簿記であり，その調査項目は多岐に及んでいる」（水田2009, 193。傍点筆者挿入）。さらに，京大式農家経済簿記に対しては，「統計の調査簿記としては問題を含んでいる」（浅見2009, 24）ことを指摘しつつも，「統計原簿としての京大式農家経済簿記の評価」（同）があり得ることが論じられている。上記諸言説により，京大式農家経済簿記には，むろん第一義的ではなかったにしろ，本章第２節で確認した，「農業統計調査簿記」という一面もあったと考えることができる。よって，農林省農家経済調査と京大式農家経済簿記を生み出す京大農家経済調査とは共に，農業簿記に対して，農業統計の本源，つまり統計原簿としての役割を，濃淡の差こそあれ同じく求めていたと考えられるのである。ここで，当該考察を裏づけると思われる資料を，図表３－３として次に示す。

　図表３－３において特に重要なのは，「農林省の農家経済調査で1942（昭和17）年から京大式農家経済簿記が採用されたこと」（水田2009, 162）である。もし，京大式農家経済簿記に統計調査用の簿記という一面が全くなければ，このようなことは起こり得なかったであろう。

　さて，では統計調査簿記としての一面を有していたと考えられる京大式農家経済簿記には，一体どのような統計調査に寄与することが期待されたのであろ

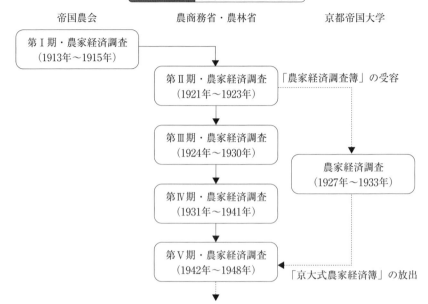

出所：水田（2009, 163）

うか。本章第2節におけるヒアリング調査では，農産物の生産費調査だったことが確認されているが，この点について，本節では文献調査から確認・考察を行っていく。

ここで改めて図表3－3を見ると，京大式農家経済簿記が国家的統計調査たる農林省農家経済調査に採用された年が，1942年であるということが確認される。この1942年という年が重要なのは，同年に食糧管理法が施行され，米の買い上げが国策として始まった年でもあるということである。この特殊な時代背景のもと，農業簿記全般に求められたのは，「米の再生産が可能」（佐藤1953，5）となるような米の「生産費の計算」（同）への寄与であった。つまり，「戦時経済に入つてからは供出米の価格決定の根拠としての生産費を重要な要素にしていることは周知の通りである。かかる国策の樹立に当つても我等の机上に在る農業簿記に農業者の運命が托せられてい」（佐藤1953，6。傍点筆者挿入）たのである。この「極めて公経済的」（阿部1983，13）な生産費を計算するために

は,「どうしても農業簿記による確実な根拠が必要」(佐藤1953, 5) と考えられていたのである。ここに,京大式農家経済簿記を含め農業統計調査簿記という性格を有する農業簿記には,戦時下という特殊な時代背景の中,米の全量政府買い上げという,国策遂行上の鍵を握る米生産費調査に対して寄与することが否応なく求められるようになっていったと考えられるのである。

さらに,京大式農家経済簿記が進まざるを得なかった方向性を考える上で,1934年から40年以上にわたり当該簿記を継続してきた記帳農家である河瀬義夫氏についての,次のような記述は興味深い。

「最初に(筆者注:京大式農家経済)簿記の講義を受け,当時指導を仰いでいた大槻博士が,戦争中に政府の米価委員として活躍された時,河瀬さんは自分の記帳資料が役立ったことに心から快哉を叫んだと述懐している」(菊地1976, 201)。

戦争中に政府の米価委員として活躍した大槻が,河瀬氏のような記帳協力農家が京大式農家経済簿記に基づき算出した米生産費をはじめとする各種決算数値を,一考だにしなかったなどと考えられるであろうか。私経済的な目的を第一義としていた京大式農家経済簿記は,時代の荒波の中で,公経済的な目的を第一義とする生産費調査に,強く関係せざるを得なくなっていったことは想像に難くない。

以上,本節における研究上の貢献は,京大式農家経済簿記は,ただ農家経営の把握・改善という私経済的な目的のみを有していたという通説とは異なり,農林省農家経済調査と同様の統計調査に資するという目的も一面で有していたはずであり,だからこそ統計調査を目的とする農林省農家経済調査に一時期とはいえ採用され,また,だからこそ特殊な時代背景の下,国家政策的・公経済的な性格を強く有する生産費調査と深く関わらざるを得なかったことを,本章第2節でのヒアリング調査に引き続き,文献調査によっても明らかにしたことである。

6　むすび

本章でとりあげた各種のヒアリング調査および文献調査から,日本における

農業簿記には，現在主流と見なされている農業税務簿記の流れ以外に，農業統計調査簿記という別な流れがあることが確認された。農業税務簿記を農業簿記第1の流れとすると，農業統計調査簿記は第2の流れということになる。当該農業統計調査簿記の流れは，戦前の農家家計調査簿記の主流を継ぐ流れであり（詳細は第1章注（1）を参照のこと），また，戦後の農業実態調査の主流であった農業統計調査と表裏の関係にある流れでもあった。勢い，当該農業簿記第2の流れは，特に戦後においては，農業者自身による記帳・記録に基づくというより，担当部局職員による「坪刈り」等の実地のサンプル調査に基づく，統計調査の一環としての流れであったことになる。

本章ではさらに，この農業統計調査簿記の1つとして，京大式農家経済簿記を考察の対象とした。ただし，通説では，京大式農家経済簿記は，統計調査とは関係のない農業簿記として位置づけられてきた。しかしながら，こういった通説は，京大式農家経済簿記を生み出した京大農家経済調査と農林省農家経済調査との相違性にのみ焦点をあて形成されてきたものである。この文脈に基づき，京大式農家経済簿記は農家自身が集計・決算できる「自計式」だが，農林省農家経済調査は集計・決算に調査員の助力が必要な「他計式」だという，違いを強調する独特の解釈・定義がなされてきたのである。ところが，統計調査史の一般的な用語法によれば，両調査の調査方法は共に，農家が記帳した帳簿の蒐集という委託簿記法による「自計式」なのである。この事実は，京大式農家経済簿記に対する通説を，両調査の「相違性」ではなく「近似性」という，これまでとは異なる視座により再検討する余地があることを示唆していた。

両調査の近似性に注目するという新たな視座に基づくと，京大式農家経済簿記の目的も，農家経営の改善のためというただ私経済のためだけでなく，農林省農家経済調査の目的と同様，国策樹立のための統計資料収集という目的を，むろん第一義的ではなかったにせよ，一面で有していたととらえ直すことができるのである。もし，京大式農家経済簿記に，そういった一面が全くなかったのなら，一時期とはいえ統計調査を目的とする農林省農家経済調査に採用はされなかったはずである。そして，京大式農家経済簿記が統計調査用簿記という一面を有していたからこそ，時代の荒波の中，国家政策的・公経済的な性格を強く有する米生産費調査と関わらざるを得なくなっていったと考えられるので

ある。

　以上本章では，日本において展開されてきた農業簿記には，農業税務簿記以外に，農業統計調査簿記という流れが存してきたこと，またその流れの1つに京大式農家経済簿記もあったことを，ヒアリング調査および文献調査から明らかにしたわけである[2]。特に京大式農家経済簿記に対しては，農林省農家経済調査との「近似性」という，通説とは異なる新たな視座から再検討を行い，当該簿記には農業統計調査簿記という一面が確かにあったことを明らかにしたことになる。

■注―――
(1) 大槻自身，農家経済調査二十周年記念座談会で次のように自らを紹介している。「私は・・，此の紀念座談會が催された農林省の農家經濟調査のby-product（副産物）のやうな男です」（大槻発言1940, 139）。
(2) 本章における考察から，当該結論とは別に得られる教訓・示唆としてあげられるのが，これまであまり論じられることのなかった，「簿記」と「統計調査」との本質的な違いを認識しておく重要性についてである。「簿記」は，本質的に私経済的なものであり，全体平均値・標準を算出することで国家マクロ政策に資することと密接にからむ「統計調査」とは，本来異なるもののはずである。ここに，日本でこれまで展開されてきた農業統計調査を目的とした農業簿記，つまり農業簿記第2の流れである農業統計調査簿記が抱える問題が凝縮されていると考えられるのである。
　なお，統計調査の本質は何かということについて，次の言は示唆に富む。「統計調査というのは，筆者の考えでは，近代国家の中央政府が，その管轄下にあるすべての調査対象について，数量上の情報を獲得するということである。それ故，統計調査は，実験や観測と異なり，きわめて社会的な過程であり，近代国家の活動と結び付いて歴史的制約を負ったものである」（豊田1999, 132）。

第4章

農協簿記の流れについての考察

1 はじめに

　前章において，これまで農業簿記と一般に呼ばれてきたものには，現在主流となっている農業税務簿記以外に，農業統計調査簿記という別な流れもあったことが，まずはヒアリング調査より，さらには新たな文献調査からも明らかとなった。

　本章では引き続き，農業簿記には，第1の流れである農業税務簿記や，第2の流れである農業統計調査簿記以外に，さらに別の流れも存していたかどうかを，これもまずはヒアリング調査を中心に明らかにしていく。さらに前章同様，従来から存してきたものとは異なる視座により，改めて文献調査を加え，ヒアリング調査により確認された農業簿記の別な流れについて調査・確認を行っていく。したがって，本章の研究上の特徴は，前章同様，ヒアリング調査を通してしか知り得ない事実を手掛かりに，農業税務簿記および農業統計調査簿記以外に，どのような別の農業簿記の流れが存していたのかを確認すると共に，その第3の流れについての実態を，文献調査も加え，タブーなく真摯に考察しようとする点に求められることになる。

2 ヒアリング調査から確認された農協簿記の流れ

　各種のヒアリング調査の結果，これまで日本において展開されてきた農業簿記には，農業税務簿記や農業統計調査簿記とも異なる，さらに別の流れが確か

に存していたことが判明している。結論から言えば，その流れとは，「農協簿記」(1)という流れであった。

　ここで，農業簿記第3の流れである農協簿記について，この言葉を最初に聞いた際のヒアリング調査のもようを，以下に示すことにしたい（戸田2015f, 79）。ヒアリング対象者は，北海道士別にあるJA北ひびきの営農部経営対策課課長の真嶋憲一氏である。なお，農協は，「農業協同組合」の略称であるが，本書全体を通し基本的に当該略称を用いることとしている。ただし，ヒアリング調査の最中などで，適宜JAという別な略称が用いられることもある。

【戸田】真嶋さんは，どこで農業簿記を習ったんですか。
【真嶋】JAカレッジというところです。高校を卒業した後，1年間そこで農業簿記，というか農協簿記をみっちり勉強させられました。
【戸田】農協簿記？
【真嶋】ええ。確か，JAカレッジの講義の中に，そんな名称の簿記の時間があったと思います。農業だけじゃなくて，金融取引とか共済取引とか，今農協がやってる業務の簿記処理を習うんです。
【戸田】なるほど。農業簿記，じゃなくて農協簿記っていうのが，何だかとても意味のある言葉だと思いますね。

　真嶋氏の語るように，農協簿記とは，農業に関する取引以外に，「金融取引とか共済取引とか，今農協がやってる業務」全般を処理する簿記なのである。こういった簿記は，農協の複雑で多岐にわたる業務を，効率的に管理運営するために必要とされていることになる。注意を要するのは，この種の簿記は，農業者のための簿記というより，農協のためにこそある簿記だということである。したがって，農業簿記第3の流れである農協簿記は，より正確にいえば，「農協のための簿記」ととらえることができるのである。

　さて，当該農協簿記であるが，その具体的な展開事例に，「クミカン」と称される簿記処理実務が北海道で行われているので，次にこれを紹介したい。クミカンとは，「組合員勘定」の略称であるが，このクミカンについてのやりとりが，先の真嶋氏との間であったので，以下にそのヒアリング調査のもようを示す（戸田2015f, 79-80）。

【真嶋】だから正確に言うと,クミカンっていうのは,営農管理の仕組みというよりも,資金繰りの仕組みですね。

【戸田】なるほど。その独特の資金繰りの仕組みは,なぜ北海道にだけ広まってるんでしょうか?

【真嶋】私が思うに,要するに北海道って府県と違って,冬の間の収入がまずないんですよね。だから,そもそも資金繰りが大変だったっていうことが大きかったんじゃないんでしょうか。だからクミカンって,農家さんに対する総合貸付口座みたいなもんなんですよ,しかも計画に基づくね。どういうことかと言うと,まず年の初めに,今年どういう作物をどれだけ作付けして,どれだけの収益を上げて,肥料代や農薬代がどういうふうにかかるのかという営農計画を出してもらって,その計画に基づいて農協がお金を供給する仕組み,これがクミカンなんですね。最初は貸し付けから入るのは,はじめは肥料だとか農薬だとか,費用っていうかクミカンから引かれていくものが先ですからね。農産物の販売代金は秋以降,後にならないと入ってこないのでね。

　以上の真嶋氏の言によるとおり,クミカンとは,組合員農家への「資金繰りの仕組み」である。注意を要するのは,農協(JA)全体として全国的に運営しているわけではなく,北海道の農協が独自で運営している仕組みであるという点と,資金供出に際しては営農計画を前提条件としているという点である[2]。したがって,「北海道の農家は,営農計画とクミカン(組合員勘定)制度というしくみの中で農業経営を管理している」(小南2009, 28)ことになるのである。

　クミカンについてはさらに,真嶋氏から紹介を受けた,JA北海道中央会基本農政対策室室長の小南裕之氏に話を聞いた。小南氏によると,「クミカン制度というのは,組合員勘定取引約定書に基づいて,営農計画書によって定めた取引から生ずる債権,債務を普通預金で決済して,残高不足の場合は当該組合員勘定から別口座に移し貸越決済する,こういった仕組みを持っている制度」(小南発言,戸田(2015g, 90))であり,昭和36(1961)年に北海道でつくられたとのことである。

　また,小南氏と同様JA北海道中央会に所属していた平野茂貴氏(ヒアリング調査当時,農業振興部農業企画課主幹)も,クミカンを次のように説明する。

　「クミカンとは,正確に言えば,営農計画と一体となったクミカン制度です。ものの本によると,やはり資金繰りに関係しているようですね。農産物の収穫

期って基本的に秋ですよね。なのでそれまでの，肥料・農薬などの生産資材を買ったりするお金が必要になります。このお金がないと，資金繰りが悪化して，資金繰り倒産みたいなことが起こる。だから，そういったことを防ぐために，クミカンから農家に資金を提供するわけです。あとは，いわゆる営農情報を一元的に管理する，そういった管理目的もあったようです。こういったようなことのために，北海道中央会の先輩が考案してつくった仕組みが，クミカンというわけです」（平野発言，戸田（2015g, 91））。

　上記平野氏の言は，クミカンは元々秋冬の間の資金繰りのためであったという，先の真嶋氏の言を裏づけるものである。ここで注目したいのは，クミカンにはそういった本来の目的とは別に，「営農情報を一元的に管理する，そういった管理目的もあった」ということである。クミカンの有する２つの狙いについて，小南氏も次のように語っている（戸田2015g, 94）。

> 【小南】そこ（筆者注：小南氏から提示された資料）にクミカンの狙いということで，いくつか書いています。まず，１つ目は組合員経済の計画化，ということなんです。どういうことかと言うと，クミカンは計画，営農計画書と我々は呼んでいるんですけど，とにかくこの計画に基づいて実践し，チェックするのを狙いとしてるんです。営農計画書には，年間の耕作計画とか資材調達計画とかが載っていますが，そういった計画と実績を対比して課題を洗い出し，さらに次の年の営農計画書につなげていくんです。
> 　クミカンの別な狙いに，組合取引の集中管理，ということもあります。農協との取引内容およびその結果を，常時，一元的に把握できることになります。こうすることで，組合員さんに必要な資材なり資金を，営農計画書で把握された単年度の見込み収益の範囲内で速やかに供給することができるようになります。こういったものは全部，管理報告票というものに記載されてきます。

　小南氏や先の平野氏が語っているように，クミカンには，営農計画書に基づいた資金繰りのチェック，いわゆる「組合員経済の計画化」という狙いと共に，農協との取引の常時一元的な把握，つまり「組合取引の集中管理」という狙いがあることになる。

　本節で注目したいのは，２つ目の狙い，つまりクミカンの「別な狙い」にある。ヒアリング調査で明らかとなったクミカンのもう１つの狙い・目的とは，

組合員の「営農情報を一元的に管理する，そういった管理目的」であり，彼らと「農協との取引内容およびその結果を，常時，一元的に把握」することである。この場合重要なのは，誰がそういった情報を管理・把握するのかであるが，むろんそれは組合員農家ではなく，農協がということになる。つまりクミカンという制度は，雪のため冬の間の収入がまずない北海道の組合員農家にとって，確かにありがたい資金供給システムではあるのだが，一方，農協にとってみれば，農協と取引のある農家の状況を，常時一元的に管理・把握できるシステムともなっていることが指摘できるのである。

クミカンの制度としての狙いは以上のとおりであるが，次いで，クミカンを勘定として用いる場面を見ていきたい。クミカン勘定に詳しい既出の小南氏は，自身の論文の中で，当該勘定の簿記会計的性格について，次のように記述している。

「農協取引部分については，相手勘定が全てクミカン（運転資金供給の科目）となる。水田・畑作経営の場合は，支出が先行（クミカン残高が赤）するため，クミカンは農家からすれば，『短期借入金』的な性格となる」（小南2009, 30）。

したがって，クミカンは，農家側ではなく農協側からすれば，短期貸付金的な性格になるわけである。

ところで，農協側とは異なり，果たして農家側がクミカン勘定を用いたそういった簿記処理を本当に行うのかどうかについては，「まあ，みんなが全部ってのは無理なんじゃないですか」（真嶋発言，戸田（2015f, 80））と既出の真嶋氏も認めている。つまり，制度としてのクミカンは，別勘定への「振替（＝自動貸越）」を含めて，確かに簿記処理を活用した資金繰りの仕組みではあるものの，実質的にその仕組みを使って，農家に対する短期貸付金を一元管理するという便益を受けているのは，もっぱら農協側であるということになる。クミカンは，ヒアリング調査で確認されたとおり，確かに，冬の間収入のなくなる北海道の組合員農家にとって，ありがたい資金供給の仕組みであるという一面がある。ただ，別な観点から見れば，貸越有の短期貸付金を，簿記システム内でクミカン勘定として処理することにより，組合員農家と農協との取引を一元的にモニタリングできる，農協自身にとって有益な管理ツールという一面も有していると指摘できるのである[3]。

以上のように，クミカン勘定の簿記処理上の利用をその一例として，農協は現在確かに複式簿記の効用を存分に享受してはいるが，それは組合員農家のためというより，農協自身のためであるということができるのである。さらに現在，より重要なのは，金融や保険（共済）といった信用事業を中心に，その他の複雑な経済事業を含め全体を効率的に管理運営するために，農協は複式簿記の効果を積極的に活用している点である。そういった目的のために適用される簿記は，ひとえに農協のための簿記ととらえられることになる。ここでは，そのような農協のための簿記を総称して「農協簿記」ととらえてきたが，こういった「農協簿記」の流れこそ，農業簿記第3の流れをなしてきたと見なすことが可能であろう。

　以上，本節で明らかとなったことは，これまで日本において展開されてきた農業簿記には，農業税務簿記という第1の流れ，また農業統計調査簿記という第2の流れ以外に，農協のための簿記，つまり農協簿記という第3の流れも確かに存してきたということである。文字どおり，農業簿記第3の流れとは，「農協」を主体としたものである。そこで次節では，農協簿記の主体であり，かつまた，戦後日本の農業界におけるキーマンでもあった農協について，特に簿記との関連性が深い問題を中心にして，さらに考察していくことにしたい。

3　農協問題について
―「記録」の問題を中心に―

　前節では，日本において展開されてきた農業簿記には，農協簿記という第3の流れが存することが，主にヒアリング調査より明らかになった。そこで本節では，当該農協簿記の主体である農協を，日本における農業簿記研究にとって欠かすことのできない考察対象であるとして，改めて取り上げることにしたい。考察に際しては，簿記であるならば当然の前提であるはずの記帳・記録について，農協はこれまでどう関わってきたのかという視点から，本節を展開していくこととする。なお，前節で農協について触れる際は，ヒアリング調査を主に用いたが，本節における考察においては，文献調査を主に用いることにする。

　さて，本書全体の考察対象はむろん農業簿記であるが，農業簿記の対象であるはずの日本の農業界において，一体どのような記録がこれまでなされてきた

のであろうか。筆者の一連の研究をもとに結論から言えば，日本の農業者の多く，特に小規模で米をつくっており，かつ他に主たる収入のある兼業農家，つまり小規模兼業米農家は，記録へのインセンティブが極端に小さく，そもそも記録をとっていないことが非常に多いということが明らかになっている（詳細については，戸田編（2014）第1章を参照のこと）。日本の農業者から記録へのインセンティブを奪ってきたものについては，市場流通問題[4]，反別課税問題[5]，そして補助金問題[6]等，様々な理由が複合的に絡んでいるが，実はこれまであまり論じてこられなかった理由に，本節における考察対象である農協に起因する問題もあるのである。

ここであらかじめ指摘しておきたいのは，農協と，農業者がつける記録との関係を考える上で，鍵となっているのが，農協が行っている金融や保険（共済）等の信用事業であるということである。農協の信用事業と，農業者がつける記録とは，一見何の関係もないように見えるが，実は深い部分で関わっているのである。ここでは，どのような関わりがあるのかを明らかにする前に，農協の信用事業，特に金融業務について概観しておきたい。

そもそも，農業分野の成長のためには，農地購入を筆頭に膨大な資金が必要となる。しかし，「農業従事者が融資を受ける先としては，農協もしくは日本政策金融公庫以外の選択肢がほとんどないのが現状である」（鈴木2011, 97）。それでも，農協の資金量は圧倒的で，2005年の値で，「信用事業の預金残高は78兆6000億円であり，長期共済保有契約高は360兆円」（八田・髙田2010, 74）であり，国内のメガバンクや大手保険会社の預金残高・契約高と肩を並べるほどである。ただし，本来あるべき営農関連事業への融資は少なく，「いまや，住宅資金貸付（多くはアパートの建設運営資金）が主力になるなど，JAの金融事業は非営農関連が大きくなっている」（神門2012, 171）。

上記のように，農協の金融事業は様々な問題を内包しているのであるが，ともかくも，農協は本来の営農関連事業だけでなく，上記のような銀行や保険といった信用事業や，さらに，農産物販売や資材購入といった経済事業までも兼営しているのである。こういった，信用事業を筆頭とした，「いくつかの事業を兼営する総合農協という日本の特殊な経営形態」（坂内2006, 34）が，その後，他に類を見ない程の屹立した存在に農協を押し立てていく反面，日本の農業分

野全体に深刻な問題を発生させることになった。例えば，次のような問題が生じていたのである。「農協は，農村における金融事業における独占的地位を持つ一方で，金融事業と経済事業等を兼業しているのだから，借入を要請している農業者に対して，『貸してやるから，農協の経済事業で扱っている肥料や農機具を買え』という圧力をかけることができ」（八田・髙田2010, 28）たのである。

　日本の農協が，世界の他の農協にも類を見ないような，金融事業と経済事業を兼業していることが，専業大規模農家よりも兼業小規模農家が圧倒的に多くなっていた戦後日本の農業界に与えた影響は甚大であった。その事情は次に詳しい。

　「片手間にしか農業をしないため時間的余裕のない兼業農家は，経済事業等と金融事業の両方に関して，農協に圧倒的に依存している。必要な資金は農協が貸してくれるし，資材の購入や農産物の販売もすべて信用事業の口座で決済できる。したがって，サラリーマンでもある農家は，農協に頼り，農協任せにしておけば，彼らの農家としての地位は守られ，営農を継続できる。このため，農協は，農業地域の預金の大半を持ち，地元の農民の資産状況，家族構成，家族の職業等について詳しい情報を持っており，農民への貸付に関して圧倒的な優位を持っている。農協が経済事業等と金融事業を兼業できることが，この状況をつくり出すのに大きな貢献をしているといえよう」（八田・髙田2010, 16）。

　上記の言より確認できることは，戦後，農地改革で生まれた多数の小規模兼業農家が，「片手間」でも問題なく営農していけたのは，金融事業や経済事業を兼業する農協が，彼らに，営農を続けていくのに必要なあらゆるサービスをワンストップで提供できたからなのである。農家は，「農協任せにしておけば」，何ら問題なく農業を兼業できたのである。

　しかしながら，まさにこの，「農協任せにしておけば」問題なく営農できるという状況こそ，本節の焦点である。日本の農業者から記録へのインセンティブを奪ってきたものの1つに農協に関連する問題もあるという点につながるのである。

　ここで，全てを農協に頼り切るとどうなるのかを，農産物の売上代金を例にして活写した言があるので，次に見たい。

　「そもそも，農家と農協との間の取引方法自体が，かなり前時代的である。

農家は商品と引き換えに，その代金を手に入れることができないのだ。まず，農家は農協の所有する倉庫に作った作物を納品する。すると農協は作物を卸売業者，もしくは大手小売業者などに販売し，その代価として受け取った代金から自らの手数料を差し引き，農家の口座に入金する。農家はしばらく後に口座を確認し，その入金された金額を見るまで，自分の作った作物がいくらで（農協に）販売できたかわからないのである。・・（中略）・・。農家は自分たちの商品が，農協からいくらで卸売業者，もしくは流通業者（スーパー）に販売されているかを知ることができない。農協が結果的にブラックボックスとなって，市場や買い手の姿が見えない状態にしてしまっているのだ」（鈴木2011, 28-29）。

　上記の言にある「口座」とは，農協の金融事業の口座，つまりJAバンク[7]の口座である。農協に全面的に頼り切る小規模兼業農家のお金の出入りは，全てこのJAバンクの口座に記録されていくことになる。そして，この過程にこそ，簿記の根幹である「記録」に対する農協問題の本質がある。つまり，農業に関する記録について，それを自らの経営状態を自らが知るためにとるという労を放棄した農業者は，JAバンクの口座記録を通して，農協からモニタリングされる存在へと堕してしまう他ないのである。こうして，次のような事態が発生する。

　「農協には，コストをかけることなく，農家の経営状況がガラス張りのようにわかるのだ。また，充分に自己の経営を把握していない，兼業農家のような片手間農家の場合には，農協のほうが農家経営をよく知っていることになる」（山下2011, 83）。

　以上，本節で見てきたように，農協は，金融・保険等の信用事業や，農薬肥料販売・農機具販売等の経済事業を兼営しているため，農協と取引のある農業者のお金の出入りを，彼らに代わって，彼らのJAバンク口座に記録することができ，また，現実に記録してきたのである。このような環境こそが，日本の農家の多数を占める小規模兼業農家から，記録をとるインセンティブを奪っていったのである。現在，農協問題は様々に議論されているが，簿記会計的に見た農協の最大の問題は，日本の農業者の多数を占める小規模兼業農家に代わって，農協自身が記録者となり[8]，かつその記録の受益者となってしまっていることだと考えられるのである。

4　農協問題について
―ワンストップ体制の問題を中心に―

　前節では，農協簿記の主体である「農協」について，特に「記録」との関係に注目して考察を行った。前節で明らかになったのは，農協は，JAバンク等の農業以外の信用事業を兼業していることが主因となり，当該JAバンク口座への記帳を通して，農業者ではなく農協自身が記録者となっており，かつその効用を享受していることであった。ことほど左様に，日本の農業簿記研究において，農協は欠かすことのできない考察対象なのである。農業簿記研究のみならず，日本における農業全般について深く研究しようと思えば，農協が絡む事項・問題を避けて通ることはできないはずである。にもかかわらず，これまで農協の問題を正面から取り扱った研究は，非常に数少ないと言わざるを得ないのである。

　そこで前節に引き続き，本節でも農協問題を考察対象とすることとしたい。前節でも指摘したように，農協が日本の農業界においてこれまで屹立した存在であったのは，金融業務等の農業以外の様々な業務を兼業しており，農協を頼ればすべての業務を一括して農協がやってくれるという，いわば農協の「ワンストップ体制」があったからこそである。そこで本節では，改めて農協が屹立した存在であったという実態と，それを支えてきた農協のワンストップ体制について，大手ハウスメーカーS社に勤務経験がある税理士Y氏へのヒアリング調査を中心として明らかにしていきたい。

　筆者のヒアリング調査に応じてくれた税理士Y氏は，かつて大手ハウスメーカーS社において，市街化区域内の農地にアパート（「特殊建築物，我々は特建と呼んでいました」，Y氏発言，戸田（2015b, 325））を建てることを目的とした支店に配属されていた。Y氏はやがて，アパートなどの特殊建築物を販売するトップセールスマンになっていく。Y氏の成功は，むろんY氏個人の能力や努力もあったからこそではあるが，それとは別に，勤務していた大手ハウスメーカーS社の有していたある体制が大きかったようである。Y氏の勤務していた当時，農家に対する特殊建築物の世界では，S社とD社の寡占状態だったという。その理由について，Y氏は次のように語っている（戸田2015b, 334）。

【Y】ここも肝となる話なんですが，もともとなぜ，S社なんかのハウスメーカーに多くの農家さんが頼みたかったかというと，もう1つ大きな理由があって，結局不動産関係の別会社を持っていたことなんです。例えばS社だと，S不動産というところです。

【戸田】私の元ゼミ生も，1人そこに就職してます。

【Y】S社はS不動産，D社はD不動産という不動産会社を，共に持っていたんです。D不動産は今は完全に独立した形になってますけれど，もともとD社がつくった不動産会社で，この不動産会社2社が家賃保証という独特のスタイルを取ってたんですね。

　簡単に言うと，例えば1部屋8万円の家賃だとします。8万円満額を保証しますというわけにはいかないので，入居者からは8万円もらい，その代わりあなたには家賃7万円を保証しますと。契約期間が決まってますので，一生ではないですけれど，ある一定の年限で一定の家賃を保証しますと。管理も一切合切うちでやりますよと。ですから，S社に頼めば，アパートなんかを建てるのはもちろん，建てた後の賃貸関係を含めた管理とか，さらには相続対策まで，煩わしい業務は全部丸投げにできたんです。これは農家さん側にしてみれば，すごいメリットであったと思います。

　ただ，このワンストップ体制を整えられたのは，当時はS社とD社だけだったんです。だから，特殊建築物の受注も，この両社に偏っていたわけですね。私が勤めている当時は，K社さんは，そこまでの丸抱えのシステムができていなかったと思います。当時，S社とD社が幅を利かせてた理由というのは，自らの不動産子会社と組んだワンストップ体制をいち早く確立していたからで，セット売りということじゃないですけれど，すべて含めてセットでやります，と農家さんに提案できたことが大きかったですね。

　以上のように，Y氏が勤務していたS社とD社にのみ，彼らが不動産子会社と組むことにより，「建てた後の賃貸関係を含めた管理とか，さらには相続対策まで，煩わしい業務は全部丸投げにできた」わけである。S社とD社の当時の寡占状態は，この「ワンストップ体制」を，両社だけが農家に提案できたことが大きかったことによる。ワンストップ体制は，「建てるだけではなくて，建てた後もすべからく全部面倒見ますよ」というのが大きい。賃貸人とのトラブルなんかも，全部子会社の不動産会社が扱いますよ，それに，家賃保証もしますから，毎月固定的にお金が入ってきますよ，そのお金を借入金の返済に振り分けていくこともできますよ，とね。節税スキームも含め，おんぶに抱っこ

で全部お任せくださいということができ」(Y氏発言,戸田 (2015b, 336)) たのである。

しかしながら，S社とD社のみが築き上げていたこの体制にも，大きな弱点があった。それは，「これだけのワンストップ体制も，農協との関係がないと農家さんに伝えられない」(同) ということである。「ハウスメーカー単独で動いても，信用力は全く乏しい」(Y氏発言,戸田 (2015b, 335)) のが現実であったようだ。では，どうやってY氏は，農協との関係を築いていったのであろうか。次のY氏の言を聞こう (戸田2015b, 334-335)。

【Y】農協との関係ということで言えば，おもしろいことがありました。例えば農家の方たちのところに行くときに，ハウスメーカーとして行くというよりは，「どこどこ農協と提携してます，S社のYと申します」みたいな感じの言い方をしないと，なかなか話を聞いてもらえないことがありましたね。・・(中略)・・。実は，特に過渡期には，営業マンの中から数名が，研修という名目で3カ月とか半年ぐらい，各農協の職員として働くことがあったんですね。もちろん，受け入れてくれれば，の話でしすし，今はやってないかもしれないですけど。

【戸田】実際はS社の営業マンが，形式的には農協の職員として働く，というわけですね。その間，給料はどうなるんですか？

【Y】もちろん給料はもとの会社から出て，農協からは一切もらいません。こうする理由は2つあって，1つは農協の人たちと仲良くなれるということと，2つ目は，農協の組合員の人たちとも仲良くなれることです。例えば何かイベントであったりとか，個別に農家さんを回ったりするときに，一緒に連れてってもらって顔を覚えてもらうんです。そうすると，実はターゲットとしている農家さんから，あなた農協にいたよね，なんとか農協の人でしょう，と。いえいえ違うんです，私実はハウスメーカーのものなんで，あ，そうなの，みたいな。とにかくそういう感じにもっていけるんです。

以上のY氏の発言で興味深いのは，いくらS社がアパート建築や管理のワンストップ体制を持っていたとしても，いきなりは聞いてもらえず，とにかく農協との関係が必須であったということである。経済的にS社でやったらどんなに有利かと説明する前に，まずは農協の人と一緒のところを見られる，ということが大事だったのである。そういった農協との関係を築くためには，たとえ農協からの給与の支給はなくとも，いわば手弁当による農協活動への協力が，

まずは「最初の一歩」となり得たのである。とにかく，農家との関係を築くためには，農協との関係を築けるかどうか，この一点にかかっていたことになる。昨今様々な点で批判の対象となっている農協であるが，日本の農家が絶大な信用・信頼を寄せてきたのは，紛れもないこの農協だけだったのである。

そして，農協に寄せる彼ら農家の信頼の源こそ，実は農協自体の有する「ワンストップ体制」であった。日本の農家が農協組織を全面的に頼ってきたのは，「とにかく，ワンストップで，全部の便宜の供与を受けられるということ」（Y氏発言，戸田（2015b, 332））につきるのであった。このワンストップ体制の中でも，特に金融サービスを行えるということが，農家からの信頼を獲得する上でも，農協自身が経済的に発展するためにも，非常に大きかったということは，前節での文献調査でも確認されたところである。世界でも類を見ない，金融サービスを中心とした農協のワンストップ体制に，日本の多くの農家は，大きく依存することとなっていくのである。

同様に，農地に建てるアパートも，地場の工務店による価格のたとえ倍になっても，信頼する農協と強固な関係を有しているS社に発注し，しかも，「おんぶに抱っこで全部お任せください」という，農協と同様のS社のワンストップ体制に全面的に依存するようになっていったのである。ワンストップ体制への全面依存という，日本の農業界に見られた特殊な関係について，これもY氏の言を次に聞こう（戸田2015b, 336）。

【Y】商売人の方なら，これをやるといくらの収入があって，対して手数料はいくらで，融資は利率何パーセントで，最終的に手元に残るのはいくらになるはずとか，そういう発想になると思います。ですが，はっきり言って，多くの農家の方はもともと農協にすべてお任せなので，農協の関係者みたいで信用できそうだし，何となく得なんだろうな，だからうちもあそこでやってみるか，という発想のほうが強かったと思います（傍点筆者挿入）。

まさに上記の言にあるように，日本の多くの農家は，「農協にすべてお任せ」の状態であったのが実態であろう。農協も，すべてお任せされるだけのワンストップ体制を整えて，農家からの期待に応えてきたことになる。こういった実態や両者の関係が，すべて問題であるというわけでは決してない。例えば，過

疎に苦しむ農村集落において，農協は唯一のライフラインとして機能しているという現実もある。しかしながら，本書に通底する簿記会計的視点に立てば，どうしても看過できない問題が，そこには存在するのである。それは，簿記の前提である取引の「記録」や，その「記録」に基づく自己の正しい姿の把握までも，農協にすべてお任せしてしまっては，簿記や会計は，実は日本の農業界にとって不要なものだということになってしまう，という問題である。本節で取り上げた農協のワンストップ体制は，実は，前節における「記録」についての問題にも，深く関連するものだったことになる。

以上，本節では，ハウスメーカーS社に勤務していたY氏へのヒアリング調査により，ワンストップ体制を有する農協およびその関係機関への「すべてお任せ」状態が，現実に日本の農業界に存していたことを，その問題点と共に確認したことになる。加えて，日本の農家との関係を築くためには，まずもって，農協との関係を築けるかどうかにかかっていた点も，具体的に確認したことになる。Y氏へのヒアリング調査は，結果的に，農協こそが，日本の農業界において欠くことのできないキープレーヤーであったことを，図らずも証明するものとなったのである。

5 むすび

以上見てきたように，本章では，主に各種のヒアリング調査から，日本における農業簿記には，現在主流と見なされている農業税務簿記，および前章で明らかになった農業統計調査簿記の流れ以外に，農協簿記というさらに別な流れがあることが確認された。農業税務簿記を農業簿記第1の流れ，農業統計調査簿記を第2の流れとすると，農協簿記という第3の流れが存していたことになる。

農協簿記という第3の農業簿記の流れの中では，複式簿記自体は活用されているものの，それは組合員農家のためというより，金融をはじめとする多様な事業の効率的な管理運営のため，あるいは組合員農家への短期貸付金管理のため，つまり農協自身のために活用されていることが明らかとなった。かような簿記は，「農業（者のための）簿記」ではなく，「農協（のための）簿記」と位置

づけるほかないのである。さらに本章では，当該農協簿記の主体である「農協」についても調査・考察し，主に金融業務の兼業から生み出される比類なきワンストップ体制について，その実態を明らかにしたことになる。

　実態の解明にあたっては，主としてヒアリング調査による成果を積極的に活用した。ヒアリング調査を重用した理由は，文献調査では入手困難な実態や事実に迫ることが可能だったからである。そもそも，これまでの日本の農業簿記研究においては，研究対象の実態や事実の集積が，十分になされてきたとは言い難いのである[9]。したがって，本章も含めた第Ⅰ部の研究では，農業簿記に関する実態・事実等を，まずはヒアリング調査を中心に集積することに力を注いできた。第Ⅰ部の終章である次章第5章では，本章までの考察で明らかになった，戦後日本における農業簿記の3つの流れを，さらなる文献研究による追加調査も交え，改めて確認・考察することとしたい。

■注
(1)「農協簿記」という用語については，例えば，書籍名に当該名称が付されているものがある。具体例としては，問題編と解答・解説編の2冊から構成されている『例解　農協簿記ワークブック』（平野公認会計士事務所編，平野秀輔監修）があり，全国協同出版より2003年に初版が刊行されている。なお，その内容については，次章第5章第5節で見ることにする。
(2) これら以外のクミカンの特徴としては，貸し越しがあること，取引情報が札幌の電算センターで集中的に処理されていること，「以前，JAバンクシステムに移行するとき，クミカン制度をなくす，なくさないで，北海道としても中央ともめたことがあった」（平野発言，戸田（2015g, 92））こと，農協以外との取引や減価償却費のような内部取引は扱えないこと，税務申告と完全には結びついていないこと，「クミカンを扱う場合，基本的には抵当や担保の設定が必要」（小南発言，戸田（2015g, 103））なこと，この担保次第で貸越利率が変動すること，「運転資金でないもの，例えば機械を買うとか土地を買うとかいった支出，そういうものへのクミカンからの支出は基本的に禁じられてい」（同）ること，ただし「家計費現金供給限度額というものが設定」（同）されているため，子供の進学に必要な資金はクミカンから供給され得ること等が，ヒアリング調査により確認されている。
(3) 本章で問題視したのは，クミカン勘定を用いた複式簿記処理の効用が，農業者側ではなくもっぱら農協側で享受されているということであり，クミカン制度そのものを批判したわけでは決してない。北海道におけるクミカン制度の意義については，筆者なりに理解しているつもりである。また，クミカンを使って農協が組合員農家を隷属させているという，一部に見られる言説については，誤解であるという点も申し添えておきたい。
　なお，クミカンについては，運用してきた北海道の農協自身も反省点があるとしている。この問題点については，次のような発言があった。「クミカンも，我々としては非常に役

に立つものだとは思っておるんですが，いろいろと改善する時期に来ているのかもしれません。資料を見ていただきますが，そこには，『クミカンの反省点』を載せています。クミカンについては，これまでも，JAごとに取り扱いの差があったり，運用の仕方に差があったんです。でも，これ自体はある意味当然なんですけど，問題は，営農計画書がきちんと出されていないのにクミカンを使ったり，使ったあとのサポートをJAとしてしていなかったり，営農計画書は出ていても，それに基づき計画的にクミカンを使っていなかったり。そういった問題も，一部とはいえ確かにあったのかなと。それと，単年度でクミカンが結局赤だった場合，それを安易に別勘定に書き換えたり，安易にそれを毎年繰り返していると，負債が膨大に膨らんでいくわけです。つまり，あるべき運用をしてなかったことによる，そういった弊害も，クミカンという制度に一部あったのかなと思います」（小南発言，戸田（2015g, 102））。

（4）市場流通問題については，まず，「市場流通」についての次の言を見たい。「農業には『市場流通』と呼ばれる，自分は営業せずに全部を市場に出す売り方があります。この売り方だと市場に値段づけを含めて100%マーケットに委ねる契約となります。農協が買ってくれるわけではなく，あくまで市場にもっていってくれるだけの委託販売です。営業努力をして顧客や販路を開拓しなくても，標準的な価格で買い取ってもらえるので，消費者と無理に顔を合わせる必要がありません。市場流通は農家にとっては非常に都合のいい方法なだけに，儲けも出ません」（浅川・飯田2011, 116）。

ここで肝心な点は，値段づけを市場に委ねてしまっているため，価格決定権が農業者側にないということである。このことが，次のような市場流通「問題」を引き起こすことになる。「農業業界が零細の集まりであることの大きな弊害の１つが，流通業者とのパワーバランスの偏りであることは前に述べた。大手流通業者（スーパー）に対して，生産者であるところの農業業界は，非常に弱い立場にある。流通業者が価格決定権を一方的に掌握しているのだ。何度でも言うが『農作物の値段は，スーパーの言いなり』である」（鈴木2011, 91）。このような環境では，農業者が記録をとるインセンティブは限りなく低くなってしまう。

（5）反別課税とは，「ある地域で，どの作物を何aつくれば所得はいくらであるという」（全農協編1999, 20），ある種の推計賦課課税である。反別課税については，本書第８章において詳しく扱う。

（6）補助金問題とは，一般的には，補助金農政が農業者のモラルハザードを引き起こし，農業発展どころか農業衰退への原因にすらなってしまうことにあると言われている。ただし，今少し簿記会計的な視点からは，日本の農業が，「どうやって効率的に補助金を受け取るかを考える農業」（浅川・飯田2011, 37）になってしまい，「どうやって効率的に利益を出せるかを考える農業への転換」（同）がなかなか進まないことだと考えられる。

この点を，象徴的に示す見解を次に示したい。以下の見解は，『農業経営者』という雑誌がアンケートで募った補助金に関する自由回答の１つである。回答者は補助金に頼らない経営を目指しており，回答は「私が補助金をもらわない理由」と題されている。

「補助金に頼らない理由は，まず第一に，農業者本来の『つとめ』を忘れてしまう心配があるからです。本来，生産者である私は，私のお客様に頭を下げるものですが，補助金に手を出すと行政に頭を下げることになり，自分の経営を見失うことになりそうです。…もうひとつの理由は，補助金をもらわないと，自分の経営がダイレクトに数字に表れてく

るからです。補助金を取ってくるのも経営者としての力だとは思います。しかし、補助金がない場合を考えると、なんとか自分の経営を良くしようと真剣に知恵をしぼり、工夫をし、努力をします。そうした試行錯誤にしても、補助金がある場合とない場合では、違った方法をとるかもしれません。補助金をもらっている人が知恵をしぼらず、工夫をせず、努力をしないということではありません。ただ、自分の判断がすべてで、そのぶんリスクも負うとなると、その知恵なり工夫なり努力なりに甘えは許されなくなるのです。真剣勝負なのです」（農業経営者2009, 29）。

上記の回答の中で重要なのは、補助金に頼ると経営の自立性が損なわれる危険性があるということだが、簿記会計的に見てより重要なのは、補助金をもらってしまうと、「自分の経営がダイレクトに数字に表れ」なくなることである。そして、補助金問題が生み出すこの構造こそが、自らの経営の状態をダイレクトに表す数字を導出するのに必要な、「記録」へのインセンティブをも削いでいると指摘できるのである。

（7）JAバンクとは、JA（単位農協）、都道府県にある信連（信用農業協同組合連合会）および農林中金（農林中央金庫）で構成するグループの名称である（中島・中島2010, 3-4）。なお、JAバンクシステムと言う場合、「農協・県信連・農林中金が実質的に『ひとつの金融機関』として機能するシステム」（田代編2009, 172）を表すという説明もある。ただし同時に、「農林中金の方針に基づく指導が信連から単協にまで拡大され、中金の実質的な全国連化と統制強化になった」（田代編2009, 267）とも指摘されている。農林中金を中核とした農協のJAバンク化には、農協の信用事業の「組織再編をJAバンク方式に染め上げ、『信用事業のための組織再編』化」（同）だけでなく、「信用事業以外の事業方式もいわば『信用事業の都合』に即して改変させられていく」（同）という問題点の指摘と危惧も表明されている。

農協の金融機関化の問題は、都市農家の変質と共に、早い段階で立花隆氏によっても次のように指摘されていた。特に東京などの都市においては、「ごく一部のまじめに農業を継続している農民をのぞいては、大部分が事実上、農業を捨てて、地主業ないし不動産賃貸業に転じ、あるいは形ばかりの農業をつづけながら、偽装農地のさらなる値上がりを待っているだけの偽装農民という構成になりつつある。そして、農協自体は金融機関に化していき、少数の正組合員とそれに数倍する準組合員という構成になっていく」（立花1980, 33-34）。

（8）金融・保険業を含めた複数の事業を同時に行う農協の兼業体制は、農協による記録を、つまり農協自身の会計を、一般企業とは異なったものにしている。農協（JA）の会計の特徴として、次のような説明がされている。「JAの事業は、信用・共済・購買・販売・その他と多岐にわたり、このため用いる会計手法は銀行・保険・その他一般企業の会計を組み合わせたものとなっています。よって通常の企業会計と比較してJAの会計はその内容が複雑化することになります」（平野2010, 6）。

また、農協職員研修マニュアルによると、「農協の簿記には、非出資組合の簿記、出資組合の簿記、連合会の簿記」（全国協同出版編2002, 26。傍点筆者挿入）があり、その特徴として、「事業方式は、原則として無条件委託方式であるため、勘定科目や処理法に特殊なやり方（受託売買的処理など）が多い」（同）ことがあげられるという。農協の簿記、つまり「農協簿記」の特殊性としては、「勘定科目や、各業務の経理要領などについて、全国農協中央会から標準的なものが示されて」（全国協同出版編2002, 60）いることもあげ

（9）日本の農業簿記に関する実態や事実の収集が進んでこなかった要因の1つに,「農業には,これまで触れちゃならんことが多かったから」(西田発言,戸田（2015d, 132）),つまりタブーの問題があったと考えられる。特に,農協批判に少しでもつながるようなものは,かつては全くのタブーであったことをうかがわせる次のようなヒアリング調査が,既出の西田氏に対してなされている（戸田2015d, 132）。

【西田】批判と言えば,今でもそうですが,特に地方では農協に対する批判はなかなか出しにくい。実害の無い都会の人は,バンバン言いよるけどね。地方じゃ,実害があるんですよ。昔,ちょっとだけ農協のことを批判した『熊本県JAの経営分析』を私が書いたときは,出版差し止めを食らいましたからね。

【戸田】農協批判をされたんですか？

【西田】いや,批判ちゅうもんではなく,熊本県の農協を全部調べて,どこの農協に問題があるか,どんな問題があるか,っていうのを書いただけです。でも,農協から,そんな本の出版はやめてくれって。

【戸田】先生,今なら出せるんじゃないですか。

【西田】出しませんよ。僕は地域社会で,ここ熊本で生きていかなならん。地方で農協を敵にしたら,干上がってしまいます。先生には,わからんこつでしょうが。

第5章

日本における農業簿記の3つの流れ

1 はじめに

　前章までの調査・研究により，日本においてこれまで「農業簿記」と総称されてきたものの中には，大別すると3つの流れがあったことが確認されている。ここで，既述の結論を改めて振り返ることにしたい。まず，農業簿記第1の流れとして考えられるのは，税務に依拠した「農業税務簿記」という流れであった。この農業税務簿記の流れは，これまで日本で展開されてきた農業簿記のうち最大の流れであり，現在一般に「農業簿記」と言った場合，この農業税務簿記を指すほどになっていることが確認されている。

　ただし，農業税務簿記以外の別な流れも存しており，その1つは「農業統計調査簿記」の流れであり，さらにもう1つは「農協簿記」という流れであったことが，これも各種の調査により確認されている。つまり，これまで日本において「農業簿記」と総称されてきたものには，「農業税務簿記」，「農業統計調査簿記」，さらには「農協簿記」という，3つの流れが存していたことが，前章までの調査・研究により確認されたことになる。

　本章では，この3つの流れを，新たな文献調査やヒアリング調査も加えて，改めて考察していくものである。本章の考察において重要となるのは，3つの農業簿記の流れについて，それぞれの「目的」と，それらの目的を遂行する上でおかれている「前提」を，これも改めて考察することである。注目されるのは，3つの流れがそれぞれ目指す目的と拠って立つ前提は，通常の簿記の目的や前提と同じなのか，それとも異なるのかという点である。この点の調査・確

認こそ，これまで日本で展開されてきたいずれの農業簿記も，なぜ競争力強化という視座を日本の農業界に持ち込むことができなかったのかという，本書の研究課題の解明につながるものなのである．

2 農業税務簿記の流れ
　　―その目的について―

　現在，TPP等の外的環境の激変で，日本の農業に俄然注目が集まっているが，こういった状況の下，農業簿記と称される簿記にも注目が集まろうとしている．ただし，前章までの考察の結果，これまで日本で展開されてきた農業簿記は，ただ1つの流れではなく，実は3つの流れがあり，その中でも，農業税務簿記という流れが主流であったことがすでに明らかになっている．

　ところで，この農業税務簿記の実態・実情については，関係する税理士以外にはほとんど知られてこなかったと言っていいだろう．そこで，筆者は，農業税務簿記を知悉した税理士にヒアリング調査を行い，その結果を抜粋しさらに考察を加えたものを，本書第2章にまとめたのである（本書第Ⅲ部には，農業税務簿記に関するヒアリング調査のもようを，そのまま全文掲載している）．彼らへのヒアリング調査から，農業税務簿記の最大の特徴は，「収穫基準」という，所得税法上の独特の収益認識基準であることが明らかとなっている．収穫基準は，確かに農業税務簿記の大きな特徴であることに間違いはないのだが，ただしその必要性となると，実務家の間でも見解が割れていた．主流は，「戦後ずっとこの収穫基準というのが続いています．税法が会計を規定してしまっているんです．そもそも，農業簿記の基本的な考え方が税法から来ている」（森発言,戸田（2014c, 122））のだから絶対に必要であるとする見解であったが，一方，「本来は農業簿記には収穫基準を入れるべきじゃないという，会計学的にはそう考えていいんですよ．というのは，収穫基準はもともと所得税法上のものでしょう」（西田発言,戸田（2014b, 91）），あるいは，「これからのことを考えるとね．でもやっぱり，会計っていう点から考えるんなら，会計を本当に農業に入れようとするんなら，収穫基準というもんの問題はなくしていかにゃならんことがあるかもしれません」（西田発言,戸田（2015d, 133））という見解もあった．

それでも，収穫基準は，時に将来における必要性については見解が割れることがあっても，少なくとも農業税務簿記の現場では，つまり「実務的には今も絶対的」（西田発言, 戸田（2015d, 133））であり，「規範として確立して」（森発言, 戸田（2014c, 122））いることは，衆目一致していた。ヒアリング調査の結果からも，収穫基準は，農業税務簿記の実務の現場においては，絶対的なものであり規範として確立されていること自体に，疑問をはさむ余地はなかったことになる。

　ただ，ではなぜ，「戦後ずっとこの収穫基準というのが続いて」きたのであろうか。ここで改めて押さえておかなければならないことは，収穫基準は，そもそも所得税法上の基準であるということである。この点に鑑みると，次の森氏の発言は示唆に富む。「なぜ税法上収穫基準なるものが設けられたかというと，農業者に原価計算というものを適用させるのに，実態上困難があったからだと思うんです。・・（中略）・・。農業者の所得を計算する上で，原価計算をやらないと所得計算ができないというような税法の仕組みになっていたとしたら，これはきわめて執行が難しいわけですよね」（森発言, 戸田（2014c, 108-109））。つまり，収穫基準は，税法上の所得計算を行う上で，「原価計算をしなくて済むという，そういう実務上のメリット」（森発言, 戸田（2014c, 109））がある基準であり，だからこそ，税を執行する側にとっても，農業者に適用させやすい基準であったことになる（収穫基準に基づくとなぜ原価計算が不要になるのかについては，第7章で計算構造的に取り扱う）。

　重要なことは，「税の執行側のニーズがあって，収穫基準というのが導入された」（森発言, 戸田（2014c, 109））ことである。この点については，次のような発言もある。「課税庁としては，画一的に大量に短時間で税を徴収するためには，収穫基準のような基準がどうしても必要でしょう」（西田発言, 戸田（2015d, 133））。これらの発言から確認できることは，収穫基準とは，期末の一括処理だけで多くの農業者の農業所得を算定し徴税することを可能とする，いわば課税庁側のニーズに基づいた基準であったということである。つまり，収穫基準に求められたのは，農業所得を課税庁側のニーズに基づき容易に短時間で算定することだったのであり，だからこそ，収穫基準を根幹とする農業税務簿記の究極の目標であり目的は，そういった農業所得の算定，具体的には，「所得税

青色申告決算書(農業者用)」の作成となることになる。

　第2章(および第Ⅲ部)において示したヒアリング調査から，文献調査だけでは決して知りえない，そういった収穫基準の本質が明らかになったわけである。さらに重ねて明らかになったことは，そういった収穫基準を根幹とする農業税務簿記は，その目的を，「所得税青色申告決算書(農業者用)」の作成においているということであった。

　引き続き，本節では，上記ヒアリング調査で取り上げた収穫基準について，また，収穫基準をその根幹とする農業税務簿記の目的について，文献調査からも改めて確認していく。ここで注目したいのが，ヒアリング調査において貴重な発言をなした税理士が中心となって書き下ろした，『農業簿記検定教科書3級』(以下，「教科書3級」と称す)である。当該教科書3級は，2014年4月に行われた農業簿記検定という新設検定用の教科書であるが，農業税務簿記を知悉する税理士により執筆・編集されているため，農業税務簿記のエッセンスを確認できる貴重な文献資料となっている。なお，上記新設検定および教科書3級の概要，さらには，教科書3級において示されている種々の特徴的な仕訳については，次章第6章で詳しく取り上げる。よって，本節では，販売農産物の期末棚卸処理に絞って取り上げ，ヒアリング調査で確認された点を，改めて文献上も調査・確認していきたい。

　さっそく，教科書3級において示されている，未販売農産物の棚卸評価仕訳例を次に示すことにしたい。

　(借) 期首農産物棚卸高　×××　　(貸) 農　産　物　×××
　　　　農　産　物　×××　　　　　　　 期末農産物棚卸高　×××

　上記の仕訳について，教科書3級では，まず，1行目仕訳の貸方農産物勘定については，「決算整理前試算表の農産物勘定の金額」(教科書3級2013, 84)，次いで，2行目仕訳の借方農産物勘定については，「棚卸しによって確定した農産物の金額」(同)という説明がなされている。ところが，1行目仕訳の借方期首農産物棚卸高および2行目仕訳の貸方期末農産物棚卸高の両勘定については，特に簿記会計的説明がなされることはないのである。

先の仕訳は，通常の簿記の知識がある者が見れば，仕入勘定における売上原価計算仕訳と同様ではないかと思うだろう。このように考えた場合，期首および期末の農産物棚卸高勘定は，費用勘定に類似した位置づけということになる。しかしながら，期首・期末の農産物棚卸高勘定は，収穫基準に基づき，収益勘定という性格を有する位置づけとなるのである。その事情を，原文のまま次に引用する。「農産物の期首棚卸高と期末棚卸高は，農業所得の計算では収入金額欄において記入されますが，小売業・卸売業など一般の事業所得の計算では，売上原価として費用の欄で記入されます。これは，棚卸高の金額が，販売価格で計算されるか，仕入などの原価で計算されるかの違いから生じます。棚卸高の金額が販売価格で計算されるのは，収益計上の時期に収穫基準を採用しているためで，収穫基準を採用している場合の農業所得の計算の特徴です」（教科書3級2013, 85）。ここでのポイントは，「収益の計上は，収穫基準を採用しているため，当期末の棚卸高は収入金額に加算され，期首の棚卸高は，収入金額から控除される」（同）ことである。

　ここで改めて，農業税務簿記の特徴であるという，当該「収穫基準」の定義について見ておきたい。教科書3級によると，「所得税の所得計算においては，米，麦などの農産物に限ってこれらのものが収穫された年の収益に計上することとされています。これを農作物の収穫基準といいます」（教科書3級2013, 40）と説明されている（同様の定義は所得税法第41条，所得税法施行令第88条でも行われている）。確かにこの定義に基づけば，農産物の期末棚卸高は，当期に収穫されたのだから農業収入にプラスとなり，農産物の期首棚卸高は，収穫されたのは当期ではなく前期なのだから農業収入にマイナスとなる。よって，先の教科書3級における説明どおり，「収穫基準を採用しているため」，期首農産物棚卸高勘定は収益マイナス，期末農産物棚卸高勘定は収益プラスという位置づけになるように思われよう。

　しかしながら，期首・期末の農産物棚卸勘定の性格が，それぞれ収益マイナス・収益プラスという位置づけとなるのに，決定的な役割を果たしているのは，実は収益基準というよりも，「所得税法青色申告決算書における取扱い」（教科書3級2013, 85）に示された，【青色申告決算書（農業所得用）の収入金額記入例】（同）なのである。

ここで，当該【収入金額記入例】を，教科書3級において例示されているとおり，図表5－1として以下に示す。

図表5－1　青色申告決算書（農業所得用）の収入金額記入例

科　　目			金額（円）
収入金額	販　売　金　額	①	8,250,000
	家事消費 事業消費　金額	②	220,000
	雑　収　入	③	300,000
	小計（①＋②＋③）	④	8,770,000
	農産物の 棚卸高　期首	⑤	158,000
	期末	⑥	165,000
計 （④－⑤＋⑥）		⑦	8,777,000

出所：教科書3級（2013, 85）

　上記の記入例からもわかるとおり，農業所得用の青色申告決算書においては，農産物の期首棚卸高（上記記入例では⑤158,000）は収入金額からマイナスされ，農産物の期末棚卸高（上記記入例では⑥165,000）は収入金額にプラスされる。これは，商業簿記において，売上原価を計算するための「期首商品棚卸高＋期中仕入高－期末商品棚卸高」という計算式の下，期首商品棚卸高が仕入勘定にプラスされ，期末商品棚卸高が仕入勘定からマイナスされることと，事情を全く異にするものである。農産物棚卸高は，通常の商品棚卸高のように，仕入勘定において売上原価（費用）を導き出すために加減算される勘定ではなく，農業収入金額（収益）を求めるために加減算される勘定という位置づけなのである。しかもこの位置づけを決定しているものは，税務処理上あらかじめ定められた，「所得税青色申告決算書（農業所得用）」のフォームなのである。

　さらに重要なことは，期首農産物棚卸高は収入金額マイナス，期末農産物棚卸高は収入金額プラスという位置づけを決定していた，図表5－1【青色申告決算書（農業所得用）の収入金額記入例】は，「所得税青色申告決算書（農業所

得用）」の一部だということである。この関係を，図表5-2として以下に示す（太枠や拡大効果部分は筆者挿入）。

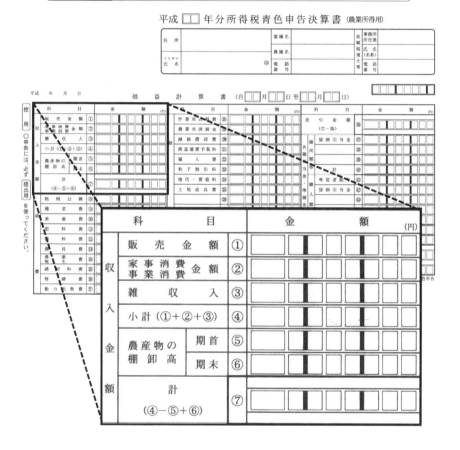

上記図表により，本節で取り上げてきた期首および期末の農産物棚卸高勘定の位置づけが，農業税務簿記において，それぞれ収益（収入金額）のマイナス・収益（収入金額）のプラスとなるのに決定的な役割を果たしているのは，実のところ，この「所得税青色申告決算書（農業所得用）」だということが明らかとなろう。このことはさらに，農産物棚卸高勘定のみならず，農業税務簿記で取り扱われる全ての勘定の位置づけ・性格づけ，さらにはそれらの勘定を使用し

た複式仕訳の処理形式までもが,「所得税青色申告決算書(農業所得用)」のフォームにより,あらかじめ決定されているということを意味している。換言すれば,農業税務簿記において用いられる勘定の位置づけや,行われる複式仕訳処理の形式は,あらかじめ定められたもの—この中には通常の簿記とは時に異なるものが含まれる—となるが,それは全て,究極の目標・目的とも言える「所得税青色申告決算書(農業所得用)」を容易に短時間で作成するためであるということになる。

ここに,農業簿記第1の流れである農業税務簿記の目的が,「所得税青色申告決算書(農業所得用)」の作成にあることが,ヒアリング調査および文献調査両面から改めて明らかとなったのである。

3 農業税務簿記の流れ
―その前提について―

前節で見てきたように,農業簿記第1の流れである農業税務簿記の目的は農業所得用の所得税青色申告決算書の作成にあることが明らかになった。そこで,本節における新たな課題は,そもそもその目的は,いかなる前提に立ってなされようとしているのかを調査・確認することである。

そこで,本節では,前節に引き続き,まずは,農業税務簿記の特徴とされる収穫基準を取り上げ,当該基準が要請する特殊な測定属性に注目して論を進めたい。すでに確認したように,収穫基準は,定義上,期末農産物棚卸高の評価・算定において,棚卸で確認された数量に,通常の簿記のように原価または期末の時価を用いることなく,「収穫(時の販売)価額」という独特の属性を乗じることが求められている(教科書3級2013, 89。同様の要請は所得税基本通達41-1でも行われている)。

ところで,期末農産物は,上記収穫基準の文字どおりの定義にしたがって,農産物の収穫時の販売価額を調べ,その価格を記録しておき,期末にその価格で測定されるのだろうか。ヒアリング調査の結果,そうではないことが明らかになっている。例えば,「特に戦後間もなくというのは,ほとんど農産物には公定価格があって,時価というものがきわめてはっきりしているわけですから」(森発言,戸田(2014c, 109)),この公定価格が「収穫時の販売価額」となっ

ていたことになる。さらに，そもそも，「収穫基準というのは，米だから（筆者注：適用）できた，米の買上価格が決まっとったからできた」（西田発言，戸田（2015d, 125））のである。つまり，食糧管理法の下，日本の米にはながく政府買い上げ価格があったわけだが，この価格が，農業税務簿記の現場では「収穫時の販売価額」として適用されてきたわけである。では，食糧管理法が廃止され，米の政府買い上げがなされなくなった後は，どうなったのだろうか。これについては，次の言が詳しい。

「収穫時の時価というものを実務上どこでとっているかというと，概算金単価なんです。例えばお米で言うと，最初契約金というのをもらうわけですが，概算金とか仮渡金という言い方をするときもありますけど，それを受け取るわけです。その受け取った」（森発言，戸田（2014c, 117））概算金こそが，「収穫時の販売価額」として適用されているのである。

以上のような，本書第2章において示しているヒアリング調査から，収穫基準が定義上要請している「収穫時の販売価額」とは，農産物が収穫された時の市場販売価格を調査し記録しておいた価格などではなく，公定価格や政府買い上げ価格，あるいは概算金等の，農業者側の記帳記録が一切必要ない金額だったことが明らかとなったのである。

さらに，ヒアリング調査の過程の中で，「収穫時の販売価額」の適用時，つまり期末農産物の棚卸評価の際だけでなく，家事消費や事業消費など，農業税務簿記が遂行されるいくつかの局面において，通常の簿記であるならば絶対の前提である「記録」が，実は必要とされていないことが判明した。しかしながら，記録を前提としないで，どうやって，農業税務簿記の目的である「所得税青色申告決算書（農業所得用）」の各金額記入欄に金額を入れていくのであろうか。この素朴な疑問は，次の言により氷解したのである。「大体の標準があるんですよ。本来は標準というのはないことになってるんですけど，標準をつくっておかないと大変でしょう」（西田発言，戸田（2014b, 86））。その後，ヒアリング対象者の西田氏より，農業に関する標準・基準が一覧となった表を実際に見せてもらい，そういった農業に関する標準・基準を適用する農業税務簿記の実態についての説明を受けたのである。当該ヒアリング調査についての抜粋・考察は，すでに第2章第2節に示しているが（全文は第9章に掲示），「昔

はもっと細かい規定があったんですよ」(西田発言, 戸田 (2014b, 87)) という, 反別課税時代の農業所得標準表については, 第8章において詳細に分析している。

　ヒアリング調査より明らかとなったことは, 収穫基準が要請する「収穫時の販売価額」にはもちろん, 農業税務簿記の遂行現場においても, 記録に基づかない, 農業に関する標準・基準がかなり適用されてきたという実態・事実である。かつての公定価格や米政府買い上げ価格, あるいは現代の概算金も, 言ってみれば同じく, 農業に関する標準・基準ととらえることができるものである。つまり, 農業税務簿記は, その拠って立つ前提を, 通常の簿記であるならば当然の「記録」ではなく, 農業に関する標準・基準においてきたことになるのである。

　本節では, さらに, この農業に関する標準・基準が, どのように決定されてきたのかについて, 考察を進めていきたい。こういった考察が必要とされるのは, 農業税務簿記がおかれてきた環境・社会的構造が明らかになることが期待されるからである。そこでまずは, 先の西田氏の言を聞こう。「JAと国税局が話し合いをしながら決めているんです。要は, こういうの (筆者注：農業に関する標準・基準) がないことに表向きはなっているけど, それじゃあ仕事ができませんでしょう。それで標準というものが必要なんですね。青色申告会なんかある場合, 統一しておかないといけないところもありますよね。・・(中略)・・。これは毎年1月頃に話し合いをするんです。本来なら国税局から出るものでしょうけど, 今, 国税局はこういうのは出さないんです。だからJAの名前で出しているんです。でも, これで実務はやっていくんです」(西田発言, 戸田 (2014b, 86-87))。

　上記の西田氏の言にもあるように, 現代における農業に関する標準・基準は, 各地のJA (農協) と国税局との間の「話し合い」を経て決定されていることになる。この「話し合い」に, かつては市町村関係者も参加したようである。その様子を, まず文章で次に確認する。

　「反当所得標準の作成及びその適用等に当たっては, 税務官庁は, 現地の関係市町村長並びに農業委員会及び農業協同組合等の農業関係諸団体の長と密接な連絡を保ち現地の実情を反映した意見を尊重することとし, また, 関係官庁

は，これらの者が税務官庁に所要の資料を提出することについて協力するよう指導すること」（石森1983, 15。昭和30年10月28日閣議決定「水稲所得に対する所得税の課税について」）。当該閣議決定からも明らかなように，農業所得標準については，税務官庁，関係市町村，農業協同組合（農協）の3者が，主要なプレーヤーとなって決定していたことがうかがわれる。3者の関係は，ある農協職員が示した図（原文では，「所得標準の決定，適用図」）[1]により，さらに明確なものとなる。以下に，その図を図表5-3として掲げる。

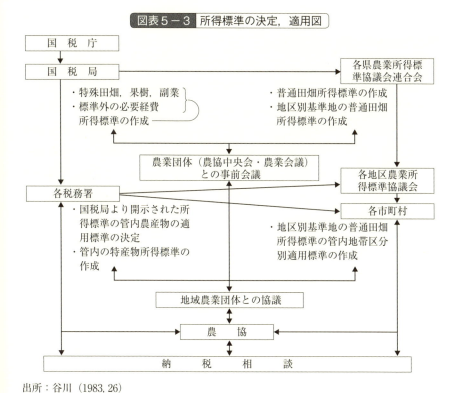

出所：谷川（1983, 26）

まさに上図こそ，かつての農業所得標準の決定の様が示されたものである。上図により改めて，農業に関する標準・基準は，税務官庁，農協，関係市町村という3者を主要なプレーヤーとして，決定されていたことが確認されたこと

になる。この3者のうち，最も主要なプレーヤーは，農協であったと考えられる。

もともと農協は，信用事業の兼業により，JAバンク口座を通して，日本の農家に多い小規模兼業米農家のお金の出入りを，彼ら自身より正確に把握しているが（戸田編2014，第1章参照），臨時税理士法規定（臨税）[2] により自身で税務業務まで行えるため，本来農家が行うべき記帳・記録はもちろん，税務申告や税還付[3] 手続きまでワンストップで行える体制を整えていることになる。むろん，地域によっては，すでに臨税が廃止されていたり，主に農業専門税理士が農家の所得申告を行うところもあろうが，全国的・一般的には，税務申告や税還付手続きまでワンストップで行える体制を整えている農協が，特に小規模兼業米農家の税務申告については，これを代行していることが多いと考えられる。こうして，強固なワンストップ体制を確立した農協に対して，日本の農家の多数を占めてきた小規模兼業米農家は，営農関係だけでなく，一家のお金の出入りや，果ては税務申告や税還付手続きまで，「すべてお任せ」状態となっていったと考えられる。

ここまでの考察の結果，農業に関する標準・基準の決定については，帳簿記録や税務申告をワンストップで遂行できる「農協」，その農協と相対で各種の農業に関する標準・基準を決定していた「税務官庁」，そしてそういった標準・基準の決定に彼らと共に関わっていた「関係市町村」という3者が，メインプレーヤーとして関わっていたことになる。そして，この，農協，税務官庁，関係市町村という3者による関係・体制，言ってみれば「農業税務簿記をめぐるトライアングル体制」[4] こそが，農業に関する標準・基準を決定してきた社会的構造そのものである，ということが改めて確認されることになったのである。以下に，その関係を，図表5－4として示す。

当該関係図は，農業に関する標準・基準を決定してきた社会的構造であると共に，収穫基準を中核とする農業税務簿記が，戦後ながく支えてきた体制でもあるともとらえられる。つまり，農業税務簿記は，農協，税務官庁，関係市町村という3者が主たるプレーヤーとして密に連携をはかった，いわば強固なトライアングル体制の中で，その展開が図られてきたと考えられることになる。このトライアングル体制の下，農業税務簿記は，その「目的」を，前節で明らかになったように，税務官庁に提出する青色申告決算書の作成においてきたの

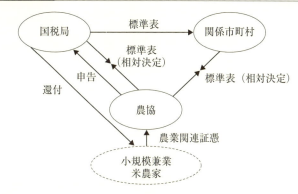

出所：筆者作成

である。そして，このトライアングル体制を構築するプレーヤーたちによって定められてきた所得標準を中心とする農業に関する標準・基準こそ，当該青色申告決算書の作成に際して，つまり農業税務簿記の目的遂行のために，その「前提」としておかれてきたものにほかならないのである。

　すでに，ヒアリング調査を中心として，農業税務簿記の根幹である収穫基準は，「収穫時の販売価額」という特殊な測定属性を定義上要求してはいるが，その実態は，各種の農業に関する標準・基準が適用されていたことが明らかにされている。本節では，このことを再確認した上で，さらに，その農業に関する標準・基準―これらは農業者による「記録」を前提としたものではない―こそが，農業税務簿記の「前提」とされていたことを，農業税務簿記を支えてきた社会的構造からも新たに確認したことになる。

　以上本節は，農業簿記第1の流れである農業税務簿記の「前提」について，収穫基準が求める特殊な測定属性という面と，当該収穫基準を根幹とする農業税務簿記をめぐる社会的構造という面から考察したものである。考察の結果，収穫基準を根幹とする農業税務簿記が，戦後ながくその「前提」としておいてきたものは，本来の簿記であるならば当然のはずの農業者側の「記録」ではなく，農協・税務官庁・関係市町村が策定してきた「農業に関する標準・基準」であることが明らかになったのである。

4 農業統計調査簿記の流れ

本節では，前節までの考察で確認された農業税務簿記以外の，別な農業簿記の流れ，具体的には農業統計調査簿記の流れについて，特にその目指すべき目的と拠って立つ前提を中心に，改めて調査・確認を行う（第3章に主にヒアリング調査の結果を示している）。

第3章第2節でも記しているが，農業税務簿記とは異なる農業簿記の流れの存在について，筆者が明確に認識したのは，神奈川大学経済学部教授で日本経済史が専門の谷沢弘毅氏へのヒアリング調査においてであった。ヒアリング調査において，谷沢氏は，2014年度までの筆者の農業簿記に関する研究は，税務を中心とした旧大蔵省サイドの調査が中心で，「農林省サイドの調査の基本」（谷沢発言，戸田（2015c, 105））である，「農家経済調査」（同）の研究を加える必要性を指摘したのである。そして確かに，農林省農家経済調査において，統計調査を目的とした農業簿記が行われていたことが確認されたのである。これについては，次に明確に記されている。「われわれが普通農業簿記として扱うもので，統計的な目的を有するものに農林省統計調査部の農家経済調査用帳簿がある」（桂1969, 67）。ここに，「ある意味，税金や課税とは全く別のアプローチ」（谷沢発言，戸田（2015c, 107））に基づいた，つまり青色申告決算書の作成を目的とした農業税務簿記とは全く異なる，統計調査を目的とした農業簿記の流れが確認されたのである。本書では，この第2の農業簿記の流れを，「農業統計調査簿記」として位置づけ論じてきたわけである。

ここで，農業簿記には，農業税務簿記とは異なる別のもう1つの流れがあることを，谷沢氏とは異なる物言いで，しかしながら明確に述べたヒアリング調査があるので，次に示す。

「農業簿記の体系も，大きく分けて2つあるわけですよね。1つは，税務会計のサイドの農業簿記と，それともう1つは，簿記論的ではあるんだけど日商簿記の体系とは全く違う，京都大学の先生方がおつくりになった体系と大きく2つあって，それらは全然相いれないんですよね。相いれないというか，全然違うところが多いです」（森発言，戸田（2014c, 120））。

上記の言は，第3章第2節で既出の森氏のものだが，農業簿記の流れには，「税務会計のサイドの農業簿記」，つまり農業税務簿記の流れと，その流れとは「全然相いれない」し「全然違う」，もう1つの農業簿記の流れがあると明言されている。そのもう1つの流れとは，「京都大学の先生方がおつくりになった体系」であるようだが，ただしこの流れは，先に確認された，統計調査を目的とした農業統計調査簿記と同じ流れかどうかは，上記の言だけでは不明である。この流れは，農業統計調査簿記以外の，さらに別の流れを意味しているのであろうか。そのことを確認するために，この「京都大学の先生方がおつくりになった体系」の目的を，同じく森氏の次の言に見ることにしたい。
　「要は，大槻先生もそうなんですけど，基本的には農産物の生産費調査と結びついているんです。・・(中略)・・。基本的に，私もかつてそういう仕事をしていたんですが，国の政策として，政府買上価格を決める上で彼ら(筆者注：大槻をはじめとする京大農学部系統の研究者)の理論というものは構築されているので，要は複式簿記だとか財貨の流れとかということよりも，所得補償する上でのコスト，生産費というものを解明するということが主眼なんです。京都大学の流れの学説というのはそういうふうにできているんで，・・・(中略)・・・，生産費用を統計的に解明するための学問体系なんです」(森発言，戸田(2014c, 121))。上記の森氏の言によれば，「京都大学の流れの学説」の目的は，「生産費用を統計的に解明する」ことにあるので，先の「京都大学の先生方がおつくりになった体系」の目的も同様に，「生産費用を統計的に解明する」こと，つまり統計調査にあることになる。ならば，森氏の言う，農業税務簿記とは別のもう1つの流れの農業簿記とは，特に問題なく，農業統計調査簿記であると指摘することができよう。
　ところが，上記森氏の言に出てきた，大槻氏を筆頭とした京都大学農学部系統の農業簿記研究は，通説によれば，その目的は公的な農業統計調査にはなく，「自家経済・経営の実態把握およびそれに連がる設計・診断のための資料を得ることにある」(桂1969, 67)とされる。特に，大槻の発案した京大式農家経済簿記は，「農家自身が自ら記帳すると共に自ら決算をも行ふところの自計主義の簿記」(大槻1990/1941, 125)であり，「自家経済・経営の実態把握およびそれに連がる設計・診断のための資料を」農家自ら得ることができる，まさに通説

どおりの，私的な目的を有した農業簿記だったと言われているのである。

しかしながら，本書における研究から，特に京大式農家経済簿記に対する通説的解釈には，再検討の余地があることが明らかとなった（再検討の詳細については，第3章第4節および第5節を参照のこと）。確かに通説では，京大式農家経済簿記は，統計調査とは関係のない農業簿記として位置づけられてきた。しかしながら，こういった通説は，京大式農家経済簿記を生み出した京大農家経済調査と，農林省農家経済調査との「相違性」にのみ焦点をあて形成されてきたものである。この文脈に基づき，京大式農家経済簿記は農家自身が集計・決算できる「自計式」だが，農林省農家経済調査は集計・決算に調査員の助力が必要な「他計式」だという，違いを強調する独特の解釈・定義がなされてきたのである。ところが，統計調査史の一般的な用語法によれば，両調査の調査方法は共に，農家が記帳した帳簿の蒐集という委託簿記法による「自計式」なのである。さらに，「京都帝国大学の農家経済調査は，調査方法や簿記様式の面で農林省の農家経済調査と酷似している。これは，大槻が，農商務省の調査様式を京都帝国大学の農家経済調査に導入したからであると考えられる」（水田 2009, 160）。これらの事実は，京大式農家経済簿記に対する通説を，両調査の「相違性」ではなく「近似性」という，これまでとは異なる視座により再検討する余地があることを示唆していた。

そこで本書における研究において，両調査の近似性に注目するという新たな視座に基づき，京大式農家経済簿記の再検討を行ったところ，当該簿記の目的には，農家経営の改善のためというただ私的・私経済のためだけでなく，農林省農家経済調査の目的と同様，公経済的な統計調査という目的を，一面で有していたことが確認されたのである。特に重要な歴史的事実は，「農林省の農家経済調査で1942（昭和17）年から京大式農家経済簿記が採用されたこと」（水田 2009, 162）である。もし，京大式農家経済簿記に，統計調査という目的が全くなかったのなら，一時期とはいえ農林省農家経済調査に採用はされなかったはずである。加えて重要なことは，京大式農家経済簿記が，農林省農家経済調査に採用された1942年という年は，食糧管理法が施行された年であり，すなわち米の政府買い上げが始まった年であるということである。この特殊な時代背景のもと，京大式農家経済簿記には，「米の再生産が可能」（佐藤1953, 5）となる

ような米の「生産費の計算」(同)への寄与が求められ，その要請に応えていかざるを得なかったことが確認されたのである。

　以上のように，京大式農家経済簿記を新たな視座により再検討した結果，当該簿記も，むろん第一義的ではなかったにせよ，統計調査という目的を有しており，時代の荒波の中，特に米生産費調査に注力せざるを得なかったことが明らかとなったのである。ここに，先の森氏の言う，「生産費用を統計的に解明するため」に「京都大学の先生方がおつくりになった体系」である，農業税務簿記とは別のもう1つの流れの農業簿記とは，農業統計調査簿記の流れであると指摘できることとなった。ただし，ここで最も重要なことは，農業簿記第2の流れである農業統計調査簿記は，京大式農家経済簿記をそこに含むという新たな視座からの解釈にあるのではなく，その「目的」が，米生産費の統計的解明のような，国策を時に支えるような「統計調査」にあるという，この一点である。

　その意味で，農業統計調査簿記の本流は，やはり，農林省農家経済調査にあったわけだが，当該農家経済調査の実態について，先の谷沢氏より，次のような情報を得ている。農家経済調査のような「農家や農業の実態調査って，これを正確にとろうとすると負担がものすごい。農林省は，かなりの数の統計職員を内部で抱えてたから，これができた。でも，そういった統計職員達が中曽根行革でバッサリやられてしまって，農林省も農家経済調査を，総務省にほっぽり出さざるを得なくなった」(谷沢発言，戸田 (2015c, 106))。つまり，農林省は，他省庁に比して多くの統計職員を内部に抱えていたため，緻密で正確な農業統計調査を行うことができたことになる。さらに具体的には，日本全国に多数あった農業事務所にいた統計職員が，「『坪刈り』という方法で一生懸命田んぼを見ながら，極めて緻密に調査しているんですよ。ある意味，税金や課税とは全く別のアプローチなんだけど，すごく緻密にやっているんです。もちろん，農林省の中でも，幾つかのアプローチの仕方，あるいは幾つかの統計手法があるでしょう。でも，少なくとも，中曽根行革前までは，農業事務所に多数存在していた職員が，米に関しては正確な実態をつかんでいた」(谷沢発言，戸田 (2015c, 107)) ということである。

　以上，本章では，日本においてこれまで農業簿記として展開されてきたもの

には，農業税務簿記の流れ以外に，その流れは現在細りつつあるものの，農業統計調査簿記という別の流れが存してきたこと，またその流れの中に京大式農家経済簿記もあったと考えられることを明らかにした。そして，その過程で，農業簿記第2の流れである農業統計調査簿記は，その目的を，米生産費調査のような，「統計調査」におくものであり，さらに当該目的を達成するために，特に戦後は，農林省に多数在籍していた統計職員が「坪刈り」などの実地サンプル調査を行うことを前提としていたことを調査・確認したのである。

5 農協簿記の流れ

本章ではこれまで，日本における農業簿記についての2つの流れを見てきたが，さらに第3の流れもあったことが，すでに第4章において示したヒアリング調査から明らかとなっている。農業税務簿記や農業統計調査簿記とも異なる，農業簿記第3の流れとは，「農協簿記」であった。北海道士別にあるJA北ひびきの営農部経営対策課課長の真嶋憲一氏は，農業簿記についてのヒアリング調査の中で，筆者に次のように語ってくれた。

「確かに，JAカレッジの講義の中に，そんな名称（筆者注：農協簿記）の簿記の時間があったと思います。農業だけじゃなくて，金融取引とか共済取引とか，今農協がやってる業務の簿記処理を習うんです」（真嶋発言，戸田（2015f, 79））。

真嶋氏の言によれば，農協簿記とは，農業に関する取引だけでなく，「金融取引とか共済取引とか，今農協がやってる業務」全般を処理する簿記ということのようであった。この点を確認するために，まずは，「農協簿記」という名称が付された著書を取り上げ，その内容を確認しておきたい。具体例としてまず，全国協同出版より2003年に初版が刊行されている『例解　農協簿記ワークブック』（平野公認会計士事務所編，平野秀輔監修）を取り上げたい（第4章注（1）でも簡単に触れている）。同書問題編において，農協簿記の対象となる事業項目が章別に示されているが，先の真嶋氏が指摘するように，「第2章　信用事業」・「第3章　共済事業」などの金融保険事業の他，「第4章　購買事業」・「第5章　販売事業」・「第6章　その他の事業」等，多様な業務があげられている。中でも，「第2章　信用事業」の内訳項目は，他章の内訳項目と比べそ

の数が最大であり，最も力が入れられているのが分かる(5)。

　上記著書とは別に，同書の監修者が同じく監修したDVDに，2010年にJA全中が初版を発行している『新・JAの簿記会計』というものがある。同DVDは，初級編と中級編からなっているが，初級編の全収録時間520分中最大の118分を占めているのが，「第8章　信用事業の取引記帳」であるのが特徴的である。また，農協職員研修マニュアルによると，「農協の簿記には，非出資組合の簿記，出資組合の簿記，連合会の簿記」（全国協同出版編2002, 26）があり，その特徴として，「事業方式は，原則として無条件委託方式であるため，勘定科目や処理法に特殊なやり方（受託売買的処理など）が多い」（同）こと等があげられるという。さらに，農協簿記の特殊性としては，「農協では勘定科目や，各業務の経理要領などについて，全国農協中央会から標準的なものが示されて」（全国協同出版編2002, 60）いることもあげられている。

　以上のように，「農協簿記」とは，農業に関する取引だけでなく，まさに先の真嶋氏の言にあるように，「金融取引とか共済取引とか，今農協がやってる業務」（真嶋発言，戸田（2015f, 79））全般を対象とする簿記だということが確認された。農協が，日本の農業界において最大のキーマンとなれたのは，金融を軸とした信用事業と，その他の多様な事業を兼業していることにより，比類のないワンストップ体制を築き上げたからであるが（農協のワンストップ体制については第4章第4節で扱っている），農協簿記は，まさにその，信用事業を中心としたワンストップ体制全体をその対象としているのである。なお，農協簿記の対象・範囲が農協の業務全般であることに関連して，次のような説明もされている。

　「JAの事業は，信用・共済・購買・販売・その他と多岐にわたり，このため用いる会計手法は銀行・保険・その他一般企業の会計を組み合わせたものとなっています。よって通常の企業会計と比較してJAの会計はその内容が複雑化することになります」（平野2010, 6）。

　以上のように，一般的な簿記とは様々な点で異なる「農協簿記」であるが，その基本的な目的は，すでに第4章でも明らかにしたように，複式簿記が生み出す機能を用いて，金融や保険といった多様で複雑な農協の業務を，農協自身が効率的に管理運営するためであった。したがって，農協簿記とは，「農業（者

のための）簿記」というより，「農協（のための）簿記」ととらえるほかないことになる。

　しかしながら，現在の農協簿記におけるそういった複式簿記の使われ方は，歴史的に農協に対して要請されたものとは，実は大きく異なっているのである。この事情については，本書において各所で触れてきたが，改めて本節において，主に坂内（2006）を参考にして，歴史的事実を確認しながら振り返っておきたい。

　まずは，農協簿記の利用者である日本の農協についてであるが，その成立は，第二次世界大戦の後，1947年に公布された農協法に基づき，戦前の農業会の流れを汲む組織として1948年に成立した。その後，1949年に戦後の税制に大きな影響を与えたシャウプ税制勧告が出されたのだが，実はそこで，農業における記帳記録に関して改善勧告が出されていた（福田監修1985, 249-250）。そして，同勧告と平仄を合わせるように，GHQ農業部経済課長J.L.クーパーも，「日本における農業協同組合の進歩について」というステートメントを公表し，農協へ記帳記録を含め各種の改善要請を出したのである（坂内2006, 25）。クーパーおよびGHQ側の農協への改善要請は，①経理方法の改善，②利用高配当（農協との取引高に応じた剰余金の払戻し）制度の導入，この2点に集約されるものであった。そして，いよいよ，「1951年2月に，主として農協に新たな経理制度を導入するために，GHQは，アメリカのミネアポリス出身の公認会計士J.C.エッシーンを経理技術顧問として招聘する」（坂内2006, 26）。エッシーンが招聘された理由は，「協同組合の経理専門家」（眞鍋1951, 22）であったからである。来日した同氏は，「全国各地の農協と連合会の経理の実情を視察」（坂内2006, 26）した後，日本の農協の経理について，次のような実情把握をなしたようである。

　「日本の農協が現在の簿記（経理）方法を墨守している限り，たとえその原則は充分承知していても，組合のあげる利益は，協同組合方式にならつて，組合員に配分しなければならぬと言ふ原則が生かされていない事，‥(中略)‥。このためロッチデール原則の中核を為す『利用量別配當』は殆んど遵守された例を見ないのである」（エッシーン1951b, 20）。

　設立間もない農協に対するエッシーンの認識は，基本的にGHQ側のそれと

同一で,「現行の経理処理そのものの問題と併せて利用高配当の必要性から農協経理の改革が必要であるという認識」(坂内2006, 27)であった。つまり,エッシーンは,利用高配当制度を日本の農協が採用するためにも,そもそも配当原資を計算・確定できないような,旧来の経理方法は改善される必要があると考えていたのである。ところで,エッシーンが改善の必要ありと見ていた,当時の「日本の農協が採用している経理方式は日本で『大原式』と呼ばれるもの」(エッシーン1951a, 823)であったようである。大原式経理方式とは,「とに角その根幹は,すべての取引を現金取引と仮想し,この前提の下に,事業の主観的観察によつて収入を勘定の左側,支出を右側に記入する原則をたて,通常の簿記法の貸借という観念を全然用いないという収支簿記」(日下部1951, 17)であった。

　では,組合員農家のために利用高配当制度をとるには,日本の農協はどのような経理方法をとるべきだとエッシーンは考えていたのであろうか。それがわかるのが,1951年6月に,同氏がGHQに提出した「日本における農業協同組合の経理及び監査の方法について」であり,同提出書における「勧告　経理組織の改善」において明示されている。そこには,日本の農協には,「複式簿記法による模範的経理組織を確立する」(エッシーン1951a, 819。傍点筆者挿入)必要があることが明確に勧告されていたのである。つまり,エッシーンは,組合員農家に対し払戻し可能な剰余金の計算・確定のため,できたばかりの日本の農協に対して「複式簿記」の適用を要請していたのである。しかしながら,農協のあげる利益を利用高配当を通して分配するための,つまり組合員農家のための経理改善要請に対しては,これとは別にGHQより出されていた「信用事業を分離すべきである」(合田1998, 23)という要請と共に,農協側がそれらに応えるようなことはなかった。それどころか,農協は,本来分離が要請されていた金融や保険といった信用事業を業務の主力としていき,また,そういった複雑な事業を効率的に管理運営するために,複式簿記という技術を,組合員農家のためというよりもっぱら自らのために利用していくのである。

　ここで,農協自らのための複式簿記利用という観点から,第4章のヒアリング調査で示した「クミカン」を,再度考察したい[6]。クミカンという言葉は,一般的には,「農協が農家に運転資金を供給するしくみ」(小南2009, 28)という

意味で使われている（この場合の正確な言い方としては「クミカン制度」となる）が，正確には，その運転資金供給取引において使用される「組合員勘定」の略称である。本節での考察では，簿記処理を中心とするため，後者の意味でクミカンを用いる。

ここで，そういったクミカンを使用した具体的な簿記処理例が紹介されている論文があるので，以下に原文のまま記すことにしたい。

（例1）除草剤を購入し，クミカンより支払った。
　　　（借）農薬衛生費　　　×××　　（貸）クミカン　　　×××
（例2）1月分乳代が清算されクミカンに入金となった。
　　　（借）クミカン　　　×××　　（貸）牛乳収益　　　×××

尚，農協側の仕訳は，クミカン科目の貸借が逆になる。

（例3）クミカンから，除草剤販売代金を引き落とした。
　　　（借）クミカン　　　×××　　（貸）購買品収益　　　×××
（例4）1月分乳代をクミカンに入金した。
　　　（借）受託販売品勘定　×××　　（貸）クミカン　　　×××
　注：例3，4とも農協の科目としては，「普通貯金（クミカン口）」または「組合員勘定」を使用

出所：小南（2009, 30）

上記のように，クミカンは，「農協が農家に運転資金を供給するしくみ」において用いられるため，「農協取引部分については，相手勘定が全てクミカン（運転資金供給の科目）となる。水田・畑作経営の場合は，支出が先行（クミカン残高が赤）するため，クミカンは農家からすれば，『短期借入金』的な性格となる」（小南2009, 30）。したがって，クミカンは，農家側ではなく農協側からすれば，短期貸付金的な性格になるわけである。農家側が上記のような仕訳処理を起こすことは考えにくいため，クミカンを勘定として複式簿記システム内で使用・利用しているのは，もっぱら農協側ということになる。

つまり，クミカン（制度）は，別勘定への「振替（＝自動貸越）」[7]を含めて，確かに複式処理を活用した資金繰りの仕組みではあるものの，実質的にそ

の仕組みを使って，農家に対する短期貸付金を一元管理するという便益を受けているのは，もっぱら農協側であるということになる．クミカンは，第4章のヒアリング調査で確認されたとおり，確かに，冬の間収入のなくなる北海道の組合員農家にとって，有難い資金供給の仕組みであるという一面がある．ただ，別な観点から見れば，貸越有の短期貸付金を，簿記システム内でクミカン勘定として処理することにより，組合員農家と農協との取引を一元的にモニタリングできる，農協自身にとって有益な管理ツールという一面も有していると指摘できるのである[8]．

　上記のような，北海道のクミカンもその一例であるが，現在の農協による複式簿記活用の仕方は，組合員農家のためというより，農協自身のためであると言えるのではないだろうか．現在の農協は，複式簿記を，エッシーン会計士あるいはGHQより要請された使用目的，つまり，組合員農家に対する利用高配当原資の計算のためというより，金融をはじめとする多様な運営事業の効率的管理のため，加えて組合員農家への短期貸付金の一元管理のため，まさに農協自身のために使用していると指摘できるのである．

　以上の考察の結果，これまで日本において展開されてきた農業簿記には，農業税務簿記や農業統計調査簿記とも異なった第3の流れとして，「農協簿記」という流れが確かに存してきたことが，本節において改めて確認されたわけである．さらに，当該農協簿記の現在の目的は，組合員農家に対する利用高配当原資の計算という歴史的に要請された目的とは異なり，金融をはじめとする多様な運営事業を効率的に管理することにあることも確認された．加えて，農協簿記の主たる対象，つまりは拠って立つ前提は，農業に関する取引というより，現在の農協が力を入れる金融を中心とする信用事業に関する取引ということになる．その意味でも，農協簿記とは，「農業を主たる対象とした農業者のための簿記」ではなく，「農業以外の事業を主たる対象とした農協のための簿記」としか言うほかないことになるのである．

6　むすび

　本章における課題は，すでに前章までに，主にヒアリング調査により確認さ

れた日本における農業簿記の3つの流れを，文献調査を中心にさらなる分析・考察を加えることにより，改めて調査・確認することであった。さらに，それぞれの流れの目的と，その目的を遂行するために拠って立つ前提を，これも調査・確認することで，本来あるべき簿記の目的およびその前提と比較検討を行うことであった。以下に，本章で調査・確認されたことを，再度まとめておく。

　農業簿記第1の流れとしての農業税務簿記については，その目的は，農業所得用の所得税青色申告決算書の作成にあることが改めて確認できた。さらに，当該青色申告決算書の記入フォームに基づき，農業税務簿記における勘定科目の性格や必要な複式処理形式があらかじめ決められており，それを支えているものに，「収穫基準」という所得税法上の特殊な基準があることも明らかになった。収穫基準は，期末に一括で課税所得を確定・算出するという，課税庁のニーズに沿ったものであることも確認されたが，その一方で，農業者の記録を前提としていないという，本来の簿記という視点から見れば大いなる問題が存する基準でもあることが判明した。

　農業税務簿記という第1の流れに対して，農業統計調査簿記という，農業簿記第2の流れも存してきたことが，本章における考察により改めて確認されている。この第2の流れは，戦前から続く農家経済調査の流れでもあったわけだが，その目的は，国策に資するような統計調査にあり，特に戦中より戦後にかけて，その調査対象の焦点は，政府買い上げ価格を裏づける米の生産費統計調査におかれていったのである。そして，農業統計調査簿記の前提としては，財の流れを農業者が複式簿記により記録・把握するのではなく，特に戦後は，統計部局職員による「坪刈り」等の実地サンプル調査に依拠するものであった。

　これら2つの流れの他に，農協簿記という，農業簿記第3の流れも存してきたことが，これも改めて確認されている。本章では，第4章に引き続き，これまであまり農業簿記の研究対象としてその俎上に載ってこなかった「農協」について，簿記的および歴史的な視座から新たに考察した。そして，その農協に対して，歴史的には，組合員農家への利用高配当の原資を計算・確定するために，複式簿記の適用が要請されていたことを確認した。しかしながら，現在の農協は，歴史的に要請された当該目的とは異なる，別の目的のために，複式簿記を活用している実態・実情があることも明らかとなった。ここで，別の目的

とは，現在農協が運営している金融業務を中心とした多様な事業を効率的に管理することであり，これこそが，農業簿記第3の流れである農協簿記の現在の目的なのである。勢い，この目的を達成するための前提も，本来あるべき農業関連事業の取引よりも，金融・保険等の信用事業の関連取引にその重点を置かざるを得ないことになる。ここに，農協簿記は，「農業（者のための）簿記」となっていないばかりか，「農業（を主たる対象とした）簿記」ともなっていない，まさに「農協（のためだけにある）簿記」となっていると指摘できるのである。

　ここで，簿記の本質を前提とした，農業簿記本来の目的とその前提について，序章に引き続き再度，『農業簿記検定教科書3級』の中に明確に書かれている文言で確認しておきたい。

　「農業簿記の目的は，正しい記帳を行うことにより，正しい損益計算書と貸借対照表を作成して，一定期間の経営成績を明らかにすること（損益計算書），一定時点の財政状態を明らかにすること（貸借対照表）です。そして，正しい所得にもとづいた税務申告を行うだけでなく，農業経営の分析などを行い，農産物の生産に要した原価を把握してこれをもとに改善をはかり，農業経営の発展に寄与することが真の目的なのです」（教科書3級2013，4）。

　上記の言にあるように，農業簿記の目的は，「正しい記帳」，つまり農家自身による記帳記録を前提として，「農産物の生産に要した原価を把握」，つまり農産物のコストを把握し正確な損益計算をすることにより，「農業経営の発展に寄与すること」なのである。ところが，これまで日本で展開されてきた農業簿記のいずれの流れも，このような農業簿記の真の目的とは異なる，別の目的を有していたことになる。しかも，そういったそれぞれ固有の目的を，農業に関する正しい記帳記録という，農業簿記本来の前提に立たずに達成しようとしていたのである。

　つまり，本章で最終的に確認されることは，これまで日本において展開されてきたいずれの農業簿記の流れも，「記録」という簿記本来の前提に立っておらず，必然的に「損益計算」という簿記本来の目的を追求するものではなかったということである。このことは，日本において展開されてきた農業簿記のどの流れも，本当に「農業簿記」と，あるいはそもそも「簿記」と呼べるものだったのかという疑念に繋がるものである。この疑念を検証する上でも，現在

農業簿記として一般に認められており，農業簿記第1の流れとして広く実務的・実際上も展開されている「農業税務簿記」を対象に，次章以降改めて詳細に検証することにしたい。検証にあたっては，記帳やその計算構造といった，これまで詳細には扱ってこなかった新たな観点から，農業税務簿記についての再考察を行うこととしたい。

■注
(1) 当該「所得標準の決定，適用図」の入手については，国税庁税務大学校・税務情報センター租税資料室の牛米努研究調査員等に，大変お世話になった。
(2) ここで言う臨時税理士法（臨税）の内容については，「臨時の税務書類の作成等の許可申請の審査基準及び標準処理期間の公表手続について」（国税庁HP：http://www.nta.go.jp/shiraberu/zeiho-kaishaku/tsutatsu/kobetsu/zeirishi/950413/01.html（2016年10月14日最終確認））という税理士法関係の個別通達において示されているので，次に示す。
「（別紙）税理士法第50条の規定による臨時の税務書類の作成等の許可の審査基準　1　税理士法第50条第1項に規定する租税の税目の指定は，原則として申告所得税及び個人事業者の消費税に限るものとし，その許可を与える基準は，次に掲げる地方公共団体その他の法人の役員または職員もしくは職員に準ずるもののうち，税務行政に協力すると認められた者に限り，申告者数その他の事務の性質および分量等を考慮し，適当と認める人数に対し，下記2及び下記3の条件を付して許可するものとする。但し，許可を受けた者を単に機械的に補助する者については，許可を要しないものとする。（1）地方公共団体　（2）農業協同組合　（3）漁業協同組合　（4）事業協同組合　（5）商工会」（傍点筆者挿入）。
上記通達から明らかなように，「税務行政に協力すると認められた者に限り，申告者数その他の事務の性質および分量等を考慮し，適当と認める人数に対し」，所得税の申告が許可される団体があるのである。そして，そういった団体の1つとして，地方公共団体等と並び，農協があげられているのである。つまり農協は，臨時的にとはいえ，所得税申告業務を行うことが制度的にも許されていることになる。
(3) ヒアリング調査により，税務申告を依頼する農家側にも，兼業収入との損益通算により各種の税還付を受けるという期待があることが判明した。この点が確認されたヒアリング調査のもようを，以下に示す（戸田2015d, 124）。なお，このヒアリング調査において，日本の農家の多くが兼業しかつ米をつくっている，つまり兼業米農家である理由が語られている。

【戸田】ちょっと話を，さきほどの農家への優遇について戻らせていただきます。前回のヒアリング調査でも先生にうかがったんですが，特に兼業農家さんにとって，会社員や公務員としての所得と農業所得との，いわゆる損益通算は，実は結構大きな意味があるという話でしたね。例えば，基本的には工場で働いているとして，でも親から継いだ農地があった場合，主業を農業で申請するんですか。
【西田】はい。例えば，私が県庁の職員とか会社に勤めてるとするでしょう。でも，田舎に

いて，田舎だから田んぼを持ってる。そうすると農家だって言える。それで，農業だけで申告すると，だいたい赤字になるわけですね。所得の計算では。農業が赤字だったら，会社員として払ってた税金が，赤字分と通算され，結果的に還付される。

　だから，うちの事務所にも，還付のために確定申告の依頼がくる。損益通算による還付申告をするためにうちに頼んで，それで仮に50万還付され，うちが10万もらったって，40万得するじゃないですか。だから，そういった依頼は結構あります。そうそう，今度から国民健康保険料が変わりますから，得する金額はこれまでの倍くらいになるんじゃないでしょうか。そんなこんなで，特に兼業農家の人は，還付のための申告をしている人が多いんじゃないでしょうかね。

【戸田】そうすると，そういう方にとっては，農業所得が黒字になっちゃったら，逆にまずいですよね。農業所得がすごい黒字とかになっちゃったら，還付に使えない。

【西田】まあ，そんなことはまずないと思いますけどね。ところで，サラリーマンなんかの兼業農家さんにとって一番いいのは，何といっても米ですよ。手が要らんですもん。

【戸田】週末だけの作業でいい，とかそういうことですよね。

【西田】そういうことですね。トマトとかキュウリとかナスなんていうのは，常に作業していかないと駄目でしょう。兼業農家さんには，できんですよね。

（4）当該「農業税務簿記をめぐるトライアングル体制」も，現在はその関係が大きく変わりつつある。最も大きな変化は，農業に関する標準・基準の策定から，関係市町村の関与がなくなりつつあることである。これは，かつて存在したかなりの厚さの『農業所得標準（表）』の公式上の廃止により，農業に関する標準・基準の策定を，昔のように3者が公に行うのではなく，農協と国税局が相対で行うようになったことがその一因と考えられる。したがって，現在では，トライアングル体制というより，2者相対体制といったほうがより適切であるかもしれない。

（5）「第2章 信用事業」の内訳項目は，次のとおりである。2-1 普通預金，2-2 当座預金，2-3 定期預金（期日を過ぎてからの払戻し），2-4 総合口座，2-5 定期積金，2-6 譲渡性貯金，2-7 表示，2-8 証書貸付，2-9 手形貸付，2-10 為替，2-11 手形割引，2-12 表示，2-13 余裕資金の運用。

（6）第4章において示したヒアリング調査は，主に農協職員の方に対してのものであったため，クミカンについては基本的に肯定的な見解が示されていた。しかしながら，クミカンに対しては，次のような否定的・批判的な見解も存する。「農家のための口座である農協の組合勘定には，貸付限度額というものがある。2ヘクタールの農家なら，150万円程度だ。貸付がこれを超えると，農協は長期の資金に借り換えさせて，組合勘定の貸付残高をいったんゼロにする。こうして，また農家が肥料や農薬を買えるようにする。このため，借金が雪達磨式に膨れ上がる。ある農家は，これを『水面下に潜りっぱなしで，浮上しない原子力潜水艦』と呼んだ」（山下2011, 83）。

（7）自動貸越や組換については，次のような説明がある。「毎年，農家は農協より借金をして，種籾や機械，農薬，肥料などの農業資材を購入する。そうして農作業に従事し，収穫した作物を農協に売って，そのお金で借金を返す。手元にはいくらか残るどころか，借金すらすべては返しきれずに，また新たな借金をして，翌年の農作業を行う。農協の預金口座には，組換と呼ばれる世にも便利で恐ろしい，自動貸越（口座残高以上の金額を自動的

に貸すこと）の制度が導入されている。この繰り返しで，農家は返せるはずもない借金を，雪だるま式に増やし続けている」(鈴木2011, 20)。

(8) 第4章において示したヒアリング調査でも，次のような発言があった。「クミカンの別な狙いに，組合取引の集中管理，ということもあります。農協との取引内容およびその結果を，常時，一元的に把握できることになります」(小南発言, 戸田 (2015g, 94), 傍点筆者挿入)。確かにクミカンは，冬の間収入のなくなる北海道の農家にとって，有難い資金供給の仕組みである。この観点にのみ立つならば，クミカンの狙いは，営農計画書に基づいた速やかな資金繰りとそのチェック，いわゆる「組合員経済の計画化」(同)だけとなる。しかしながら，それだけではなく，クミカンには，「営農情報を一元的に管理する」(平野発言, 戸田 (2015g, 91), 傍点筆者挿入) という「別な狙い」も一方にあったのである。この，「別な狙い」に基づく観点から見れば，クミカンとは，貸越可能な短期貸付金をクミアイ勘定として複式簿記システム内で使用することにより，組合員農家と農協との取引を一元的にモニタリングできる，農協自身にとって有益な管理ツールであるという位置づけが可能となるのである。

なお，本章で論じたのは，第4章注 (3) でも述べたように，クミカン勘定を用いた複式簿記処理の効用が，農業者側ではなくもっぱら農協側で享受されているということであり，クミカン制度そのものを批判したいわけでは決してない。北海道におけるクミカン制度の意義については，真嶋氏や小南氏等へのヒアリング調査により，筆者なりに理解しているつもりである。

農業税務簿記の研究

第6章

農業税務簿記の特徴と問題点
―農業簿記検定教科書3級における仕訳を題材にして―

1 はじめに

　本書第Ⅰ部において，これまで日本において展開されてきた農業簿記には，ただ1つの流れではなく，農業税務簿記，農業統計調査簿記および農協簿記という3つの流れがあったことが明らかとなった。さらに，この3つの流れのうち，農業税務簿記の流れこそが，最も農業簿記実務への影響が強いものであり，現在一般に「農業簿記」と言う場合，この農業税務簿記を指していることも確認されている。そこで，本章以降第8章までを第Ⅱ部として独立させ，農業税務簿記に焦点をあて深く考察していくことにする。本章では，まずは，農業簿記検定用に編まれた教科書において示された仕訳を題材にして，農業税務簿記の特徴と問題点を改めて論じることとしたい。

　さて，実は2014年という年は，農業簿記にとってエポックメイキングな年であった。なぜなら，同年4月6日に，農業簿記検定2級および3級の新設検定試験が行われたからである。この検定試験は，日本ビジネス技能検定協会（Japan Association of Business Certification，略称JAB，創立1989年，一般財団法人成立・設立2009年）[1]により執り行われた。また，当該検定の監修については，すでに本書においてたびたび登場している，一般社団法人の全国農業経営コンサルタント協会[2]が行っている。さらに，当該検定試験に対する教科書や問題集については，この全国農業経営コンサルタント協会および学校法人大原学園大原簿記学校が共同で，『農業簿記検定教科書』・『農業簿記検定問題集』を大原出版株式会社より出版している。本章ではこのうち，『農業簿記検定教

科書3級』（以下，「教科書3級」と称す）を取り上げ，その中でも，特に農業税務簿記の特徴が強く出ている仕訳問題を題材にして，論を進めていくことにする。

なお，教科書3級は，その内容について，あらかじめ税務側（全国農業経営コンサルタント協会側）と会計側（大原学園側）が調整を図ってきたものであるが，本章で取り上げる家事消費取引および期末棚卸評価はいずれも，税務側の主張に基づいていることが確認されている（詳細は戸田（2014b）を参照のこと）。つまり，そこで示されている仕訳は，主に農業所得申告を主業務とする税理士が，業務を遂行する上で通常依拠している農業税務簿記に基づいたものとなっていることが確認されているのである。よって，本章では，それら教科書3級においてなされている仕訳説明を，農業税務簿記の特徴と見て論を進めていくことにする。

2　農業簿記検定教科書3級の概要

本節では，具体的な仕訳説明を見る前に，まず，教科書3級の内容を目次から概観しておきたい。目次を見ると，次のような全7章の構成をとっていることがわかる。「第1章　農業簿記の概要」，「第2章　簿記一巡の手続き」，「第3章　勘定科目」，「第4章　収益・費用の記帳方法」，「第5章　流動資産および流動負債など」，「第6章　固定資産」，「第7章　決算書の作成」。この中で，農業簿記独特と思われる部分は，次のような箇所となろう。「第1章（4）農業の特徴，（5）農業簿記の目的」，「第3章（1）農業簿記の勘定科目，（2）農業経営と勘定科目」，「第4章（2）農業特有の会計処理」，「第7章　農業用固定資産の耐用年数の例」。また，巻末資料として示される「農業簿記勘定科目」も，これに該当しよう。これらの項目につき，商業簿記とは異なる農業簿記に特有の説明箇所に注目しながら，以下にいくつかをピックアップして見ていきたい。

まず，「第1章（4）農業の特徴」であるが，次の6つの特徴があるとされている。「1．いきものを通じた経営」，「2．自然を相手にする」，「3．価格の決定権」，「4．政策との関係」，「5．収入の機会が限られている」，「6．個

人事業が主体」（教科書3級2013，3）。この中で述べられていることを要約すると，農業簿記検定3級で想定されている農業者とは，主に農地法の要件に該当した「個人事業者」であり，「価格の決定権」を持たず，助成金や補助金など「国の政策により大きく左右」される存在であるということになる。

　第1章部分に次いで，農業簿記独特のものとして，「第3章（2）農業経営と勘定科目」にも触れておきたい。ここでは，農業経営のタイプ別に，使用する勘定科目が異なることが例示される。当該教科書においては，①稲作，②野菜，③果実，④畜産の4タイプに分けられて，使用する勘定科目が例示されている。ただし，教科書3級で提示される具体的な事例においては，主に稲作と畜産とに2分されて説明が行われているし，さらに問題集における事例のほとんどは，稲作に関するものだけである。

　さらに，「第4章（2）農業特有の会計処理」では，農業における「収益の取引」と「費用の取引」について，代表的な仕訳事例を用いて説明がなされている。ちなみに，農業の収益としては，①売上取引（米，麦，大豆など），②売上値引，③作業受託収入，④補助金などの収入，⑤家事消費取引の5つの代表的な仕訳事例が示されている。農業の費用としては，①種の仕入取引，②賃金の支払い，③草刈り機の購入，④修繕費の支払取引，⑤借入金の元金と利息の支払取引の5つの代表的な仕訳事例が示されている。

　ここで，収益取引の「①売上取引（米，麦，大豆など）」のうち「JAへの委託販売取引」についての設例および仕訳を，本文のまま，図表6－1として以下に示す。

　図表6－1における説明からも明らかなように，教科書3級には，「JAとの取引」という，日本の農業者が現実に直面する場面を想定した取引事例が示されていることになる。ただし，下記の仕訳説明は，複雑な妥協の産物とも考えられる。実は，米に関する仕訳処理は，米の集荷に際して農協（正確には全農）から支払われる「概算金」（「仮払金」あるいは「前渡金」とも言われる）をもって，売上処理してしまうのが現実の実務であることがヒアリング調査により確認されている（戸田2014c, 117-118）。したがって，実務上の処理は，下記仕訳の「1.」については，「（借）普通預金×× （貸）売上××」となっていることになる。ただし，教科書3級では，現金受領に対する役務の提供がいまだ行わ

> **図表6－1　JAへの委託販売取引についての仕訳**
>
> ①売上取引（米，麦，大豆など）
>   （イ）JAへの委託販売
>   　JAへの販売は，農家がJAに販売を委託するという方法で行われており，これを**委託販売**といいます。この場合，販売予約をした春先にJAから農家に契約金が支払われ，実際に出荷した秋に，すでに支払われた契約金を相殺して残金が支払われます。一般の米取扱業者への販売では，このような契約金の支払いは行われていません。
>
> ┌─◆次の取引の仕訳を行いましょう◆──────────────
> │　1．JAに対し米400俵の出荷を契約し，契約金として2,400,000円が普通預
> │　　金に入金された。
> │　　　（借）普 通 預 金　2,400,000　　（貸）前 　受 　金　2,400,000
> │　2．予定どおり400俵の出荷をしたところ，売上代金4,800,000円のうち契
> │　　約金として入金されていた2,400,000円が控除され，残額の2,400,000円が
> │　　普通預金に入金された。
> │　　　（借）普 通 預 金　2,400,000　　（貸）水 稲 売 上 高　4,800,000
> │　　　　　前 　受 　金　2,400,000
> └─────────────────────────────────

出所：教科書3級（2013, 41）

れていないことに鑑み，貸方は「売上」ではなく「前受金」とし，ある種原則的・理論的な仕訳を解答としていることになる。

　次いで，上記仕訳の「2．」であるが，今度は反対に，理論的には問題がある仕訳説明となっている。設例によれば，確かに米は出荷されているが，当該設例はあくまで「JAへの委託取引」である。つまり，理論上は，出荷はされてはいるといってもJAに販売を委託しているだけであり，米の所有権はあくまで農家側に残存しており，農家にとっては「預け在庫」となっているにすぎない。よって，上記仕訳の「2．」の貸方「水稲売上高」は，委託販売の原則的・理論的な見方からすれば問題が残ることになる。

　ただし，本節で指摘したいことは，そういった原則的・理論的な処理が教科書3級で行われているかどうかといったことではない。そもそも，この指摘事

項は，教科書3級を編纂した担当者が，すでに十分承知していることである（詳細については，戸田（2014b）を参照のこと）。そういったことを承知の上で，上図のような処理説明を行っているのであり，現実性と論理性をギリギリのところまで見極めて，教科書3級を最終的に編んでいるのである。その際，現実性と論理性のぶつかり合いだけでなく，次節以降で取り扱う，税務側と会計側のぶつかり合いもあり，それら各々の主張についてどう折り合いをつけるのかについて，大変な苦労があったことを筆者は知る機会を得ている。

　本節で示したかったのは，まずは，目次から見る教科書3級の概要であったが，それと共に，「JAとの取引」といった日本の農業界独特のトピックが教科書3級に入っていることや，そういった取引の仕訳説明において，知られざる葛藤があったという事実についてである。

3　家事消費取引仕訳について

　前節では，教科書3級の概要と，「JAへの委託販売取引」に代表されるような，同書全体の特徴について触れた。次いで，本節以降では，第Ⅰ部においてすでに確認されている，農業簿記第1の流れである農業税務簿記の特徴を，教科書3級において示される仕訳例からも確認していく。ヒアリング調査を中心として明らかとなったのは，まず，農業税務簿記の目的は，農業者用の所得税青色申告決算書の作成であり，当該申告書における記入フォームが，勘定の性格やひいては仕訳処理の仕方まで規定してしまっているということであった。さらに，この記入フォームにおける考え方を支えているものこそ，収穫基準という，農業に関する独特の収益認識基準であることも明らかになっている。

　よって，本節以降における考察も，取り上げる取引仕訳に，所得税青色申告決算書における記入フォーム（教科書3級では，「所得税法青色申告決算書における取扱い」として文章化されている）がどのように影響を及ぼしているのか，またその結果示される仕訳や各勘定科目の解釈が，通常の簿記に基づくものとどのように異なるのか，さらにその解釈を収穫基準がどのように支える構造となっているのかといった諸点が中心となる。ここで，さっそく，農業税務簿記の特徴が強く出ていることが確認されている家事消費取引の仕訳例を，教科書

3級における原文のまま，図表6－2として以下に示す。

図表6－2　家事消費取引についての仕訳

⑤　家事消費取引

　生産した農産物を自家用に使用したり，親戚に贈答用として送ったりすることがあります。この場合には，代金を貰い受けることはなく，現物の農産物をそのまま消費することになります。このように代金の収受がない取引でも，事業としては収益が上がったことになりますので，それを収益として計上するとともに，家事消費にともなう正味財産の減少を資本金の減少として処理します。

◆次の取引の仕訳を行いましょう◆

　新米がとれたので，例年のように親戚の吉田さんに米60kgを贈答用として送った。このときの米の見積価格は60kgで12,000円だった。
　　　（借）資　本　金　12,000　　（貸）水稲売上高　12,000

所得税法青色申告決算書における取扱い

　事業主に対する債権は，**事業主貸勘定**を使います。
　　　（借）事　業　主　貸　12,000　　（貸）家事消費高　12,000

出所：教科書3級（2013, 43）

　ここでは，上記図表6－2における仕訳解答例（「（借）資本金　12,000　（貸）水稲売上高　12,000」）が，「所得税法青色申告決算書における取扱い」に基づく仕訳処理と，勘定の性格上どのように関連しているのかをまず確認する。上記取引仕訳は，「所得税法青色申告決算書における取扱い」（教科書3級2013, 85）によれば，まず貸方側は，「家事消費高」という税務処理上の勘定科目となる。当該「家事消費高」勘定は，「青色申告決算書（農業所得用）の収入金額記入例」（同）によれば，農業収入に加算されることになっている。したがって，教科書3級の15頁で説明される「取引の8要素」によれば，「収益の発生」という性格を有していなければならないことになる。

　次に借方側であるが，「所得税の課税所得計算においては，‥（中略）‥，事業から派生して生じた損益であっても，農業所得（所得税法に規定する事業所

得）に含めないこととされている取引」（教科書3級2013, 114）があった場合，「これらを事業所得から除外するために，**事業主借，事業主貸**という勘定科目を使用」（同。太字は原文のまま）するとされている。そして，当該事業主借勘定や事業主貸勘定の性格は，資本の増減という性格を有していることとされる。なぜなら，「所得税の申告のために作成する貸借対照表では，資本金勘定の代わりに，**元入金勘定**を使用」（教科書3級2013, 70。太字は原文のまま）するが，期末元入金の計算において，先の事業主貸勘定はマイナスされるべき勘定とされるため，当該勘定の性格は，必然的に「資本の減少」という性格を有していなければならないことになる。

　ここで再び確認しておきたいのが，「所得税法青色申告決算書における取扱い」に基づく税務処理上の解答である，「（借）事業主貸　12,000　（貸）家事消費高　12,000」（教科書3級2013, 43）という仕訳である。当該仕訳は，「（借）資本金　12,000　（貸）水稲売上高　12,000」（同）という教科書3級における解答仕訳を導くものであった。ここで示した両仕訳は，先に確認した各勘定の性格に基づき，次のように関連することになる。まず，個人事業を対象とする税務簿記なら当然の「事業主貸」勘定は，通常の簿記の勘定科目にはないため，引出金と同様のものと解釈し，「資本金」の減少として教科書3級の解答上落とし込んだことになる。また，農業所得を算定する上で必須の勘定である「家事消費高」勘定も，通常の簿記の勘定科目にない上に，先に確認したように，「青色申告決算書（農業所得用）の収入金額記入例」によれば，農業収入に加算されることになっているため，どうしても「収益の発生」という性格を有する勘定に落とし込む必要があった。そのためにも，「水稲売上高」という収益発生を表す勘定科目を正解とする他なかったことになる。ここで注目されるのは，この「水稲売上高」という収益勘定は，収穫した米はその収穫年度の収益とするという，収穫基準の要求と，平仄が合っているということである。

　本節の最後に，改めて確認できることは，通常の簿記ならば，「借方：費用（損失）の発生／貸方：資産の減少」と考えられる仕訳が，教科書3級では，つまり農業税務簿記では，「借方：資本の減少／貸方：収益の発生」として処理されているということである。そしてその最大の理由は，「所得税法青色申告決算書における取扱い」規定と，齟齬なく複式処理することが最優先された

からであった。

4　未販売農産物の棚卸評価仕訳について

　本節では，さらに税務の影響が強いことがすでに確認されている，棚卸資産に対する期首期末の評価処理について見ていきたい。なお，当該処理については，第5章第2節で一度取り扱っているが，本節では，教科書3級において示されている説明をさらに加え，改めて考察対象として取り上げることにする。

　教科書3級では，棚卸資産について，①未販売の農産物（製品（または，農産物）），②未収穫農産物（仕掛品），③原材料など，と3区分して説明している。ここで，教科書3級に初出されている，①未販売の農産物（製品（または，農産物））の仕訳例を，図表6－3として以下に示す。

図表6－3　未販売農産物の棚卸評価仕訳

12/31	山田農場では水稲作をしているが，年度末に米の在庫を調べたところ60俵あった。なお，米の1俵当たりの販売価格は13,000円である。			
	（借）農　産　物	780,000	（貸）期末農産物棚卸高	780,000
12/31	山田農場の前年末の米在庫の金額は567,000円であった。			
	（借）期首農産物棚卸高	567,000	（貸）農　産　物	567,000
（注）	期末の決算整理の詳細については，第7章で説明します。			
（注）	農産物…貸借対照表勘定			
	期首農産物棚卸高，期末農産物棚卸高…損益計算書勘定			

出所：教科書3級（2013, 59）

　上記解答仕訳例を，通常の簿記の視点から見れば，仕入勘定における売上原価計算仕訳と同一ではないかと思われるかもしれない。このように考えた場合，農産物棚卸高勘定は，費用勘定の位置づけとも考えられよう。しかしながら教科書3級では，農産物棚卸高勘定の位置づけは費用勘定ではなく収益勘定と解釈されるのである。なぜそのような位置づけ・解釈となっているのかについて，教科書3級第7章「決算書の作成」における「②農産物・原材料の棚卸し」の

説明を見ることにしたい。

当該箇所において，未販売の農産物の棚卸については，次のように説明されている。

「未販売の農産物については，期末にその作物ごとに実際の数を数えます（実地棚卸し）。そして，数に単価（収穫時の販売価額）を乗じて農産物の期末における在庫の価額を決定します。この期末の在庫金額を棚卸高といいます」（教科書3級2013, 84。傍点筆者挿入）。ここで注目すべきは，農産物の期末棚卸高は，期末に実際に数えた農産物に，「収穫時の販売価額」を乗じて求めるということである。原価でも期末時点の時価でもない，「収穫時の販売価額」という特殊な測定属性の使用は，所得税基本通達41条第1項でも定められた，収穫基準の大きな特徴の1つでもあることに注意が必要である。

さて，上記のような説明の後，水稲と大豆の例が示され，さらに次の説明文が続く。

「棚卸しにおいて確定した未販売の農産物は，貸借対照表の農産物勘定（借方）の金額となります。しかし，すでに決算整理前試算表の農産物勘定には，前期末の棚卸しで確定した前期末の農産物の棚卸高の金額が計上されています。そこで，前期の農産物を振り替える仕訳を行い，さらに棚卸しによって確定した期末における農産物を計上する仕訳を行います」（同）。

さらに続けて，次のような仕訳形式が，吹き出し式の説明と共に例示されるので，教科書3級における表示のまま，図表6-4として以下に示す。

図表6-4 未販売農産物の棚卸評価仕訳に対する説明

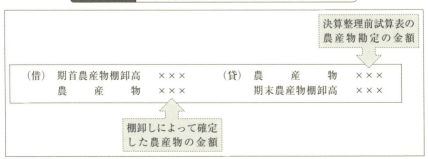

出所：教科書3級（2013, 84）

上記吹き出し付きの仕訳は，既述のように，通常の簿記的な解釈をすれば，仕入勘定における売上原価計算仕訳と同様ではないかと考えられる。このように考えた場合，期首および期末の農産物棚卸高勘定は，費用勘定に類似した位置づけということになる。しかしながら，期首・期末の農産物棚卸高勘定は，収益勘定という性格を有する位置づけとなるのである。その説明を，原文のまま次に引用する。

　「農産物の期首棚卸高と期末棚卸高は，農業所得の計算では収入金額欄において記入されますが，小売業・卸売業など一般の事業所得の計算では，売上原価として費用の欄で記入されます。これは，棚卸高の金額が，販売価格で計算されるか，仕入などの原価で計算されるかの違いから生じます。棚卸高の金額が販売価格で計算されるのは，収益計上の時期に収穫基準を採用しているためで，収穫基準を採用している場合の農業所得の計算の特徴です」（教科書3級 2013, 85）。

　上記の説明文によれば，期首・期末の農産物棚卸高勘定の位置づけが，通常の簿記的位置づけである費用勘定ではなく収益勘定なのは，農産物の棚卸高を販売価格（額）で測定する「収穫基準」が採用されているから，ということになる。しかしながら，よく考えてみると，収穫基準が，農産物の期末棚卸高の算定に，「収穫時の販売価額」という特殊な測定属性を定義上要請しているからといって，なぜ，期首・期末の農産物棚卸高勘定の位置づけが，通常の簿記的な解釈とは異なり収益勘定ということになるのか，今ひとつ腑に落ちないのである。この疑問が一気に解決するのが，「所得税法青色申告決算書における取扱い」（教科書3級2013, 85）に示された，【青色申告決算書（農業所得用）の収入金額記入例】（同）なのである。同記入例は，すでに，第5章第2節において図表5－1として示しているが，【青色申告決算書（農業所得用）の収入金額記入例】はそもそも，「所得税青色申告決算書（農業所得用）」の一部なので，本節では，その両者を，図表6－5として以下に示す（図表中の収入金額欄を黒枠で囲ってある）。

　図表6－5における太枠内の記入例からもわかるとおり，農業所得用の所得税青色申告決算書においては，農産物の期首棚卸高（図表5－1記入例では⑤158,000）は収入金額からマイナスされ，農産物の期末棚卸高（図表5－1記入

図表6－5 所得税青色申告決算書（農業所得用）における【青色申告決算書（農業所得用）の収入金額記入例】

平成□□年分所得税青色申告決算書（農業所得用）

住所		業種名		依頼税理士等	事務所所在地	
		農園名			氏名（名称）	
フリガナ 氏名	㊞	電話番号			電話番号	

平成　年　月　日

損益計算書（自□□月□□日至□□月□□日）

控用

○申告には、必ず提出用を使ってください。

科目				金額（円）
収入金額	販売金額		①	
	家事消費 事業消費 金額		②	
	雑収入		③	
	小計（①＋②＋③）		④	
	農産物の棚卸高	期首	⑤	
		期末	⑥	
	計（④－⑤＋⑥）		⑦	
経費	租税公課		⑧	
	種苗費		⑨	
	素畜費		⑩	
	肥料費		⑪	
	飼料費		⑫	
	農具費		⑬	
	農薬衛生費		⑭	
	諸材料費		⑮	
	修繕費		⑯	
	動力光熱費		⑰	

科目				金額（円）
経費	作業用衣料費		⑱	
	農業共済掛金		⑲	
	減価償却費		⑳	
	荷造運賃手数料		㉑	
	雇人費		㉒	
	利子割引料		㉓	
	地代・賃借料		㉔	
	土地改良費		㉕	
			㉖	
			㉗	
			㉘	
			㉙	
	雑費		㉚	
	小計		㉛	
	農産物以外の棚卸高	期首	㉜	
		期末	㉝	
	経費から差し引く果樹牛馬等の育成費用		㉞	
	計（㉛＋㉜－㉝－㉞）		㉟	

科目				金額（円）
差引金額（⑦－㉟）			㊱	
各種引当金・準備金等	繰戻額等	貸倒引当金	㊲	
			㊳	
			㊴	
		計	㊵	
	繰入額等	専従者給与	㊶	
		貸倒引当金	㊷	
			㊸	
			㊹	
		計	㊺	
青色申告特別控除前の所得金額（㊱＋㊵－㊺）			㊻	
青色申告特別控除額			㊼	
所得金額（㊻－㊼）			㊽	
㊽のうち、肉用牛について特例の適用を受ける金額				

◉青色申告特別控除については、「決算の手引き」の「青色申告特別控除」の項を読んでください。

例では⑥165,000）は収入金額にプラスされる。よって，農産物棚卸高は，通常の簿記に基づく商品棚卸高のように，仕入勘定において売上原価（費用）を導き出すために加減算される勘定ではなく，農業収入金額（収益）を求めるためにこそ加減算される勘定という位置づけとなることがわかるのである。

重要なのは，期首・期末の農産物棚卸高勘定を，それぞれ収益マイナス・収益プラスと位置づけるに際し，決定的な役割を果たしていたのは，「所得税青色申告決算書（農業所得用）」の記入フォームであったということである。このことはさらに，農産物棚卸高勘定のみならず，農業税務簿記で取り扱われる全ての勘定の位置づけ・性格づけ，さらにはそれらの勘定を使用した複式仕訳の処理形式までもが，「所得税青色申告決算書（農業所得用）」の記入フォームにより，あらかじめ決定されているということを意味していよう。実はこの点こそ，農業税務簿記の最大の特徴と言えるものと考えられるのである。

以上，本節で見てきたように，農産物棚卸高勘定の性格は，費用勘定ではなく収益勘定であり，期末農産物棚卸高勘定は「収益の発生」，期首農産物棚卸高勘定は「収益の減少」であると，それぞれ位置づけられることも確認された[3]。最も重要なことは，こういった勘定科目の位置づけが，通常の簿記ならば，売上原価算定を通じた損益計算の観点からなされるのに対し，農業税務簿記では，「所得税青色申告決算書（農業所得用）」の記入フォームに基づき，あらかじめ決定されているということである。

5　未収穫農産物の棚卸評価仕訳について

本章では，教科書３級において示されている仕訳処理の中で，特に農業税務簿記の特徴が色濃く出ていることが確認されているものを取り上げているが，本節では，既述の項目の他に，未収穫農産物に対する仕訳処理を取り上げることにする。

そこで，まずはこの未収穫農産物についての説明を，教科書３級に基づき次に見たい。

「②未収穫農産物（仕掛品）　年度末において圃場や温室で栽培育成中の未収穫の農産物は，次年度に収穫したのちに販売をして初めて収益に計上されます。

しかし，未収穫農産物には，種苗費，肥料費，農薬費などの費用がすでにかかっています。これらの費用は，**仕掛品勘定**を通して次年度に繰り越し，収益が生じた年において費用とします。この処理の方法には**純額法**と**総額法**があります」（教科書3級2013，59。太字は原文のまま）。

上記の説明により，未収穫農産物については，通常の簿記会計における仕掛品の位置づけであり，処理法として，純額法と総額法の二法があることがわかる。このうち純額法の仕訳処理については，さらに次のように説明される。「（イ）純額法　種苗費，肥料費，農薬費などの各科目について，仕掛品の生育のためにかかった費用を集計し，それぞれの勘定科目から仕掛品勘定へ振り替える方法です。この方法によると，振替後の種苗費などの各科目の残高は，当期中に製品の完成のためにかかった費用の純額が表示されます」（教科書3級2013，59）。次いで，教科書3級では，当該純額法による取引仕訳例が示されるので，これを図表6－6として以下に示す。

図表6－6　未収穫農産物の棚卸評価に対する純額法処理

12/31　山田農場は，秋蒔き小麦を作付けしている。この収穫は来年の春である。当年度の小麦作付けに，種苗費65,000円，肥料費112,500円，農薬費82,200円がかかり当期の費用に計上しているため，期末において仕掛品へ振り替える。

（借）仕掛品	259,700	（貸）種苗費	65,000
		肥料費	112,500
		農薬費	82,200

12/31　山田農場では，前年に作付けし当年度収穫した秋蒔き小麦の・期・首・評・価・は，種苗費84,000円，肥料費145,300円，農薬費106,860円であった。

（借）種苗費	84,000	（貸）仕掛品	336,160
肥料費	145,300		
農薬費	106,860		

（注）仕掛品…貸借対照表勘定
（注）種苗費，肥料費，農薬費…損益計算書勘定

出所：教科書3級（2013，60。傍点筆者挿入）

図表6－6において示される，未収穫農産物の棚卸評価に対する純額法処理に対しては，最初の12月31日，つまり期末の処理は費用から資産への振替処理として理解できるのに対し，次の12月31日，つまり期首の処理に対しては違和感をおぼえざるを得ない。その大きな理由に，12月31日という期末時点で，「期首評価」という通常の簿記会計では聞き慣れない処理を行っており，その処理により得られる数値を，当期発生費用として新たに評価・計上し直していることがあげられる。

なお，教科書3級では，純額法に引き続き，総額法についても説明されているので，これを次に示す。

「(ロ) 総額法　種苗費，肥料費，農薬費などの各科目について，仕掛品の育成のためにかかった金額を，それぞれの勘定から減額せずに，その合計額で**仕掛品棚卸高**という勘定科目を使って仕掛品勘定へ振り替える方法です。この方法によると，振替後の種苗費などの各費用科目の残高は，当期に支出した総額が表示されます。これにより，当期中の支出金額の規模と当期中に製品の完成のためにかかった費用の両方を把握することが可能となります」(教科書3級2013, 60。太字は原文のまま)。

さらに，当該総額法により，先に純額法で処理したものと同様の取引を仕訳すると，以下の図表6－7のようになると説明される。

図表6－7　未収穫農産物の棚卸評価に対する総額法処理

12/31	(借)	仕　掛　品	259,700	(貸)	期末仕掛品棚卸高	259,700
	※	期末仕掛品棚卸高は，費用を減少させる性質をもつ勘定です。				
12/31	(借)	期首仕掛品棚卸高	336,160	(貸)	仕　掛　品	336,160
	※	期首仕掛品棚卸高は，費用を増加させる性質をもつ勘定です。				

出所：教科書3級（2013, 60。太字は原文のまま。傍点筆者挿入）

さらに，次の図表6－8の「(ハ) 純額法と総額法の表示の比較」では，「どちらの方法を採用しても，結果としての当期の費用は同額になりますが，表示される金額が異なります」(教科書3級2013, 61) と説明される。次に，続けてその表示例を，図表6－8として示す。

図表6－8　純額法と総額法の表示の比較

(ハ)　純額法と総額法の表示の比較
　どちらの方法を採用しても，結果としての当期の費用は同額になりますが，表示される金額が異なります。

損益計算書の表示例

純　額　法		総　額　法	
		期首仕掛品棚卸高	336,160円
種　苗　費	84,000円	種　苗　費	65,000円
肥　料　費	145,300円	肥　料　費	112,500円
農　薬　費	106,860円	農　薬　費	82,200円
		期末仕掛品棚卸高	△259,700円
当期の費用＝種苗費（65,000円－65,000円＋84,000円）＋肥料費（112,500円－112,500円＋145,300円）＋農薬費（82,200円－82,200円＋106,860円）＝336,160円		当期の費用＝336,160円＋65,000円＋112,500円＋82,200円－259,700円＝336,160円	

出所：教科書3級（2013, 61）

　上記の「損益計算書の表示例」を見ると，純額法にしろ総額法にしろ，当期の費用は結局のところ，前年に作付けし当年度収穫した農産物の「期首評価」額となる。当該期首評価額を，「種苗費84,000円，肥料費145,300円，農薬費106,860円」として表示するか，あるいは「期首仕掛品棚卸高336,160円」として表示するかが，純額法と総額法の違いとなるわけである。

　図表6－8の表示例では，当年の作付けに係る支出金額に対応する収穫は全て来年であるという前提と，当年の収穫に対応する費用は全て前年にかかっているという前提に立っている。しかし，もし当年の作付けに係る支出金額に対応する収穫が，一部当年であるということになれば，按分計算の対象となるのかという問題が生じることになる。そして，もし按分計算が常態となるならば，「期首評価」される仕掛品は，前年度支出から前年度按分額を引いた差額という複雑な計算になるのかという問題も生じる可能性がある[4]。むろん常識的・現実的に考えれば，前年度末の仕掛品残高が振り替えられたということになるのであろうが，「期首評価」というものがいかなる簿記会計的意味を有するのかの説明が，本来は求められるところである[5]。

上記表示例には，細かく見ていくと以上のような問題も散見されるが，より重要なことは，処理の基本に，「所得税青色申告決算書（農業所得用）」の記入フォームがあるということである。前節の図表6－5における所得税青色申告決算書を見ると，「農産物以外の棚卸高」欄の「期首32」は，経費計を算出する際，そこにプラスされることが指示されている。対して，同欄の「期末33」は，経費計を算出する際，そこからマイナスすることが指示されている。このことが決定的要因となり，総額法処理の場合に借方記入される期首仕掛品棚卸高勘定は「費用を増加させる性質をもつ勘定」（教科書3級2013, 60）であり，期末仕掛品棚卸高勘定は「費用を減少させる性質をもつ勘定」（同）であると，教科書3級では説明されることになるのである。通常の簿記会計では，収益や費用という名目勘定は，「発生」はするが，「減少」はその取り消しを除き一般的には生じないものとされている。にもかかわらず，特に期末仕掛品棚卸高勘定は，費用減少勘定と説明されているが，これも，「所得税青色申告決算書（農業所得用）」の記入フォームにおいて，「期末」の「農産物以外の棚卸高」は「経費」「計」に際し，「－（マイナス）」が指示されているからに他ならない。

　以上のように，総額法による仕掛品棚卸高勘定の位置づけに対し，決定的な影響を与えているのは，「所得税青色申告決算書（農業所得用）」の記入フォームであることが明らかとなった。ここで注目されるのは，当該記入フォームを，収穫基準の考え方が支える構造になっていることである。なぜなら，収益は農産物を収穫した年にのみ発生するという収穫基準の考え方に基づけば，未収穫農産物に発生した費用は，当該農産物が収穫され収益として認識される年度に繰り越さなければ，収益と費用の対応関係がとれないからである。よって，期末仕掛品棚卸高勘定の位置づけが「費用を減少させる性質をもつ勘定」となることを，直接的に指示しているのは「所得税青色申告決算書（農業所得用）」の記入フォームではあるが，それを収穫基準の考え方が間接的に支えているとも考えられるのである。

　同様に，期首仕掛品棚卸高勘定の位置づけが「費用を増加させる性質をもつ勘定」となることを，収穫基準の考え方がこれも間接的に支えていると考えられるのである。これは，収穫基準の考え方に基づけば，前年度の未収穫農産物は今年度収穫される際必ず収益となるはずであるから，前年度の未収穫農産物

に対して発生した費用は繰り越し、対応関係をあらかじめ想定して期首に今年度発生費用として計上することになるからである。

　以上、本節における考察の結果明らかとなったことは、未収穫の農産物の棚卸評価処理についても、前節までの考察結果と同様に、「所得税青色申告決算書（農業所得用）」の記入フォームからの影響が非常に強く見られるということであった。さらに加えて、収穫基準の考え方が、当該記入フォームを、間接的・補完的に支える関係となっていることも、本節における考察が明らかにした点である。

6 収穫基準について
―農業税務簿記の「根幹」としての本質的意味―

　ここまで見てきたように、教科書3級における仕訳処理には、「所得税法青色申告決算書における取扱い」規定、より具体的には、「所得税青色申告決算書（農業所得用）」の記入フォームが決定的な影響を及ぼしていることが明らかとなった。同時に、この青色申告決算書の記入フォームを、「収穫基準」という農業税務簿記特有の収益認識基準が、間接的・補完的に支えている関係になっていることも確認されたわけである。収穫基準については、これまでも本書の各所で、農業税務簿記の根幹と位置づけ取り扱ってきたが、どうやらさらに考察する余地が残っていそうなのである。そこで、改めて本節では、この収穫基準に焦点を当て論じることとしたい。

　まず、収穫基準の定義について、これも改めて次に見ておきたい。「所得税の所得計算においては、米、麦などの農産物に限ってこれらのものが収穫された年の収益に計上することとされています。これを農産物の収穫基準といいます」（教科書3級2013, 40。傍点筆者挿入。同様の定義は所得税法第41条, 所得税法施行令第88条でもなされている）。上記定義上の収穫基準は、すでに触れてきたように、簿記会計学の基本である、販売という事象に基づく収益認識基準とは、大きく異なったものである。ところで、教科書3級の「第4章　収益と費用の記帳方法（1）収益と費用　1．計上方法」においては、収益を計上する時期について、「原則として、農産物などを販売したときです。これを**販売基準**といいます」（教科書3級2013, 40。太字は原文のまま）と説明されているのであ

る。この文言にのみ従うならば，農業に関する収益は販売基準に基づき認識されることが，実は「原則」であることになる。そして，販売基準が「原則」であるとするならば，収穫基準は，原則と謳われる販売基準とは異なった，いわば「例外」的な収益認識基準と位置づけられることになろう。さらに，定義上の収穫基準は，「米，麦などの農産物に限って」，つまり特定の農作物のみがその対象となっており，その意味からすると，全農産物に対する収益認識基準としては，これも「例外」的なものという位置づけになるとも考えられるのである。

しかしながら，収穫基準は，少なくとも本章で取り上げた仕訳処理の説明・解釈においては，最も「原則」的な収益認識基準として位置づけられていた。一見すると，この関係は，矛盾しているとも思える。収穫基準が含意する，この相矛盾した関係性については，次章第7章で詳しく扱う予定であるが，本節では次の点を指摘しておきたい。矛盾を抱え，特に通常の簿記会計学の立場から見ると問題のある収穫基準であるが，実は一方で，日本における農業の「現実」に，かなりの程度適合した基準でもあるという点である。

ここで，本書において明らかにしてきた，日本の農業の「現実」の姿を，以下に再び示していきながら，収益基準を再考していく。例えば，多くの小規模兼業農家は，そもそも農産物の販売を「市場流通」に任せているという現実がある。市場流通については，第4章注（4）でも示したが，再度次の説明を聞こう。

「農業には『市場流通』と呼ばれる，自分は営業せずに全部を市場に出す売り方があります。この売り方だと市場に値段づけを含めて100％マーケットに委ねる契約となります。農協が買ってくれるわけではなく，あくまで市場にもっていってくれるだけの委託販売です。営業努力をして顧客や販路を開拓しなくても，標準的な価格で買い取ってもらえるので，消費者と無理に顔を合わせる必要がありません。市場流通は農家にとっては非常に都合のいい方法なだけに，儲けも出ません」（浅川・飯田2011, 116）。

この場合，農産物を農協に出荷したといっても，農協に販売したわけではないのである。さらなる現実は，この市場流通の後，「清算というのが2年後になっちゃうんです，最終清算って」（森発言, 戸田（2014c, 118））。このような現

実を前に，第三者に農産物を売り渡し，しかもその対価が受領されるとき，つまり簿記会計的な原則である「実現」まで待ってはじめて収益認識を行うことなど，およそ実行可能性がないに等しいこととなる。その意味で，農産物を収穫するという事実にのみ頼り，農産物の販売時点以外の収益認識時点を許容する収穫基準は，日本の農業の現実を反映した基準ともいえよう。

さらに，収穫基準が，期末農産物の棚卸高算定において定義上要請する，「収穫時の販売価額」（教科書3級2013, 89。同様の要請は所得税基本通達第41条第1項でも行われている）についても，同様のことが指摘できるのである。「収穫時の販売価額」は，明らかに原価あるいは期末時価とは異なるものであり，この独特の測定属性を適用すると，簿記会計上原則的に要請される売上原価の計算ができないことになる。しかしながら，そもそも，収穫基準は，「原価計算をしなくて済むという，そういう実務上のメリット」（森発言，戸田（2014c, 109））があったからこそ，ながく続いてきた基準であることが実情なのである。つまり，簿記会計的に見れば特殊と思える「収穫時の販売価額」という測定属性の適用要請も，実務上のメリットが現実にあったことになる。詳細な検討は，すでに第5章第3節で行っているので，ここでは結論のみ要約しておきたい。

農業税務簿記の遂行において，収穫基準が定義上要請している「収穫時の販売価額」には，かつての公定価格や政府買い上げ価格，あるいは現在，農産物の集荷の前に全農が仮払する概算金等が適用されてきたのがその実態であった。こういった価格を利用する実務上のメリットは，先の言にあるように，まずもって「原価計算をしなくて済む」ということであったが，それはすなわち，原価を算定するのに必須の「記録」をとらなくても済むということでもあった。そしてさらに，この「記録をとらなくても済む」という収穫基準のメリットは，日本の農業の「現実」にも適合したものであった。ここで言う，日本の農業の現実とは，日本の農家の多数を占める小規模兼業米農家に，先の市場流通問題をはじめとした様々な要因により，「記録」をとるインセンティブが著しく低いという「現実」のことである（詳細は戸田編（2014）第1章を参照のこと）。だからこそ，収穫基準が有している「記録をとらなくても済む」という実務上のメリットは，日本の多くの農家が記録をとっていないという「現実」と，見事に適合することになるのである。

ただし，注意を要するのは，収穫基準が有するそういった実務上のメリットを享受しているのは，記録をつける労を厭う農業者側というより，彼らの農業所得を容易に計算させたい税務官庁側であったということである。この事情について，次に聞こう。
　「なぜ税法上収穫基準なるものが設けられたかというと，農業者に原価計算というものを適用させるのに，実態上困難があったからだと思うんです。‥(中略)‥。農業者の所得を計算する上で，原価計算をやらないと所得計算ができないというような税法の仕組みになっていたとしたら，これはきわめて執行が難しいわけですよね」(森発言, 戸田 (2014c, 108-109))。
　ここで最も重要なことは，「税の執行側のニーズがあって，収穫基準というのが導入された」(森発言, 戸田 (2014c, 109))ということである。この点については，次のような発言もある。「課税庁としては，画一的に大量に短時間で税を徴収するためには，収穫基準のような基準がどうしても必要でしょう」(西田発言, 戸田 (2015d, 133))。
　以上，本節の考察から，収穫基準に対する新たな視座が獲得された。収穫基準は，簿記会計的に見れば，多くの問題を抱える基準である。しかし，そもそも，収穫基準は，農業者側の継続的な記録に頼らずとも，彼らの農業所得を容易に計算させスムーズな徴税を執行したい，税務官庁側のニーズに基づいた基準であったのである。だからこそ，収穫基準には，農業者側が「記録をとらなくても済む」ようなメリットが付与されることになり，かつそのような定義づけがなされてきたのである。収穫基準がながく続いてきたわけは，こういった税執行の主務官庁側のニーズがあったからだが，実はそれだけではなかった。戦後日本の農家の多数を占めることになった小規模兼業米農家は，様々な要因が複合的に絡み，「記録」をとるインセンティブが著しく低かった。この，多くの農家が記録をとっていないという戦後日本農業の「現実」に，「記録をとらなくても済む」という事務上のメリットを有する収穫基準は，驚くほど見事に適合していったと考えられる。つまり，収穫基準は，日本の多くの農家が記録をとっていないという現実と，にもかかわらず彼らの農業所得を算定可能にし，むしろ容易な徴税を可能としたいという税務官庁側のニーズとに，それぞれ見事に適合した基準ととらえることが可能なのである。だからこそ，収穫基

準は農業税務簿記の「根幹」と位置づけられることになるのである。

7　むすび

　以上，本章においては，農業簿記第1の流れである農業税務簿記の特徴と問題点が，教科書3級の中に色濃く現われていると考え，特にそこで取り扱われているいくつかの仕訳に注目して論を進めてきた。結果，農業税務簿記で取り扱われる全ての勘定の位置づけ・性格づけ，さらにはそれらの勘定を使用した複式仕訳の処理形式までもが，「所得税青色申告決算書（農業所得用）」の記入フォームにより，非常に強い影響を受けているということが明らかとなった。農業税務簿記で取り扱われる全ての勘定の位置づけ・性格づけに，当該青色申告決算書が強い影響を与えているということは，言わば，当該青色申告決算書こそ，農業税務簿記における「認識」を司っているということである。本章では，この点こそを，農業税務簿記の特徴ととらえた。

　ただし同時に，この点こそ，農業税務簿記の問題点ともとらえたのである。なぜなら，「所得税青色申告決算書（農業所得用）」の記入フォームに基づく仕訳処理，およびそこで使用されている勘定科目の位置づけは，通常の簿記に基づくものと大きく異なることがあるからである。本章における考察の中で言うと，例えば農産物棚卸高勘定の位置づけは，教科書3級の説明，つまり「所得税青色申告決算書（農業所得用）」の記入フォームに基づく説明によれば，農業収入を求めるための収益勘定と説明される。確かにこのように説明することで，当該青色申告決算書との齟齬はなくなることになる。しかしながら，そこには，通常の簿記ならば当然とされる，売上原価算定を通じた損益計算という目的・視点が，全く抜け落ちることになるのである。この点は，簿記会計的に看過できない問題点であると共に，そもそも，教科書3級の冒頭に書いてある「農業簿記の目的」とも，大きな隔たりがあると指摘せざるを得ないのである。ここで，序章および第5章に既出ではあるが，教科書3級で示された農業簿記の真の目的を，今一度原文のまま次に記すことにしたい。

　「農業簿記の目的は，正しい記帳を行うことにより，正しい損益計算書と貸借対照表を作成して，一定期間の経営成績を明らかにすること（損益計算書），

一定時点の財政状態を明らかにすること（貸借対照表）です。そして，正しい所得にもとづいた税務申告を行うだけでなく，農業経営の分析などを行い，農
・・・・・・・・・・・・・・・・・・・・・
産物の生産に要した原価を把握してこれをもとに改善をはかり，農業経営の発
・・・・・・・・・・・
展に寄与することが真の目的なのです」（教科書3級2013，4。傍点筆者挿入）。

　本章を結ぶにあたって付言しておきたいのは，筆者は，「農業に複式簿記を」という熱い思いで教科書3級を編んだ方々の苦労を軽んじるつもりは毛頭ないということである。反別課税時代を知る方々には，農業の現場に簿記を導入することがどれだけ困難だったのかという痛いほどの思いがあることについて，多少とはいえ理解しているつもりである。そして，現実の日本の農業がおかれている環境をベースに，所得税青色申告決算書作成方法といかに齟齬なく農業簿記を説明・教授すべきかについて，真摯に考えてこられたこともまた理解している。筆者は，その苦労と熱意を最大限に賞賛するものである。

　ただ，それでもなお，以下の点だけは指摘しなければならないと考える。教科書3級は，確かに，複式簿記に基づいて編まれている。では，複式簿記とはそもそも何であるのか。この原初的な問いに対して，簿記学の大家であった故安平昭二教授は次のように定義している。複式簿記とは，「記帳を必要とするすべての事象について，例外なく貸借（またはそれに類する）二面的記入を行い，しかも，その二面的記入のルールが確固とした原理に基づいて形成されている簿記を複式簿記という。しかし，この二面的記入は複式簿記のいわば形式的な特徴にすぎない。このような形式を通して・・（中略）・・，2つの損益計算（筆者注：損益法と財産法）を一つの機構に統合したという点が複式簿記の実質的特徴であり，二面的記入というルールは，このような実質を得るためのいわば形式的・技術的前提なのである」（安平2007，1188-1189）。

　上記の定義により気づかされることは，確固とした原理に基づいて行われる貸借二面的記入は，確かに複式簿記の形式的特徴であるが，それは実質を得るための形式的・技術的前提にすぎないということである。複式簿記の実質とは何か。それは，上記の言にあるように，「損益計算」である。ところで，「所得税青色申告決算書（農業所得用）」の記入フォームという確固とした原理に基づいて行われた貸借二面的記入は，確かに複式簿記の形式的・技術的前提をみたすものである。ただし，上記の言にのみ基づけば，その目的が損益計算ではな

い場合，その貸借二面的記入は複式簿記の実質をみたすものではなく，果たして複式簿記と，あるいは本来の簿記と呼べるものかどうかの疑義が発生することになるのではないか。本章における考察は，農業税務簿記を，こういった視点から行ったものである。次章ではさらに，本章における考察により，農業税務簿記の根幹であることが再確認された収穫基準を改めて取り上げ，当該基準と本来の簿記との異同について，会計計算構造の面および記帳の面から考察していく。

■注

（1）同協会の目的は，「一般財団法人日本ビジネス技能検定協会ご案内（平成25年10月版）」によると，「社会で有用な各種ビジネス技能検定試験の実施を通して，ビジネスに関する職務能力の向上を図ると共に実社会に貢献し得る人材を育成し，もって我が国産業社会全体の生産性向上に寄与する事」とされている。そしてこの目的を達成するために，5つの事業を行うとしているが，その筆頭にあげられているのが「1．簿記及び漢字等の各種ビジネス技能に関する検定試験を実施し，レベル別の技能を公正に評価すると共に，その評価に応じた登録及びその証明書の発行」事業である。

　注目されるべきは，「我が国産業社会全体の生産性向上に寄与する」という目的を達成するために，まずもって「簿記」に注目している点である。同協会は，上記「ご案内」パンフレットの冒頭に，「平成の『読み・書き・そろばん』能力検定をめざします」と掲げているが，「簿記」こそ「平成の『読み・書き・そろばん』」の筆頭であると謳っていることになる。

（2）同協会の目的とするところおよび組織変遷については，同協会の前代表であった西田尚史税理士が教科書3級の冒頭「はじめに」に寄せた文から明らかとなるので，以下に当該「はじめに」を全文示すことにする。

　「シャウプ使節団日本税制報告書においては，当時の農業者は申告納税者の部類に入っているが，実際は自分で申告納税することは殆どないこと，また，農業者の純所得は，税務署の管轄する地域内の各種の土地に対して，税務署が設定した標準を基礎として推計されている旨が報告されています。このように，昭和50年代までは経営面積から10a当たりの所得を推計して課税する『反別課税』がなされており，農家には，帳簿記帳の必要はありませんでした。その後，農家に対する課税は，収入金課税，収支計算と変遷し，現在は，複式簿記による青色申告決算書を作成する農家が増えています。また，最近では，集落営農の法人化や，個人事業から法人経営への転換，異業種企業からの農業参入等，農業簿記による計数管理を通して，近代的な農業経営を確立する必要が高まっています。私ども『一般社団法人　全国農業経営コンサルタント協会』は，平成5年8月に『全国農業経営コンサルタント協議会』として発足し，平成22年4月に一般社団法人化いたしました。当団体の目的は，『我が国農業が国民経済の発展と国民生活の安定に寄与していく為には，効率的且つ安定的な農業経営を育成し，これらの農業経営が農業生産の相当部分を担うような…農業の経営管理の合理化に，税務・会計・経営の専門家集団（税理士，公認会計士）

として，農業の健全な発展に寄与すること』です。今回『農業簿記検定教科書3級』を出版するにあたり，この本が農業者，JA職員等の直接農業に携わる方々だけでなく，農業に関心を持つ方々に少しでも農業簿記を理解していただく一助になれば幸いです」（教科書3級2013,「はじめに」より。…は原文のまま）。

（3）ここで確認された解釈とは異なり，『農業簿記検定問題集3級』の問題57の解答（問題集3級2013, 63）によると，「期末農産物棚卸高」は売上高と共に収益に振り替えられているが，「期首農産物棚卸高」は種苗費等と共に費用に振り替えられている。ということは，この振替処理だけから見れば期首農産物棚卸高勘定は，費用という性格を有しているとも考えられる。ただし，改訂版では，どちらの農産物棚卸高も収益に振り替えられる予定であることを，同問題集の編集に携わっている大原学園大原簿記学校の野島一彦講師から個人的にうかがっている。

（4）既出の西田氏へのヒアリング調査において，特に米については，年度内で作付け・収穫が全て終了するため，按分問題は現実には生じないということが確認されている。また，作付面積が前年同様なら，期末棚卸の処理自体を省略できることも，次のような西田氏の発言により知ることができた。

「実は実務では，同じ面積の作付けだったら，期末棚卸の処理はしなくていいというのが所得税法にあるんです。同じ面積で，これに小麦を作付けするとするでしょう。5ヘクタールつくっていたと。今年も5ヘクタールだった，来年も5ヘクタールだったときは，こういう期末の仕掛品棚卸高の仕訳はせんでいいよと。なぜかって同じでしょ。だから，棚卸自体を省略してもよろしいという規定があるんです。所得税法の中には。同じことだからですね」（西田発言，戸田（2014b, 96））。

（5）「期首評価」という用語は，今後改訂される教科書3級から削除される予定である。この件については，全国農業経営コンサルタント協会が主催して行われた，「農業簿記検定教科書3級についての意見交換会」の場で確認された。同意見交換会は，2015年10月26日，AP品川の9階会議室で行われた。出席者は，筆者のほか，全国農業経営コンサルタント協会から森剛一現会長をはじめ8名，大原簿記学校から野島一彦講師をはじめ2名，日本ビジネス技能検定協会から藤原和彦氏が参加し，全12名であった。

同意見交換会で確認されたのは，農業簿記検定教科書3級については，今後ともそのベースに収穫基準をおいていくということであった。また，フリートーキングにおいて，特に収穫基準について，その存続・改廃・選択制導入等，今後の動向について意見交換がなされた。

第7章

収穫基準の両義性についての考察
―計算構造および記帳を中心として―

1 はじめに

　本章を含む第Ⅱ部は，既述のとおり，農業簿記第1の流れである農業税務簿記に焦点をあてるものであり，特にその根幹である収穫基準を深く考察するものである。

　前章では，まず，2014年に新設された農業簿記検定のために出版された教科書3級において示された仕訳を題材にして，農業税務簿記の特徴と問題点を考察した。考察の結果，農業税務簿記において，勘定科目の性格や借方貸方といった仕訳上の配置は，所得税青色申告決算書における記入フォームによりあらかじめ決定されていることが判明した。また，当該記入フォームに基づく仕訳処理には，損益計算という簿記にとっての本来的な目的が抜け落ちているという問題点も指摘した。さらに，収穫基準についても別途考察した結果，収穫基準は，日本の多くの農家が記録をとっていないという現実と，にもかかわらずに彼らの農業所得を算定可能にし，むしろ容易な徴税を可能としたいという税務官庁側のニーズに，それぞれ見事に適合した基準であることが，これも判明した。これらのことは，収穫基準をその根幹とする農業税務簿記と，損益計算を目的として行われる通常の簿記とは，貸借二面的記入という形式は一見同一でも，実質的には大きな違いがあるのではないかということを，容易に想起させるのであった。

　さらに，前章における考察の過程で，収穫基準は，「記録をとらなくても済む」という事務上のメリットを有する基準であることも明らかとなった。しか

しながら，通常の簿記であるならば，「記録」は絶対の前提のはずである。このことはやはり，収穫基準を根幹とする農業税務簿記と，本来の簿記とは，その目的だけではなく，その前提にも大きな違いがあるということである。

そこで，本章では引き続き収穫基準に注目し，その前提とするところが本来の簿記の前提と異なるのかどうかを，新たに会計計算構造の面，さらには記帳の面から考察していくことにしたい。

2　収穫基準の両義性について
—計算構造的視点からの考察—

本節ではまず，前章に引き続き，収穫基準についての定義を再確認しておきたい。収穫基準についての明確な定義は，教科書3級における「所得税青色申告決算書における取扱い」において見られるが，そこでは，「所得税の所得計算においては，米，麦などの農産物に限ってこれらのものが収穫された年の収益に計上することとされています。これを農産物の収穫基準といいます」（教科書3級2013, 40。同様の定義は所得税法第41条，所得税法施行令第88条でもなされている）と説明されている。

このような収穫基準は，これまでも度々触れてきたように，簿記会計学の基本である，販売および対価の受領という事象に基づく実現主義とは，大きく異なった収益認識についての方法・手段なのである。ただし，戸田（2014b）および戸田（2014c）等のヒアリング調査からも明らかなように，収穫基準は，少なくとも現在までのところ，農業簿記第1の流れである農業税務簿記の根幹であり，また最大の特徴と言っていいものである[1]。

本節では，以上のような収穫基準について，その具体的な計算方法を，特に売上原価についての計算構造面から見ていく。重要な点は，次の2点である。まず，①「収穫基準による期末農産物棚卸高の評価」であるが，次のような計算方法をとるとされる。「期末棚卸数量×収穫（時の販売）価額」（所得税基本通達41条第1項）。次いで2点目に，②「農産物については，その収穫した年分の総収入金額に算入し，同時にその金額で取得したものと見なす」（所得税法第41条第1項および第2項）という，農業所得計算方法があげられる。上記2点を，収穫基準の特殊性という点からまとめると，①「年初・年末の在庫高を計

算する際，収穫時点の販売価額を用いる」ことと，②「その年中の仕入高に，収穫高をあてる」⁽²⁾ということになる。

　ところで，上記①および②に基づけば，例えば通常の売上原価を算定しようとするならば，バッティングすることが容易に予想される。なぜなら，通常の売上原価計算においては，年初・年末の在庫高を計算する際は，仕入原価または期末時点の販売価額が用いられるのが通常であるし，その年中の仕入高は，仕入れた金額そのものが売上原価算定の基礎になるのが通常であるからである。つまり，通常の売上原価とは，その年中に販売した商品の原価であり，計算式は「年初の在庫高＋その年中の仕入高－年末の在庫高」となるはずである。さらに，棚卸資産の評価法についても，原価法または低価法の適用が原則であるはずである。そして実は，所得税法上も原則的・理論的には，そのように規定しているのである（所得税法施行令99①一，二）。

　ここでしっかりと確認しておきたいことは，収穫基準を適用した場合でも，売上原価を必要経費として計算することは，税法上も原則的・理論的には求められていることである（北村・森谷編2013, 12）。しかも，農産物の「棚卸は，その年の売上原価を算定するために必要」（北村・森谷編2013, 59）だとされているのである。しかしながら上述のように，収穫基準による年末在庫高の「実際」の算定については，「仕入原価または期末時点の販売価額」ではなく「収穫（時の販売）価額」が，また，売上原価計算式における「その年中の仕入高」には「その年中の収穫高」が，それぞれ要求されることになる。

　つまり収穫基準は，その理論上の要請と実際の適用に，大きな齟齬・乖離があるということになる。この事情を，「『収穫基準』を適用した場合の具体的計算例」における「原則的な計算方法」（北村・森谷編2013, 12-13）と，「簡易な計算方法」（北村・森谷編2013, 14）とに分けて考察していくことにしたい。考察にあたって，まず，収穫基準の「原則的な計算方法」について，数値例等がすでに設定してあるものを，そのまま図表7－1として以下に示す。

　図表7－1において示された計算式で注目したいのは，「2　必要経費の計算」の箇所である。当該箇所において，「(年初の在庫高) 5,000,000円」は必要経費，つまり売上原価の計算において加算されているのである。また，「(年末の在庫高) 7,000,000円」は減算されているのである。したがって，収穫基準を

図表7－1 「収穫基準」を適用した場合の具体的計算例（原則的な計算方法）

> **問** 平成25年中の状況が次のような場合，農業所得はどのように計算すればよいのでしょうか。
> ○年初の在庫高（収穫価額）……………………………………5,000,000円
> ○収穫高（収穫価額）……………………………………………34,000,000円
> ○販売高（販売価額）……………………………………………38,000,000円
> ○年末の在庫高（収穫価額）……………………………………7,000,000円
> ○生産経費………………………………………………………20,000,000円
> ○販売経費………………………………………………………4,000,000円

[回答] 農業所得は，次の1～3により計算します。
[解説]
1　総収入金額の計算
　（収穫高）34,000,000円＋（販売高）38,000,000円＝72,000,000円
2　必要経費の計算
　|1（年初の在庫高）5,000,000円＋（収穫高）34,000,000円－（年末の在庫高）7,000,000円|
　＋（生産経費）20,000,000円＋（販売経費）4,000,000円＝56,000,000円
3　農業所得金額の計算
　（収入金額）72,000,000円－（必要経費）56,000,000円＝16,000,000円

出所：北村・森谷編（2013, 12。「2　必要経費の計算」における囲み線は筆者挿入）

適用した場合の「原則的な計算方法」においては，期首農産物在庫高と期末農産物在庫高は，通常の売上原価計算通りの処理をすることが要請されていることがわかる。このことを，特に計算構造的な視点から示したものとして，これも数値例等がすでに設定してあるものを，そのまま図表7－2として以下に示す。

図表7－2において示された，収穫基準を適用した場合の「原則的な計算方法」に基づく計算構造では，農産物の年初年末における在庫高は，必要経費つまり売上原価の計算のため，年初高は加算され，また年末高は減算されているのが確認できる。

しかしながら，一転して，「『収穫基準』を適用した場合の具体的計算例（簡

図表7-2 「収穫基準」に基づく農業所得算定の原則的な計算構造

年初の在庫高	5,000,000円	収穫高	34,000,000円
収穫高	34,000,000円		
生産経費	20,000,000円	販売高	38,000,000円
販売経費	4,000,000円		
農業所得	16,000,000円	年末の在庫高	7,000,000円

出所：北村・森谷編（2013, 13。「年初の在庫高」「収穫高」および「年末の在庫高」における囲み線は筆者挿入）

易な計算方法)」（北村・森谷編2013, 14）では，期首農産物在庫高と期末農産物在庫高の性格は，必要経費の計算のためではなく，農業収入金額の計算のためと，その性格が変えられることになる。この変化は，「原則的な計算方法」の計算構造においては，借方側にあった「収穫高」（本来は「仕入高」）と，貸方側にあった「収穫高」とが，それらが同額であるために，「簡易な計算方法」における計算構造からは相殺消去されることで生じたものである。

ここで，「『収穫基準』を適用した場合の具体的計算例（簡易な計算方法)」を，数値設定例および計算構造設定例等をそのままの形で，図表7-3として以下に示す。

図表7-3で示された「簡易な計算方法」に基づく計算構造において，期首農産物在庫高と期末農産物在庫高は，「必要経費（売上原価）の計算」のためではなく，「収入金額（農業収入）の計算」のためとその性格を一変させている。そして，売上原価の計算上は，年初の在庫高は仕入（金額的には収穫高と同一）にプラスされ，年末の在庫高は仕入からマイナスされるはずだったのが，農業収入の計算上は，年初の在庫高は収入（販売高）からマイナスされ，年末の在庫高は収入にプラスされることになったわけである。前者の原則的・理論的な計算においては，必要経費としての売上原価の算定に重点がおかれていたのに

図表7-3 「収穫基準」を適用した場合の具体的計算例（簡易な計算方法）

> 問　前問の場合で，もう少し簡単に計算する方法はないのでしょうか。

[回答] 実務的には，次の1～3による計算方法も認められています。
[解説]

1　収入金額の計算

（販売高）38,000,000円+（年末の在庫高）7,000,000円-（年初の在庫高）5,000,000円=40,000,000円

2　必要経費の計算

（生産経費）20,000,000円+（販売経費）4,000,000円=24,000,000円

3　農業所得金額の計算

（収入金額）40,000,000円-（必要経費）24,000,000円=16,000,000円

※　この方法で計算しても，農業所得の金額は16,000,000円となり，前問の計算による額と一致します。

○図にすると，次のとおりです。

出所：北村・森谷編（2013, 14。「1　収入金額の計算」における囲み線，また図中における「年初の在庫高」「販売高」および「年末の在庫高」の囲み線は筆者挿入）

対し，後者の実務的・実際上の計算においては，収入金額としての農業収入の算定に重点がおかれ，必然的に同じ年初年末の農産物在庫高であっても，その性格を一変せざるを得なくなっていったのである。

　ここで注目したいのは，「原則的な計算方法」も「簡易な計算方法」も，どちらも同じ収穫基準が求めている計算方法であるということである。つまり収穫基準は，原則的・理論的には必要経費としての売上原価の算定を求めている

が，実務的・実際上は収入金額としての農業収入の算定を求めているのである。このように，収穫基準とは，異なる目的を同時に内包するという意味で，「両義的（アンビバレント）」な基準と見なし得ることになる。

3 収穫基準の両義性について
―記帳の視点からの考察―

　前節で考察したように，農業税務簿記の根幹たる収穫基準には，「原則的な計算方法」と「簡易な計算方法」という，相異なる計算方法が混在していることになる。本節では，「原則的な計算方法」を「原則的・理論的な適用」として，「簡易な計算方法」を「実務的・実際上の適用」としてとらえ直し，さらに論を進めていきたい。

　さて，収穫基準に本来求められる「原則的・理論的な適用」と，「実務的・実際上の適用」とが全く異なるものに，前節で取り上げた，売上原価計算のような計算構造上の問題がまずあった。本節ではさらに，「記帳」をめぐる問題を取り上げ，収穫基準の両義性についてさらに考察していく。

　記帳について言うならば，例えば農作物の受払いに関する記帳は，収穫基準に「原則的・理論的」に基づくならば，少なくとも次の回数だけ必要になるのである。「1　収穫したとき」，「2　販売したとき」，「3　家事消費や贈与をしたとき」，「4　年末の棚卸をしたとき」（平成18年1月12日付課個5－3「農業を営む者の取引に関する記載事項等の特例について」（法令解釈通達））。つまり，収穫基準に基づくならば，実に4回もの記帳が原則的・理論的には求められるのである。

　しかしながら，「実務的・実際上の適用」においては，ただの1回の記帳も必要ないのである。この事情を次に見ていくことにしたい。まず，「1　収穫したとき」であるが，実務的・実際上は記帳はなされない。なぜなら，前節の図表7－3「『収穫基準』を適用した場合の具体的計算例（簡易な計算方法）」における計算構造設定例で確認したように，原則的・理論的には求められていた収穫高についての借方貸方2回の記帳は，それらが同額であることにより，簡易な計算（つまり実務的・実際）上は相殺されてしまい，結局のところ記帳されなくとも何ら問題とはならないからである（北村・森谷編2013, 14。所得税

法第41条第2項）。

　次いで，「2　販売したとき」も，原則的・理論的には記帳が求められるが，実務的・実際上は記帳されることはない。理由は，特に米の場合，農協（正確には全農）が集荷のために農家に前渡しで支払う概算金をもって売上とする，言わば現金主義とも言える処理が実務的・実際上は行われているからである（戸田2014c, 117-118。この実態についてのヒアリング調査は，第2章第4節に示している）。つまり，特に米については，販売したときではなく，農協（全農）が集荷のために前渡しで支払う概算金が農家に渡されるときが，記帳されるときとなる。しかも，この記帳を行うのは，米を集荷する農協側であり，出荷する農家側は，農協側がJAバンク通帳に当該概算金の振り込み額を記帳してくれるため，実務的・実際上はやはり記帳の必要がないのである。

　さらに，「3　家事消費や贈与をしたとき」も，原則的・理論的には家事消費した分や贈与した分を記帳する必要があるが，実務的・実際上は記帳されることはない。では，どうやって所得税青色申告決算書（農業所得用）の「家事消費・事業消費金額」の金額欄を埋めるのであろうか。これについては，農協と国税局との相対で策定される標準（具体的には，「6歳未満の乳幼児を除く家族1人当たりの金額」）が，実務的・実際上は使われるのである（戸田2014b, 86-87。この実態についてのヒアリング調査は，第2章第3節に示している）。例えば，当該標準額が12,500円で，6歳以上の家族が4人いれば，その一家の家事消費金額は50,000（12,500×4）円と，青色申告決算書の該当金額欄に記入すればよいことになる。

　このような標準の適用は，「3　家事消費や贈与をしたとき」のみならず，「4　年末の棚卸をしたとき」も行われる。年末棚卸についての実務的・実際上の取り扱いは，家事消費高と同様に，標準額（具体的には，「玄米60kg当たりの基準額」）を用いて，税務申告上の数値を確定させているのである（戸田2014b, 86-87。この実態についてのヒアリング調査は，第2章第3節に示している）。さらに，その他の理由からも，年末棚卸時における記帳の必要が実はないことが指摘できる。例えば，そもそも，農業所得300万円以下の農家は現金主義を採用でき，したがって年末棚卸自体が必要なくなるのである（北村・森谷編2013, 34-35）。

本節における以上の考察をまとめると，収穫基準に基づけば，原則的・理論的には労力・時間を要する記帳を必要とするが，実務的・実際上は農家側の記帳を全く必要としないということである。つまり，農業税務簿記の最大の特徴である収穫基準は，大変な両義性を抱える基準であることが，前節と同様に改めて明らかとなったわけである。

4　むすび

　本章におけるこれまでの考察から，農業税務簿記の根幹でありその最大の特徴でもある収穫基準は，原則的・理論的には，労力・時間を要する記帳や簿記会計学の基本に沿った計算構造を前提にしているにもかかわらず，実務的・実際上は，農家側に全く記帳を強いない単純な構造になっていることが明らかとなった。つまり，収穫基準は，その内部に大変な両義性を有する，言ってみれば大きな矛盾を抱える基準だと指摘できるのである。

　もっとも，実務的・実際上は農家側の記帳が全く必要ないという点は，日本の多くの農家，つまり小規模で兼業していて米を作っている農家が，自ら継続的に記録するというインセンティブを著しく欠いているという現実・現状（戸田編2014, 3-16）に対し，驚くほど適合しているという見方もできる。理論的な首尾一貫性という面では問題をはらむ収穫基準は，日本の農家の多くを占めてきた小規模兼業米農家が，自ら記録をとることが著しく少ないという「現実」を反映した基準であると，前章同様指摘できるのである。

　ただし，大きな問題も残っている。本章の考察の結果，農業税務簿記の根幹たる収穫基準は，通常の簿記が絶対の前提とする「記帳」や「記録」を，実は前提としていないことが改めて確認されたのである。しかしながら，そもそも，「記録」を前提とすることなくして，それを農業簿記と，もっと言えば，本来の「簿記」と言えるのかどうかという問題が生じてこよう。そして，この問題はさらなる疑問を呼ぶ。それは，農業税務簿記の根幹である収穫基準は記録を前提としていないとして，それではなぜ，記録に基づかずに，農業税務簿記の目的である青色申告決算書の作成が問題なく遂行できるのかという疑問である。この疑問に対する解答は，すでにこれまでの考察の中に示唆されているが，次

章では，この疑問に対する解答を，新たな資料も交え明示的に解明していく。

■注────────
（1）収穫基準については，実は様々なとらえ方があり，農業分野を専門とする税理士の間でも異なった考え方が存していた。例えば，「収穫基準は会計学的にはおかしい。学者がその点を指摘し，改善して欲しい」という見解がある一方，「税法に基づく収穫基準は，たとえ会計理論的に問題があっても，農業簿記の基本として外せない。なぜなら，税務が会計を規定するからである」という見解も見られた。これらの異なる見解についてのヒアリング調査のもようは，第2章第2節において示してある。
（2）仕入高にたいして収穫高をあてるという，収穫基準に基づくこの独特の処理の意味について，いくつかの示唆を受けることができたので，以下に紹介したい。

　　まず，横浜国立大学の齋藤真哉教授よりいただいた示唆を示したい。齋藤教授によると，収穫基準の本質は，利益がセグメント別に分離されて算出されるところにあるのではないかというものであった。ここで言うセグメント別の利益とは，「収穫基準による利益」と「販売サービス利益」を言う。図表7－1において具体的に見ると，「収穫高」と「生産経費」との差額として「収穫基準による利益」が，また，「販売高－（年初在庫＋収穫高－年末在庫）－販売経費」として「販売サービス利益」が，それぞれ求められるのではないかという示唆であった。さらに，上記式内の「（年初在庫＋収穫高－年末在庫）」で求められる数値は，「売上原価」というより「未収金」をあらわすものではないかという示唆も受けた。

　　また，近畿大学の浦崎直浩教授より，次に示すような仕訳解釈をいただいた。それは，4月田植えにあたり，まず「（借）将来代金受取権利××／（貸）将来商品引渡義務××」という取引が生じており，4月から9月の育成期を経て，10月の収穫期にあたり，4月田植え期において起きた借方および貸方勘定が，次のようにそれぞれ反対記入されるのではというものであった。10月の収穫期の仕訳とは，「（借）将来商品引渡義務××／（貸）売上（収穫高）××」という仕訳と，「（借）仕入（収穫高）××／（貸）将来代金受取権利××」という仕訳であるとされる。この2つの仕訳により，4月田植え期の仕訳が消去される。よって，「（借）仕入（収穫高）××／（貸）売上（収穫高）××」という仕訳が収穫期に残ることになる。当該仕訳こそ，当期収穫分を販売前に売上計上し，かつ当該収穫分を仕入金額とするという，収穫基準の特徴ではないかという示唆であった。

　　さらに，立教大学の倉田幸路教授により，次のような貴重な示唆をいただいた。倉田教授によると，収穫基準に基づくとされる一連の不自然な仕訳や計算構造は，確定的な「資本」が拠出されてないためではないかというものであった。「資本」が確定しないために，その増加分である「収益」や減少分である「費用」を算出する構造を持ち得ず，結果的に収入と支出だけで計算構造を構成せざるを得なかったのではないかということであった。

第8章

農業に関する標準・基準の研究
―農業所得標準および概算金を中心として―

1 はじめに

　本章では，前章で明らかになった，農業税務簿記の根幹である収穫基準は実は記録を前提としていない点をふまえ，それではなぜ，記録に基づかずに，農業税務簿記の目的である農業者用の所得税青色申告決算書の作成が問題なく遂行できるのかという点を考察していく。

　ここで，次節より行っていく具体的な考察の前に，本書における論理展開過程を簡単に振り返っておきたい。まず，本書を貫くリサーチ・クエスチョンとして，「これまで日本において展開されてきた農業簿記は，なぜ，TPPという言わば外圧がかかる以前に，農業に関する本来の『簿記』であったならば獲得できていたはずの競争力強化という視座を，内生的・自発的に日本の農業界に持ち込むことができなかったのか」，という問いを掲げた。そして，この問いに応えるべく，まずは第Ⅰ部において，これまで日本において展開されてきた農業簿記には，そもそもどのようなものがあったのかを，主にヒアリング調査に基づき調査・確認し，その結果，農業税務簿記，農業統計調査簿記，農協簿記という3つの流れが存していたことを明らかにした。

　次いでこの第Ⅱ部では，この3つの流れの中でも最大の流れである農業税務簿記を対象に絞り，その根幹と目される収穫基準について，さらに考察を進めてきたわけである。これまでの農業簿記に問題があるとすれば，それは主に農業税務簿記に，さらにはその根幹たる収穫基準という独特の基準にこそ，問題が存していたはずだからである。そして，前章までの考察の結果，収穫基準の

最大の問題は，本来の簿記であるなら絶対の前提である「記録」を，その前提とはしていないことが明らかとなった。ということは，つまり，農業税務簿記の前提は，本来の簿記が拠って立つ前提とは，異なったものだと指摘できることになる。しかしながら，ではなぜ，記録に基づかずとも，農業税務簿記の目的である農業所得用の所得税青色申告決算書の作成が，特に問題なく遂行できるのであろうか。この疑問の解明を，以下行っていく。

2　農業所得標準の概要について

　前節で述べたように，本章における課題は，記録に基づかずに，どうして所得税青色申告決算書が問題なく作成できるのか，つまり農業所得を問題なく算定できるのかという疑問を解明することである。実は，こういった疑問に対して，ある程度の解が，これまで本書で示してきた各種のヒアリング調査の結果，すでに与えられている。その解とは，農業に関する標準・基準の存在である。よって本章では，この農業に関する標準・基準を，より深く考察していくこととする。

　農業に関する標準・基準について，筆者が初めて知ったのは，全国農業経営コンサルタント協会前会長の西田尚史税理士へのヒアリング調査中であった（このヒアリング調査のもようは，第2章第3節に示している）。当該ヒアリング調査では，農家が収穫した農産物を自分の家で食べた分，つまり家事消費分の記帳について聞いていた。そんな記録を果たして農家がつけるのか疑問に思っていた筆者の質問に対して，西田氏は，「処理します。これはやらないと，税務署からいろいろと言われます」（西田発言，戸田（2014a，86））と一旦答えている。その回答に納得できない筆者が，さらに食い下がると，「大体の標準があるんですよ。本来は標準というのはないことになってるんですけど，標準を作っておかないと大変でしょう」（同）と答え，農業所得を計算する際の標準表を持ってきてくれたのである。当該標準は，毎年1月頃，「JAと国税局が話し合いをしながら決めている」（西田発言，戸田（2014a，87））とのことであった。ちなみに，現在はかなり簡略化されたものとなっているが，「昔はもっと細かい規定があった」（同）そうである。

過去の農業所得標準については，次節でその推移を詳細に検討するが，それに先立ち，農業所得標準の概要について検討しておきたい。そもそも，農業所得標準とは，「農家が所得税の確定申告等をする場合の目安として，課税者側（市町村，税務署等）が開示する農業所得金額の推計基準」（八木1987, 74）を言う。そして，かつては，各市町村あるいは地域ごとに，さらに作物ごとに農業所得標準が作成され，農家の所得を計算する際の基準となってきたのである。

　ここで注意したいのは，我が国の所得税制の基本は，シャウプ勧告の影響もあって，昭和22（1947）年に，戦前の賦課課税制度から，納税者が自ら正しい所得を計算して申告・納税する申告納税制度に，原則的には切り替えられていることである。しかしながら，「一般の農家の実態をみると，記帳慣行に乏しいというのが現状であり，さらに農業所得の場合は，自家消費される農産物の評価及び未成熟の果樹や牛馬等の育成費の区分経理の問題など農業特有の記帳技術の困難性もあって，一般の農家に収支実額による所得計算を行っていただくには，いろいろ困難な問題があることは事実である。このように，収支実額による所得計算が期待できない場合に，適正・公平な課税を行うためには，各農作物等ごとに一定の所得計算の目安を作成し，これにより申告してもらうことが望ましい」（石森1983, 14）とされたのである。

　上記の言から分かるのは，所得税制が原則的には申告納税制度に移行した後も，「一般の農家」は，「記帳慣行に乏し」く，「収支実額による所得計算が期待できない」ので，「適正・公平な課税を行うために」，農業にだけは農業所得標準を適用する，つまり戦前から続く賦課課税制度をとってきたというわけである。農業所得標準による課税方式は，何を課税の基本とするかによって，以下の図表8－1に示すように大別される。なお，当該図表（「農業所得標準による課税方式の態様」）は，国税庁直税部所得税課長補佐（当時）であった石森宏宜氏が記述したものを，筆者が表にまとめたものである。

　図表8－1にある面積課税方式は，いわゆる「反別課税方式」[1]と同義であり，特に水稲に対する課税方式として長期にわたり使用されてきた。ただ，水稲に対する課税は，ずっと面積課税方式であったわけではなく，「昭和29年以前は玄米150キログラム（一石）当たりの標準による収穫量課税方式が採用されていた」（石森1983, 15）。

図表8−1　農業所得標準による課税方式の態様

面積課税方式	水稲・麦・野菜等の一般的な田畑作物について広く採用されているもので，面積を課税基本とし，これに単位面積（通常10アール）当たりの標準を乗じて所得を算定する方式をいう。
頭羽数課税方式	畜産関係について採用されているもので，家畜の頭数または家きんの羽数を課税基本とし，これに単位頭（羽）数当たりの標準を乗じて所得を算定する方式をいう。
収穫量課税方式	主に果樹類について採用されているもので，収穫量を課税基本とし，これに単位収穫量（通常100キログラム）当たりの標準を乗じて所得を算定する方式をいう。
収入金課税方式	主に葉たばこ，乳牛，施設園芸作物，高級野菜類等について採用されているもので，収入金額を課税基本とし，これに単位収入金額（通常100円）当たりの標準を乗じるなどして所得を算定する方式をいう。

出所：石森（1983, 14）における記述から筆者作成。

　これは，次のような事情によっていた。

　「第二次世界大戦の戦中戦後の食糧難時代においては，主要農産物について価格統制の下に供出制度が採られており，特に米穀については，昭和29年まで『供出割当制度』が継続された。この供出割当制度の下では，市町村長が，個々の農家ごとに耕作面積やその地力等級などに基づいて水稲の総収穫量を計算し，その総収穫量から家族の自家消費量や再生産のための種子量などの『法定保有量』を差し引いた残量を供出量として割り当てていた。この総収穫量は各農家の水稲耕作の実態をよく反映したものであったので，昭和29年までは『供出割当ての基礎となった総収穫量』に基づいて水稲耕作農家の所得金額を計算する方法が採られていた」（石森1983, 15）。

　つまり，特に米については，「第二次世界大戦の戦中戦後」の一時期とはいえ，面積課税方式ではなく収穫量課税方式がとられていたことになる。これは，関係市町村当局が計算する各農家の総収穫量が，「各農家の水稲耕作の実態をよく反映したものであった」ため，国家に供出する米の計算はもちろん，水稲耕作の実態を反映した所得計算にも使えたためであった。ではなぜ，その後，収穫量課税方式から面積課税方式へと再び移行したのであろうか。これについても，石森（1983）の次の説明を聞こう。

「昭和30年になって，米穀の集荷制度が従来の『供出割当制度』から『事前売渡申込制度』に改められ，供出割当の基となった総収穫量が市町村当局において計算されないこととなったため，各農家の総収穫量を基準とした標準によることが困難となった。このため，水稲についても他の一般の農作物と同様，耕作面積当たりの標準によることとし，市町村の地力等級などに応じて区分し，当該地域区分ごとに標準を作成する方法が採られた。この方法は，現在においても引き続き採用されている」（石森1983,15）。

以上のような事情で，特に米については，昭和30年を境に，その標準課税方式が，収穫量課税方式から面積課税方式に再び転換したわけである。面積課税方式の場合，重要となるのは，単位面積当たりの標準の決定である。ここで，当該標準の決定が，どのような社会的構造の下で行われたのかを示す有用な図表があるので，これを以下に図表8-2として示す。なお，当該図表は，すでに第5章において図表5-3として示したものであるが，重要な図表であるので，以下に再掲する。

図表8-2は，昭和58（1983）年ごろの，徳島県における農業所得標準の決定に関する実態を，徳島県農協中央会農政広報課長代理（当時）であった谷川清二氏が図表化したものである。この図表にあるような実態は，全国に共通するものだったと考えられる。それをうかがわせる資料が，昭和30（1955）年10月28日に閣議決定された「水稲所得に対する所得税の課税について」にあるので，そこにおける文言を次に見ることにしたい。

「反当所得標準の作成及びその適用等に当たっては，税務官庁は，現地の関係市町村長並びに農業委員会及び農業協同組合等の農業関係諸団体の長と密接な連絡を保ち現地の実情を反映した意見を尊重することとし，また，関係官庁は，これらの者が税務官庁に所要の資料を提出することについて協力するよう指導すること」（石森1983,15）。

図表8-2および当該閣議決定からも，農業所得標準については，主に，税務官庁，農業協同組合，関係市町村（長）の3者が主要なプレーヤーとなって決定していったことがうかがわれる（この3者による農業税務簿記をめぐる社会的構造については，第5章第3節において，「農業税務簿記をめぐるトライアングル体制」として考察を行っている）。

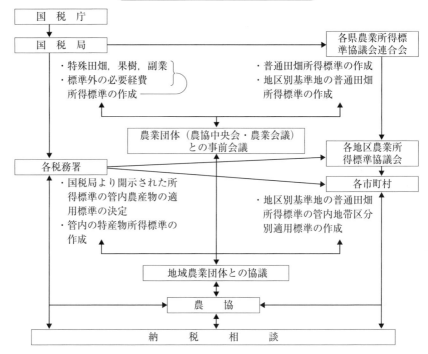

図表8-2 所得標準の決定,適用図

出所:谷川（1983, 26）

ここで注目されるのは，農業所得標準の決定に当たっては，単に「現地の実情」に即したものというわけではなく，「現地の実情を反映した意見を尊重する」（傍点筆者挿入）となっている点である。これは，第二次世界大戦中および戦後の一時期，一時的に収穫量課税方式が採用されている際に，市町村長が個々の農家ごとに計算した水稲の総収穫量が，「各農家の水稲耕作の実態をよく反映したものであった」（傍点筆者挿入）ということと，かなり異なっていることになる。戦後民主主義の中で，市町村長達は次の選挙のことを考えざるを得ず，特に農村地帯では，課税標準について低くして欲しいという農業関係諸団体の意見を，勢い尊重せざるを得なかったとも考えられるのである。

この点を明らかにするものとして，経済産業調査室（当時）の荒井晴仁氏が，斎藤（1982）を引用しながら意見を述べているので，次に見てみよう。「農業所得は，かねてより，実態より低いことが指摘されてきた。例えば，立教大学

教授(当時)の斎藤精一郎氏は,昭和57年の著書で,新聞記事を引用し,あるハウス栽培農家の場合,農業所得標準で計算した課税所得が168万円に過ぎないのに対して,実際の粗収入は1500万円あり,経費率を50%と高く仮定しても,実際の課税所得は750万円に上ることを指摘している」(荒井2007, 29)。さらに,当の斎藤氏は同書において,「農民は一般に流布されているほどブラックではなく,かなり正直に所得申告をしているが,ただ実態に合わない『農業標準』による『合法的逃税』の余地が事実上大きい」(斎藤1982, 194)と,明確に結論している。

農業所得標準が甘かったかどうかについては,その程度も含め諸説あるが,例えば,横浜国立大学経済学部助教授(当時)の碓井光明氏は次のように分析している。「農業所得課税の甘さは,低めの所得課税率もさることながら,納税者の抵抗を避けたいという市町村の意向もあって,根強く定着してきた」(碓井1987, 58)。農業所得標準が,地域における主に農業関係者の意見や市町村の意向から,低め・甘めに設定されていったのではないかという点については,特にマクロ的な視点からは,以下に示す図表8－3が非常に参考になる。

上記図表8－3から明らかなのは,農林省側のマクロ推計による農業所得と,

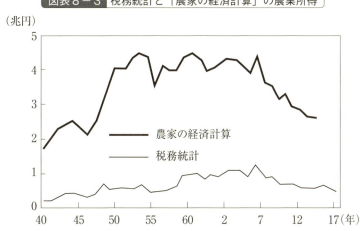

図表8－3 税務統計と「農家の経済計算」の農業所得

出所:荒井(2007, 27)

国税庁側の農家の申告所得集計とには，大きな乖離が存在することである。本章では，この乖離の原因について直接的に言及するものではないが，少なくとも図表8－3は，「農業所得標準の低さ・甘さ」の一端を証明していると考えられるのである。

かように低めに，そしてはっきりと言えば，かなり甘めに設定されてきた農業所得標準であるが，時代の趨勢と共に変化を余儀なくされていくことになる。結論から言えば，まず，課税標準が面積から収入へ，さらには収支計算による青色申告に段階的に移行していったのである。この移行について，次の文言を見たい。「近年は，農業の経営も多様化し，収益や生産手段の個人差が著しくなってきました。これにともない，農業所得の課税については，いわゆる収入金課税方式の所得標準を適用する対象作物の拡大や収支計算による所得の申告が要求される」（馬渕1993, 27）ようになっていったのである。

ただし，筆者の調査によれば，米穀の期末棚卸高や家事消費分等について，いまだ標準・基準等が存在する地域もあり，また，直接的な標準・基準を示す代わりに，後に触れる米集荷に対する概算金を新たな標準・基準にして，各種の申告書項目を算定させる地域も出てきている。したがって現在，農業に関する標準・基準は，形式的には廃止されているものの，実質的には，従来とは形を変えながらも一部存在し続けていると考えられるのである。

3　農業所得標準の変遷
―熊本における実際の適用状況調査―

前節で取り扱った農業所得標準であるが，現在は，形式的には廃止されていることになっている。もっとも，何をもって所得標準とするかで解釈は分かれ得る。本章では，経費率等にも標準や基準を用いることをもって，農業所得計算に標準・基準を使用しているととらえているが，面積（反別）課税や収入金課税という意味での農業所得標準は，現在確かに廃止されている。

正式な廃止通達は，平成18（2006）年，国税庁長官が国税局長・沖縄国税事務所長に宛てた「農業を営む者の取引に関する記載事項等の特例について（法令解釈通達）」（課個5－3，平成18年1月12日）において，これまで特例として認めてきた農業所得標準の廃止が通達されている。廃止の趣旨については，次

のように記されている。

「(趣旨) 農業所得の計算上，これまで申告手続きの便宜を図るため，『目安』として農業所得標準を作成し，開示してきたところであるが，農業所得の計算は，他の事業所得の計算と同様に収支実額計算をすることが原則であり，また，個々の農家の実態に応じた適正な課税を図る必要があるため，所要の整備を図るものである」。

以上の通達により，農業所得標準は，形の上では平成18 (2006) 年の決算申告時より廃止されることになったわけである。なお，平成19 (2007) 年分の所得税の確定申告から，「これまで2ヘクタール未満の稲作農家に対して認められていた農業所得簡易計算（農業所得標準）による申告が完全に廃止」（日本農業新聞，2008. 2.16., 東北ワイド版9面）されたことをもって，農業所得標準が終了したと見る向きもある。いずれにしても，平成18 (2006) 年，平成19 (2007) 年あたりをもって，農業所得標準は公式には姿を消していったことになる。ただし，廃止の傾向は，それ以前から見られたようである。例えば，次の記事を参照されたい。「中小，零細農家を中心に一般的だった農業所得標準を廃止し，収入金課税への移行や記帳による青色申告を求める動きが加速している。広島，福岡国税局が今年（筆者注：平成12 (2000) 年）から農業所得標準を原則廃止するのに続き，来年は高松，東京国税局なども追随。所得標準見直しの動きは全国に広がりそうだ」（日本農業新聞，2000. 2.16., 3面）。

ここで，特に米に対する農業所得標準がどのように推移・変遷していったのかについて，熊本市内の実際の適用状況を確認したものを，図表8-4として次に掲げる。

図表8-4は，筆者が独自に作成したものであるが，作成するのに必要であった農業所得標準表を保管し，また当該資料を閲覧する許可を出して頂いたのは，全国農業経営コンサルタント協会前会長であり，熊本市小峰にある未来税務会計事務所所長の西田尚史税理士であった。なお，図表における数値は，ほ場10アールあたりの所得標準額を，単位は円で表したものである。昭和58年からの資料となっているのは，西田氏が同年に税理士事務所を開業したことによっている。

図表8-4より明らかなように，熊本市内では，平成15 (2003) 年に面積課

第Ⅱ部　農業税務簿記の研究

図表8-4　熊本市内の米に対する農業所得標準の適用状況推移

税務署	区分		昭和58年	昭和59年	昭和60年	昭和61年	昭和62年	昭和63年	平成元年	平成2年	平成3年	平成4年	平成5年
熊本東税務署 (上益城地区)	熊本市A	(H6よりB区分、H12よりA区分で全地域適用)	108,600	116,800	110,700	129,500	101,850	113,750	117,010	114,430	81,750	102,560	85,770
	熊本市B	(H6よりC区分、H12より廃止)	103,900	112,000	104,900	124,100	97,350	108,750	112,240	106,960	77,900	98,150	81,750
	熊本市C	(H6よりD区分、H12より廃止)	94,600	102,100	98,800	113,300	92,850	104,040	107,190	102,200	74,000	93,460	77,730
	熊本市早期米地域	(H6よりA区分新設、H12より早期米区分)	N/A	N/A	N/A	N/A	N/A	N/A	N/A	N/A	N/A	N/A	N/A
	御船町A	(H6よりB区分、H10よりA区分)	125,800	138,200	134,900	135,500	109,100	122,350	117,560	109,520	82,900	99,840	98,930
	御船町B	(H6よりC区分、H10よりB区分)	107,800	119,600	116,600	117,000	93,300	105,110	100,730	93,570	69,700	84,950	84,010
	御船町C	(H6よりD区分、H10よりC区分)	90,500	100,700	98,200	98,600	77,500	87,870	83,890	70,060	50,000	67,300	69,380
熊本西税務署 (熊飽地区)	熊本市1	(H3よりA、H6よりB区分)	108,600	116,800	110,700	129,500	101,850	113,750	117,010	111,430	81,750	102,560	85,770
	熊本市2	(H3よりB、H6よりC区分)	103,900	112,000	104,900	124,100	97,350	108,750	112,240	106,960	77,920	98,150	81,750
	熊本市3	(H3よりC、H6よりD区分)	94,600	102,100	98,800	113,300	92,850	104,040	107,190	102,200	74,080	93,460	77,730
	熊本市A	(H6より新設)	N/A	N/A	N/A	N/A	N/A	N/A	N/A	N/A	A区分へ	N/A	N/A
	飽田町1	(H2に「旧」名称、H3より旧1区分へ)	112,900	122,500	115,600	126,800	104,620	114,790	114,840	112,490	81,750	102,560	85,770
	飽田町2		101,500	N/A	N/A	N/A	N/A	N/A	N/A	N/A	N/A	N/A	N/A
山鹿税務署 (鹿本地区)	山鹿市A		102,900	120,000	108,890	N/A	87,340	102,870	N/A	N/A	N/A	N/A	86,520
	山鹿市B		100,900	117,600	106,860	N/A	82,990	97,920	N/A	N/A	N/A	N/A	82,040
	山鹿市C		84,500	98,500	89,320	N/A	78,380	92,700	N/A	N/A	N/A	N/A	77,570
	山鹿市平均		100,900	117,600	106,860	N/A	N/A	N/A	N/A	N/A	N/A	N/A	N/A

税務署	区分		平成6年	平成7年	平成8年	平成9年	平成10年	平成11年	平成12年	平成13年	平成14年	平成15年
熊本東税務署 (上益城地区)	熊本市A	(H6よりB区分、H12よりA区分で全地域適用)	121,570	98,670	106,650	84,670	106,740	68,890	98,500	94,570	87,980	N/A
	熊本市B	(H6よりC区分、H12より廃止)	116,250	94,160	102,040	80,450	102,360	65,780	N/A	N/A	N/A	N/A
	熊本市C	(H6よりD区分、H12より廃止)	111,200	89,650	97,150	76,470	97,980	62,680	N/A	N/A	N/A	N/A
	熊本市早期米地域	(H6よりA区分新設、H12より早期米区分)	136,420	103,010	121,660	77,700	98,580	59,910	79,820	N/A	N/A	N/A
	御船町A	(H6よりB区分、H10よりA区分)	125,510	95,750	102,300	77,730	101,590	62,790	95,860	93,400	90,740	N/A
	御船町B	(H6よりC区分、H10よりB区分)	107,850	81,150	82,490	64,800	87,690	52,980	82,860	80,410	78,120	N/A
	御船町C	(H6よりD区分、H10よりC区分)	90,480	63,350	62,680	52,130	73,520	43,180	69,860	67,430	65,260	N/A
熊本西税務署 (熊飽地区)	熊本市1	(H3よりA、H6よりB区分)	121,570	98,670	106,650	84,670	東西同一	N/A	N/A	N/A	N/A	N/A
	熊本市2	(H3よりB、H6よりC区分)	116,250	94,160	102,040	80,450	東西同一	N/A	N/A	N/A	N/A	N/A
	熊本市3	(H3よりC、H6よりD区分)	111,200	89,650	97,150	76,470	東西同一	N/A	N/A	N/A	N/A	N/A
	熊本市A	(H6より新設)	136,420	103,010	121,660	77,700	東西同一	N/A	N/A	N/A	N/A	N/A
	飽田町1	(H2に「旧」名称、H3より旧1区分へ)	N/A	N/A	N/A	N/A	N/A	N/A	N/A	N/A	N/A	N/A
	飽田町2		N/A	N/A	N/A	N/A	N/A	N/A	N/A	N/A	N/A	N/A
山鹿税務署 (鹿本地区)	山鹿市A		N/A	N/A	N/A	N/A	N/A	N/A	N/A	N/A	N/A	N/A
	山鹿市B		N/A	N/A	N/A	N/A	N/A	N/A	N/A	N/A	N/A	N/A
	山鹿市C		N/A	N/A	N/A	N/A	N/A	N/A	N/A	N/A	N/A	N/A
	山鹿市平均		N/A	N/A	N/A	N/A	N/A	N/A	N/A	N/A	N/A	N/A

出所：巻末の参考資料に掲げた農業所得標準表から、筆者が作成。

税方式の農業所得標準が廃止されている。平成15 (2003) 年あたりに，米に対する農業所得標準が廃止されていったのは，熊本も含め，全国的にも見られた状況だったようである。柴原編（2004）によると，平成15 (2003) 年から平成16 (2004) 年にかけて，農業所得標準から収支計算課税への移行が，全国的にも行われていることが明らかになっている（柴原編2004, 42-43）。

ただし，米と若干事情が異なるのが，野菜や果物に対する課税である。熊本における野菜や果物に対する農業所得標準の歴史的推移を調査すると[2]，農産物により多少のズレはあるものの，平成元 (1989) 年あたりを境に，面積課税方式から収入金課税方式へと農業所得標準に変化が見られる。この点について，西田氏は，「消費税の導入が大きい」（西田発言，戸田 (2015d, 121)）と見ているようである。さらに，平成12年 (2000) 年になると，収入金課税方式の表示そのものが，農業所得標準表に見当たらなくなってしまう。この調査結果に鑑みれば，先の日本農業新聞の記事にあるように，熊本国税局も，広島や福岡国税局と同様，当該年度に野菜や果実に対する農業所得標準の適用を廃止したと見ることが可能であろう。

熊本市内における農業所得標準の適用状況をまとめておくと，野菜や果物に対しては，平成元 (1989) 年あたりに収入金課税方式に移行した後，平成12 (2000) 年に農業所得標準自体が廃止されるが，この後も米に対してだけは，面積課税方式である旧来の農業所得標準が暫く適用され続けていた。それでも，いよいよ平成15 (2003) 年には，米に対する農業所得標準もついに廃止されることになったのである。以上のことが，図表8－4および本章の最後に示される図表8－6から確認できるのである。

4　概算金の概要とその問題点

前節まで考察してきた農業所得標準は，公的には，現在その姿を消しつつある。しかし，それに代わって存在感を増してきているのが，本書でもすでに各所で取り上げてきた「概算金」というものである（概算金についてのヒアリング調査は，第2章第2節に示している）。本節では，この概算金について改めて取り上げ，当該概算金の問題が象徴する，農業簿記第1の流れである農業税務簿

記が抱える問題を考察したい。

　まず，概算金の概要についてであるが，特に米の概算金とは，「JA等の集荷業者が生産者の出荷の際に支払う仮渡金であり，県単位で全農県本部・経済連が決定」（農林水産省2014, 8）するものである。したがって，概算金は，基本的には県単位で決定されるもののようだが，これはなぜなのか。次の言を聞こう。

　「概算金は普通，JA単独では決めません。米は『県域共計』といって，売り上げや流通経費を県全体でプール計算（共同計算）するシステムなので，概算金も全農県本部が単協とも相談しながら決めて，発表するものなんです」（季刊地域編2015, 12）。

　当該概算金は，昨今，突然に一般の注目をも浴びる事態となっている。その事情は次のようである。「2014年産米の概算金が出そろった。一部銘柄を除き1俵（60キロ）1万円を割り込み，ほとんどの稲作農家が耳を疑った。これほど採算ベースを割り込む価格はこれまでになく」（日本農業新聞, 2014.9.17., 3面），大きく報道されたのである。ただし，元々，米の概算金は，近年下落傾向にあった。しかし，2010年から始まった戸別所得補償のような上乗せ効果のある補助金の存在で，最終清算段階では1俵1万円台を確保してきたようである。2014年産の概算金のショックが大きかったのは，「14年産から変動補填交付金が廃止となり，最終段階でも1万円を割る銘柄が出る恐れ」（日本農業新聞, 2014.9.17., 3面）があったからである。ただし，概算金に対しては様々な見方もある。例えば，「コメ価格への影響が大きい概算金の決まり方が外部には見えにくい」（日本経済新聞, 2015.4.2., 20面）という批判もあり，農業を取り巻く環境が激変する中，概算金を含め現在の米の流通システム全体を見直すべきという声も出てきている。そこで，ここではまず，米が生産者から消費者に届くまでの流通システムを，概算金等を含め以下の図表8－5に示し理解を深めることとしたい。

　図表8－5により改めて確認すると，米の概算金については，全農の各県本部あるいは経済連が決定していることになる。支払いについては，まず生産者が単協に出荷した際に概算金が生産者に支払われ，さらに，「販売の見通しが立った時点で，販売見込額から経費・概算金を除いた額を生産者に追加払い」

図表8-5 米の主な流通経路および概算金決定の流れ

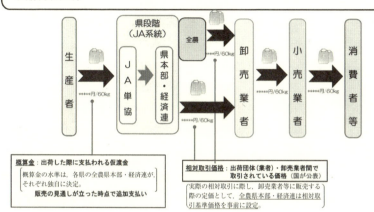

出所:農林水産省(2014, 参考資料1-1, PDF資料8枚目)

(農林水産省2014, 8)するようである。こうして集荷された米は,全農あるいは経済連から,相対取引価格により卸売業者に卸され,さらに小売業者を介して我々消費者が最終的に購入していくことになる。

米の概算金が重要なのは,上記のような米の流通ルートからもわかるとおり,「米価格のスタート」であるからなのである。しかしながら,これほど重要な概算金であるが,驚くことに,その決め方についての明確なルールはないようである。この事情について,次の説明を聞こう。

「概算金は社会的影響力が大きくて,その年の米の相場をつくってしまうものではあるんですが,各県事情も違うので,決め方についての全国統一のルールなどはないようです。米の売れゆき・相場観,それから各県全農のフトコロ事情などが影響してきます」(季刊地域編2015, 14)。

別な言い方をするならば,中堅米卸し会社のミツハシライスに勤務する澤田泰二管理部財務課長が指摘するように,全農が,「これぐらいの価格だったら(筆者注:米を)集められる」(澤田発言,戸田(2015a, 318))と見た価格,あるい

は、「いくらまで農家にはらえるか」（季刊地域編2015, 12）という視点で決められた価格が、結果的に概算金となるようである。

　上記のように、概算金については、確たる算定根拠がないために、様々な思惑で乱高下する事態となっている。これを少しでも改善するために、「農協やコメ卸、外食などの需要家でつくる『米の安定取引研究会』は平成27（2015）年3月30日、コメ取引で価格の乱高下を防ぐための方策をまとめた報告書を発表した。全国農業協同組合連合会（全農）などJAグループが設定する概算金について、過去5年のうち最高値と最低値を除いた3カ年の平均値（5中3平均）を基本とする案などを提言した」（日本経済新聞, 2015.4.2., 20面）。しかしながら、5中3平均という概算金の考え方には、米の売り手も買い手も懐疑的だとされている。なぜなら、「報告書の発表には15年産のコメ価格を引き上げようとする政治的な思惑も見え隠れする」（同）からである。

　このように、現在、概算金の問題は迷走を続けているが、そもそもの問題は、「米の公正な市場って基本的にない」（澤田発言, 戸田（2015a, 310））という点にあるのである。だからこそ、算定根拠が不確かな概算金が米のベンチマーク価格にならざるを得ず、農家側も、「概算金＝米代金というイメージ」（季刊地域編2015, 15）を持ち、「農家のほとんどが、農業法人も含めて、仮渡金、概算金を受け取った時に売上を計上している」（森発言, 戸田（2014d, 117））のが実態・実情なのである。よって、概算金を受け取った際に、「（借）現金預金××（貸）売上××」という仕訳処理がされているというのが、米をめぐる簿記的な実態・実情ということになる。しかしながら、本来の簿記会計的視点から見れば、当該簿記処理は明らかに問題がある。本来はまだ第三者に販売しておらず、農協に卸しただけの「預け在庫」（森発言, 戸田（2014d, 118））状態なのだから、概算金を受け取った際の仕訳は、「（借）現金××（貸）前受金××」となるはずである。ちなみに、『農業簿記検定教科書3級』（以下、「教科書3級」と称す）では、当該仕訳が正解であるとしている（教科書3級2013, 41）。

　ただし、仕訳処理の問題が、概算金における最も大きな簿記会計的問題ではない。最大の問題は、概算金を議論する際に、原価や損益という簿記会計的な視点が一切抜け落ちている点にある。5中3平均という提案も、生産された米の原価は一体いくらなのか、ということと全く切り離されてなされたものであ

る。そもそも、概算金に対する不満が渦巻く農家側にしても、「この価格で売りたいというのはない」(澤田発言, 戸田 (2015a, 318)) のである。なぜなら、澤田氏が指摘するように、「この価格以下では原価割れで商売にならない、なんて発想はそもそもないはずなんです。たとえ赤字になっても、最終的に補助金をもらえれば、というのが日本における米をつくる環境」(同)) だからである。

澤田氏は、続けて次のように言うのであった。

「米の流通の中で最大の構造的な問題は、農家さんだけでなく、これくらいの原価がかかってるんだからこれこれの価格で取引しなきゃペイしないという、こういった発想がそもそも形成されていないことだと思いますね」(澤田発言, 戸田 (2015a, 318))。

澤田氏のこの言ほど、概算金をスタートとした日本の米取引において、どのような看過できぬ簿記会計的な問題が存しているかが、端的に示されているものはないのではなかろうか。

本書でも縷々指摘したとおり、多くの農家は秩序性・網羅性ある記録をとっていないので、上述の言のとおり、自分達がつくった米の原価を主張することができない。結果的に、受け取った概算金をもってよしとするか、とにかく概算金を上げてくれと関係者に訴えるしかない。また、全農や米卸し会社も、概算金に各自の取り分をのせて流通させれば一定の利幅は確保できるため、農家側も含め米の生産・流通に関わる全ての関係者に、かかった経費を積み上げるという意味での「原価」を計算する必要性が基本的にないということになる。この構造において、原価の算定のために本来は必要不可欠な帳簿記録、さらにその帳簿に秩序性・網羅性をもって記帳する簿記の技術は、必然的に無用の長物とならざるを得ない。簿記会計的に見た概算金の最大の問題は、この点にこそあると考えられるのである。

5 むすび
―農業に関する標準・基準の適用がもたらす簿記会計的弊害―

本章では、前章で明らかになった、収穫基準は記録を前提としていない点を踏まえ、それではなぜ、記録に基づかずに、農業税務簿記の目的である所得税青色申告決算書の作成が問題なく遂行できるのかという点を考察した。考察の

結果，それは，農業に関する様々な標準・基準が使用されていたためであることが明らかになった。さらに，米を集荷する際に全農が農家に支払う「概算金」も，現代的な米に関する標準であることが確認された。ここに，農業簿記第1の流れである農業税務簿記が，本来の簿記ならば，必ず拠って立つべき「記録」という前提に立たずとも，なぜその目的を遂行できるのかが明らかになったのである。

なお本章では，農業に関する標準・基準として，特に農業所得標準と概算金を取り上げたが，両者こそが日本の農業発展を阻害する諸悪の根源だと批判したいわけではない。例えば，農業所得標準は，公平・中立・簡素を旨とする「課税」あるいは「税務」という観点からすると，むしろ優れたシステムと言い得るかもしれない。しかしながら，本書の基本視座である，本来の「簿記」という観点からすると，農業に関する標準・基準の使用には，看過できない問題が存することを指摘したいだけなのである。

ここで，簿記会計的な問題点を総括する前に，農業に関する標準・基準の適用についての問題を明確に語った言説があるので，次に掲げることにしたい。

「標準率による方法は，農業所得の申告納税に対して，微妙な影響を与えてきた。一言にしていえば，納税者（農家）の$\dot{自}\dot{主}\dot{性}\dot{の}\dot{喪}\dot{失}$ということである。これを詳しく述べるならば，次のようになろう。第一に，申告納税方式の建前にもかかわらず，所得税は，税務署の割り当て課税である（所得税を納めるに至らない者にとっては，市町村による住民税の割り当て）という意識が深く潜在化することとなったことである。$\dot{申}\dot{告}\dot{納}\dot{税}\dot{の}\dot{衣}\dot{を}\dot{着}\dot{た}\dot{賦}\dot{課}\dot{課}\dot{税}$ということになる」（碓井1987, 52。傍点は原文のまま）。

むろん，現在では，農業所得標準課税は公式にはとられていないことになっているが，たとえ農業所得標準という名称でなくとも，各種の農業に関する標準・基準が地域によっては厳然として残っているのが実情である。こういった，農業に関する標準・基準を暗に使用して行う青色申告は，碓井氏の指摘のように，「申告納税の衣を着た賦課課税」であると言っても過言ではなかろう。ただし，先に述べたように，公平・中立・簡素を旨とする課税の原則からすれば，言い換えれば「税務」の観点からすれば，逆に好ましい処理方式とさえ言えよう。

本章および本書全体として問題にしているのは，本来の「簿記」という視点に基づいた場合，そこには，簿記の基本中の基本である「記録」が不要となってしまっているという，看過できぬ問題があるという点である。先の碓井氏の言にもあるように，あらかじめ定められた標準・基準の使用は，農家側の「自主性の喪失」につながる。そしてそのことは，財務的な自主・自立にとって必須となる記帳記録についても，必然的に不必要なものと見なされることにつながる。勢い，記帳記録をスタートとする本来の簿記についても，その必要性は無いに等しいことになってしまうわけである。

　ただ確かに，かつて，帳簿への記入・記帳，つまり簿記は，次のような事情で日本の農業界には必要なかったのである。

　「反別課税の代表的なものが米価です。昭和56年まで，米の価格は10年ごとに倍々になっていました。だから，米をつくっても売ることを考える必要はありませんでした。ただよい品質の米を生産すればよかったのです。生産すれば，年末に米価が政治的に決着して，所得は確定する。誰がすき好んで，難しくてややこしい帳簿を作成する必要があるでしょうか」（全農協編1999，20-21）。

　さらに言えば，帳簿は作成する必要がないどころか，あっては不利になることさえ，場合によってはあったようである。この驚きの事情を次に確認しておきたい。「たとえば，ある地域で，どの作目を何aつくれば所得はいくらであるという，反別課税がされてきたとします。ここには会計（筆者注：簿記）の入り込む余地がありません。この場合，帳簿を作成する必要がないのです。反別課税の場合は，課税の基準よりも多く所得を上げている人にとって，帳簿があっては不利になります」（全農協編1999，20）。

　しかし，時代は大きく変わりつつある。減反政策の廃止やTPP交渉等，かつては考えられなかった状況が，日本の農業を取り巻く環境に現れつつある。この時代には，米を中心とする農産物を，ブランド化等により，いかに高く売るかという努力が欠かせない。一方，農業できちんとした利益をあげていこうとするなら，これからはコスト（原価）意識も欠かせない。そして，コストの把握のためには，農産物を生産・販売するうえでの全てのコストを，秩序性・網羅性を備えたやり方で記帳・記録していくこと，つまり簿記が必須となるのである。

ところが，こういった簿記を，必要としないばかりか，時にはあっては不利とまで位置づけることになっていたのが，農業税務簿記が長く依拠してきた農業に関する標準・基準の適用であった。こういった，農業に関する標準・基準の使用には，これまで縷々述べてきたように，記録を前提とする本来の簿記そのものを不必要なものと見なす構造が暗に横たわっているという点こそ，日本における農業簿記の第1の流れである農業税務簿記が抱える，最も看過できない問題ではないかというのが本章の結論である。

■注
（1）ここで言う反別課税とは，面積課税方式による課税と同義である。なお，反別課税という言葉は，行政上の正式な用語ではなく，農家や農業専門の税理士が使用する実務的な用語である。
（2）熊本市内における，西瓜・ピーマン・温州みかんに対する農業所得標準の適用状況推移を，図表8-6として次にまとめた。なお，図表8-4および図表8-6を作成する上で参照した農業所得標準表の原本は，全て熊本市小峰にある未来税務会計事務所の地下書架に所蔵されているものである。閲覧および論文資料として使用する許可については，同事務所所長の西田尚史税理士より頂戴している。また，全ての資料を確認するために，同事務所の中満健氏および池田彩氏に協力いただいた。皆様に記して感謝申し上げる。

図表8−6 西瓜・ピーマン・温州みかんに対する農業所得標準の適用状況推移

	熊本東税務署		熊本西税務署	
	西瓜 (ハウス24尺, 熊本市)	ピーマン (露地, 高冷地)	西瓜 (ハウス24尺, 全地域)	温州みかん (旧河内村, 本年産)
昭和58年	394,900	332,400	394,900	215,500
昭和59年	385,800	277,600	385,800	381,700
昭和60年	426,000	収入金額×76%	426,000	246,300
昭和61年	444,100	収入金額×60%	444,100	226,700
昭和62年	463,470	収入金額×65%	463,470	101,410
昭和63年	486,540	収入金額×70%	486,540	219,660
平成元年	収入金額×65%	収入金額×76%	収入金額×65%	279,270
平成2年	収入金額×70%	収入金額×78%	収入金額×70%	286,700
平成3年	収入金額×70%	収入金額×81%	収入金額×70%	収入金額×86%
平成4年	収入金額×70%	収入金額×62%	収入金額×70%	収入金額×63%
平成5年	収入金額×69%	収入金額×71%	収入金額×69%	収入金額×45%
平成6年	収入金額×70%	収入金額×68%	収入金額×70%	収入金額×65%
平成7年	収入金額×70%	収入金額×70%	収入金額×70%	収入金額×67%
平成8年	収入金額×69%	収入金額×73%	収入金額×69%	収入金額×68%
平成9年	収入金額×68%	収入金額×72%	収入金額×68%	収入金額×52%
	熊本東税務署と熊本西税務署が合同で一冊の農業所得標準を作成するようになる			
平成10年	収入金額×71%	収入金額×65%	東西同一に	収入金額×81%
平成11年	収入金額×69%	N/A	東西同一に	収入金額×69%
平成12年	N/A	N/A	N/A	みかん樹樹齢必要経費算定割合
平成13年	N/A	N/A	N/A	みかん樹樹齢必要経費算定割合
平成14年	N/A	N/A	N/A	みかん樹樹齢必要経費算定割合

出所：巻末の参考資料に掲げた農業所得標準表から，筆者が作成。

第Ⅲ部

農業税務簿記に関する
ヒアリング調査

第9章

全国農業経営コンサルタント協会前会長・西田尚史税理士へのヒアリング調査（第1回）

　本書第Ⅲ部は，第Ⅱ部同様，農業簿記第1の流れである農業税務簿記を対象とするものである。第Ⅱ部では，農業税務簿記についての研究を，仕訳，会計計算構造，記帳・記録等の面から行ったのに対し，第Ⅲ部では，農業税務簿記に関するヒアリング調査を，そのまま会話形式で全文示すことにする。なお，会話の流れを重視するため，これまでの文中の筆者注を，括弧のみの表示とする。

　既述のとおり，本書は，ヒアリング調査を重用・多用している。その理由は，序章にも記したように，これまでの農業簿記の研究では，現場における実態・事実の集積がおろそかにされてきたきらいがあるため，まずは，農業簿記を実務的・実際上，使用・適用している実務家の生の声を聴く必要があったからである。なお，農業税務簿記以外の，つまり農業統計調査簿記および農協簿記に関するヒアリング調査については，紙幅の関係もあり本書には掲載していないが，調査時に語られた言葉全てを，神奈川大学経済学会が発行する紀要『商経論叢』に「研究ノート」として掲載している。本書第Ⅲ部では，日本において展開されてきた農業簿記のうちでも最主流の，農業税務簿記に関するヒアリング調査を，当該簿記についての実態・事実として示すことにする。

　まずは，農業所得の申告業務に長年従事されてきた，熊本市在住の西田尚史税理士に対し行ったヒアリング調査から記す。なお，西田氏をヒアリング調査の対象としたのは，同氏が，ヒアリング調査時に，全国農業経営コンサルタント協会の代表であったことも大きな要因の1つであった。すでに本書において記したように，当該団体は，2014年に新設された農業簿記検定（2級および3

級）用の教科書・問題集，特に本書で取り上げた『農業簿記検定教科書3級』の執筆を主導した団体である。その団体の代表に対するヒアリング調査は，未だ黎明期である農業簿記の検定制度についての，言ってみれば貴重なオーラルヒストリーの集積であるとも言えよう。そして何より，農業税務簿記の第一線にながく立ってきた西田氏の生の声を聞くことにより，これまで表に出ることがほとんどなかった，つまり文献研究のみの調査からは決して知ることのできなかった，農業税務簿記が有してきた驚くべき一面が，はじめて確認されることとなったのである。

本ヒアリング調査は，2014年3月3日，熊本市小峰にある，西田氏が所長を務める未来税務会計事務所の2階応接室において行われたものである。以下，そのもようを，実際の会話のまま全文掲載する。

【戸田】お忙しい中，時間をさいていただきありがとうございます。それでは，今から農業簿記検定3級の教科書を中心に，いろいろとお聞かせいただきたいと思います。

【西田】だいぶ質問があるようですね。訂正しないとならんところがだいぶあると思います。3人で編集しているものですから。

【戸田】基本的には，どなたが教科書3級の担当なのでしょうか。

【西田】森剛一先生という方が監修です。

【戸田】監修という形なんですね。

【西田】プレテストの3級の問題集作りは私と宮田先生と松田先生ですけど。役割分担をしてですね。3級と2級の教科書の作成は，私，宮田吉弘，三谷美重子，松田孝志，安形京子，加瀬昇一，田口康生，渡辺基成，秋葉芳秀，安達長俊，木山雅人，西山由美子です。

【戸田】ありがとうございます。ではまず，簡単なところからおうかがいしようと思います。
　例えば，減価償却の対象が「取得価格」というふうになっていますけど，付随費用も入れて「取得原価」というのが減価償却の対象というふうに，私なんかだと教えていたんですが。これはこれでよろしいんですか。

【西田】取得価格でいいと思います。費用を含めて取得価格とは言いますね。

【戸田】そうですか。

【西田】先生のおっしゃるのは，取得原価というふうにしたいということですか。

【戸田】いえ。したいというよりも，何かそういうふうにずっと教えていたもので。

【西田】ちょっと待ってください。今，税法便覧を持ってきます。税法上は取得価格なんですよね。ここ（税法便覧）に書いてあります。

【戸田】ありますね。税法上の規定なんですね，これは。

【西田】私たちは，全てを税法上でやっていきますからね。

【戸田】はい。わかりました。こういうふうになってるんですね。

【西田】よろしいですか。

【戸田】多分，そういう違いなのかなと思っていました。次もちょっと簡単なんですけども，教科書3級では，見越繰延項目を見ると，例えば前払保険料とかではなくて，すべて前払費用というような，いわゆる統制勘定で説明されてます。これに対して，例えば簿記の初学者なんかに私たちが教える時は，前払費用という繰延項目は説明しますが，仕訳を切る時は，前払保険料などという個別勘定を使うと思います。商業簿記3級とかだと大体個別勘定を使っていると思います。農業簿記3級では全部まとめて，未収，未払，前払，前受というふうに，集合あるいは統制勘定を使われていますよね。

【西田】農業簿記検定では，一応こういう，最終的に勘定科目を統一したんですね。とにかく会計指針というのをつくって，こういうふうにしようということで，前払利息とかは一緒に合わせて前払費用というように，勘定科目を先に設定したんですね。

【戸田】もしかして青色申告決算書のところで，そういう科目でしなさいという指示があるんですかね。これは違いますかね。

【西田】青色申告決算書でしょう。

【戸田】ええ。

【西田】前払費用というのはもちろん，前払金なんかも青色申告決算書に記入項目があるんですよ。

【戸田】青色申告決算書に合わす形で，細かいことを書くのではなくて，前払費用なんかに統一しましょうという形で勘定科目になっているわけですね。わかりました。

【西田】ちょっと待ってくださいね。これ先生，よかったらおあげします。実際，今，確定申告している青色申告書なんです。例えば棚卸資産がありますでしょう。棚卸資産だけど，本当は製造原価でいけば，仕掛品とか，半製品とか，商品とか本当はいろいろあるわけですよね。でも，これはあくまで青色申告書ですから，まとめて書きなさいと。

　電子申告はもっと悪いんです。科目がわからんとめちゃくちゃ出てくる時があって，グループでぽいぽいと処理するから，非常にわかりにくいところがあります。青色申告には，農業は農業でまた別の青色申告があります。どうぞ，

これもさしあげます。

【戸田】ありがとうございます。それから，これは農業簿記では常識なんでしょうけど，誰かに農産物をあげたという場合の処理が，答えとしては資本金減少と水稲売上高という形が答えだということになっています。それはなぜかと言うと，青色申告決算書において，まず事業主貸と家事消費高の仕訳処理がされる。この事業主貸というのは，資本を減少させるものであり，家事消費高というのは農業収入，つまり収益のようなものである。だから（借）資本金××／（貸）水稲売上高××という処理が正しいということになっていますね。私がなぜこれをお聞きしたかというと，最初この仕訳を見たとき，えっ？と思ったからです。

【西田】資本金じゃないと思いますけどね。所得税青色申告書の取扱いは，事業主貸勘定なんです。

【戸田】多分，これはもともと青色申告決算書だから，直接じゃないかもしれないけど，それに沿うような形で答えはこうだというふうになっているのではないでしょうか。ただし資本の減少と収益の発生という，おそらく普通の組み合わせとしてはなかなかあり得ないものになってるんじゃないでしょうか。

【西田】この場合，どういうことかと言うと，資本金というのと事業主貸というのは同じことなんです。事業主貸は，期首でもいいんですけど，期末の時は必ず振り替えるんですね。振り替えて，差額が元入金のほうに来るんです。で，必ず振り替える，事業主借から。つまり，青色申告の場合は資本金という勘定はないんですけど，元入金ですからね。元入金は，会社の資本金とは違って，その金額が自由に動くわけですね。特に個人の場合は。法人は動きません。そういう意味で，ここで書いているのは資本金でしょうけど，所得税法の取扱いは，事業主との債権は，事業主貸としてこういうふうにやりますよということなんです。

【戸田】多分，これが所得税法の青色申告決算書に書くときの正しいやり方だから，こういう形で解答ということなんでしょうけど。

【西田】自家消費用とした時はですね。

【戸田】誰かにあげたという場合は，資産の減少と損失の発生みたいなのが普通かなというか。農業簿記3級の場合，資本減少と収益発生という組み合わせになっていますけど，やっぱりちょっと違和感があって。

【西田】本来なら，誰かにあげたのであれば，この仕訳は交際費の発生と水稲売上の発生なのかもしれません。

【戸田】なるほど。

【西田】それが正しい。ただ，自分で使ったときの場合はやはり，自分の資本金が減ると考えます。そうすると，家事消費とは正味財産減少となるから，事業主

貸というのも元入金からマイナスなんです。ただしこの問題は贈答品ですからね。贈答品でしたら，本来は交際費ですよ。交際費で仕訳を切ると利益になりませんよね。でも，水稲売上高はこのままでいいんです。これは贈答品じゃなくて，自分で使ったと。自分で消費したとしたら，自分の家事消費ですから，こういう仕訳をするんですよね。

　消費の仕方には，事業消費と家事消費の２つがあります。事業消費というのは，今言ったように相手に贈答品でやったような場合なんです。家事消費というのは，自分が食べるため，例えば自分がサツマイモとか野菜を食べるような場合です。

【戸田】そうしたら，親戚の吉田さんにあげるということは，自分で食べたんじゃなくてあげたんだから，ここは正確に言うと事業消費なんですよね。

【西田】私はそうすべきだと思います。これは家事消費じゃない。

【戸田】そうですね。

【西田】ただ，事業消費も家事消費も，青色申告書は同じ欄への記入なんです。この欄には，金額は少しでも必ず計上します。

【戸田】これ本当に，こんな処理をする農家さんってあるんですか。

【西田】処理します。これはやらないと，税務署からいろいろと言われます。実際に食べますからね。それで，これから先生にお見せしますが，大体の標準があるんですよ。本来は標準というのはないことになってるんですけど，標準をつくっておかないと大変でしょう。

【戸田】そうすると，１つ１つ記録をつけるのが難しい時は，大体その標準というのを見るわけですね。

【西田】そういうことなんですよ。標準がないとわかりっこないんですよね。これ，さしあげます。

【戸田】ありがとうございます。

【西田】これは熊本版です。

【戸田】各県で違うんですか。

【西田】各県で違います。国税局で違うんですよ。これは正式には公表はされてないけど，これでやれということですね。わかりにくいから。

【戸田】確かにここに，１人当たりの自家消費の標準額がありますね。

【西田】はい。自家消費は１人当たり12,500円で計上しろということです。１年間にですね。保有米は玄米60キロを単位とします。

【戸田】これは資料として，論文で出してもいいものでしょうか。

【西田】僕はわかりません，それは。いずれにせよ，これは国税局が出しています。これは24年の所得税の分。さらに25年の分もあるんですよ。

【戸田】毎年，各県でこういうものがあるんですか。

【西田】あるんです。これには，農産物だけじゃなく，牛とか馬の標準価格も載っています。ただし，各年で価格が違っているのがわかるでしょう。

【戸田】これらの標準価格はどうやって決まるのですか。

【西田】JAと国税局が話し合いをしながら決めているんです。要は，こういうのがないことに表向きはなっているけど，それじゃあ仕事ができませんでしょう。それで標準というものが必要なんですね。青色申告会なんかある場合，統一しておかないといけないところもありますよね。昔はもっと細かい規定があったんですよ。反別課税とか。

【戸田】ええ。そういうのが全国農業経営コンサルタント協議会の頃に出された本の中で書かれてますよね。私，初めて知りました。昔は反別課税というのがあって，反別課税があると会計が入っていく余地がないんだと。とにかくそうですよね。払う税金がもう決まってるわけですし。しかも面白かったのは，記録をとってしまって，標準収穫量よりたくさんとっちゃったら，もっとたくさんの税金払わなきゃならなくて，そんなこと誰がするんでしょうかという。そんな世界があったのかと驚きました。

【西田】これは毎年1月頃に話し合いをするんです。本来なら国税局から出るものでしょうけど，今，国税局はこういうのは出さないんです。だからJAの名前で出しているんです。でも，これで実務はやっていくんです。

【戸田】でも，これは勝手につくっているわけじゃなくて，もちろん国税とJAがきちんと打ち合わせをして作成しているんですね。

【西田】打ち合わせしてやってる。それでこの前，千葉のある税理士先生から電話あったんですけど，西田先生，棚卸はどうやってやってるのって私に聞くんです。その人の言うには，農業所得の申告は初めてで，標準表のようなものが今は原則としてないと言われてるから，どうしようかと。それで，熊本じゃあ，こうやってあるよと。だから，もう少しJAなり国税局なりで聞いてごらんって言ったんです。

【戸田】でも，各地の国税局にとっては，標準をしっかり把握している税理士さんがいてもらったほうがいいですよね。ばらばらに申告書をつくってこられるよりも，基本的には標準表に基づく方が好ましいでしょうね。

【西田】標準表に基づかないと駄目なんです。でも，標準は毎年変わるんですよ。

【戸田】違ってきてるんですね。はい。ありがとうございます。改めて，別な質問をしたいと思います。お聞きしたい点は，期首および期末の農産物棚卸高についてです。一番最初に出てくる期首および期末農産物の棚卸高というのは，教科書の59ページに勘定科目が出てくるんですけど，この段階では，詳しい説明

は特にしないと。第7章で説明するからということで，第7章に飛びます。

【西田】59ページから？

【戸田】59ページから84ページに飛びます。ここで説明しますという構造になっているんですね。そして84ページでは，期首の農産物勘定がなぜ貸方にあるかというと，最初に残っている農産物はもうないからと説明されます。で，期末で確定した農産物があるからということで，それでもう一行の仕訳において，期末の農産物が借方に来るんだなということはわかるんですけど。ところが最後まで，期首農産物棚卸高および期末農産物棚卸高というのは何なのかという説明は，実は行われていないんですね。

でも，85ページの農業所得用の青色申告書の書き方を見ると，期首農産物棚卸高は収益の減少であるというのが，こちらの表によってわかる構造になっているんです。これを見ると，期首に残っている農産物棚卸高というのは，農業所得としての収入金額から最終的には引くんだと。本文では説明されてないんですけど，青色申告決算書（農業所得用）を見て，期首農産物棚卸高の勘定の性格は，収益のマイナスと理解してよろしいんですか。

【西田】期首でしたらね。うーん，やっぱりもう少し収穫基準というのを説明しないといかんかったと思います。収穫基準というのは，例えば米を対象とした基準です。米とかカライモとか，そういうのは1年に1回収穫するんです。そうすると，収穫したら，集荷した時に，集荷した価格で計上しなさいと。これは，所得税法の収穫基準で決まっとるんです。

玄米だったら，単位当たり16,700円で計上しなさいと。もう決めてあります。収穫基準ですので，ここで収益が計上されますね。だけど本当に売れたわけじゃないんです。だから所得では，その年その年に収穫があったものを収入に上げて，去年の収穫は収入から引くんです。

農産物は棚卸がありますでしょう。例えば米が10俵残っておったとしますよね。1俵が15,000円だったら，15万円ばかり残りますよと。これは期末のときは，その年で言うと残っておったんだから，この分は収入に上げますよとなるんですよ，期末は。その代わり，期首は引きますとなっているんです。去年収穫した期首の分はもう売れましたでしょう，販売して売れたでしょうと。だから期首は引くんですよね。これを収穫基準と言うんです。だから，なぜ期首農産物が収益マイナスとなるかというと，収穫基準に合わせただけなんですね。

【戸田】そうですね。85ページの説明はそうなってますよね。

【西田】収穫基準というのはわかりやすいようだけど，棚卸があって残っておったら，実は税金の先払いになるんです。まだ売れてないから。でも，期首の農産物を引くんだったら一緒じゃないかという考えでしょうけど，収穫基準という

のはそういうのがある。この収穫基準というのを，もうちょっと説明をする必要があったでしょうね。

【戸田】農産物棚卸高勘定の説明は，とても難しいと思います。特に，初めて農業簿記を勉強する人には。期首・期末の農産物棚卸高というのはどうも損益計算書の勘定のようだから，収益か費用のうちのどっちかなんだろうということまではわかるんですけど。本文では結局最後まで説明せずに，農業所得用の青色申告書の記入例を見て理解してくださいねという構造になっているんですが。これは相当，難しいというか。

【西田】だから農業簿記，プレテストをやったんですが，受からん人がおるんですよ。

【戸田】これは結局，暗記しないと。商業簿記3級で「仕入／繰越商品」，「繰越商品／仕入」というのがあって，なぜこんな仕訳になるんですかというときに，売上原価の算定の説明をしますよね。農業簿記でも同様に，何か別枠で収穫基準の説明をする必要があるんじゃないでしょうか。

【西田】これが1番難しいところではあるんです。農業簿記の中で，収穫基準というのが1番ポイントになるところではあるんです。だから，収穫基準というのを一言書かにゃいかんですね。

【戸田】書いてはあるんです。場所としては，教科書40ページに一応。そこでは，所得税の所得計算においては，米・麦などの農作物に限って，これらのものが収穫された年の収益に計上することを，収穫基準と言いますと。これはいいんですか，この説明で。

【西田】いいんです。米・麦とか，1年間にとれたものに限って収穫基準は適用されます。

【戸田】これは，例えば米なんかのように，農協の前渡金みたいな制度がある中で，ある程度金額が決まっているからできるということなんですか。

【西田】それとは違って，実際にある人がなんぼ収穫できたとするじゃないですか。これをもって売上にあげておかないと，その年その年の収入がわからないということになりますよね。例えば，仮に売上をいくらかあげておくとしますよね。カライモでもそうですけど，あげるんですよ。でも，これを実際に売れたときにあげたら，期間のずれがありわかりにくいですよね。だから，収穫されたときに限って，その分に限っては収穫をしたときに，まず集荷したものを収益にあげて，売れたときは，前にあげておったものを引きましょうという考え方をします。

【戸田】それはJAとの取引だと，まずはつくった農作物をとにかくJAに持って行って，やがていろいろな手数料とかを引いた金額が，最後入金されるために，出

荷と入金が大きくずれることを前提にしているのでしょうか。しかもJAに持って行くときに，集荷してくれるときの標準価格なんかが示されていれば，計算上は可能だからと，そういうこともあるんでしょうか。

【西田】それもあると思います。昔は米は買取制ですからね。そういうのが昭和56年ごろまで続きました。だから農家の人は，帳簿つける必要も何もないわけ。そうすると，政府としては，なんぼ収穫があったからあなたの所得はいくらだというふうに，収穫をもとに決めるわけですね。特に，米，麦，大豆とかそういう穀物類ですね。そういうふうになっていたんです。なぜ収穫基準を使ってきたかというところを，もう少し説明する必要があると思います。

【戸田】収穫基準と聞いた場合に，私なんかみたいに農業を全く知らない人間はどうとらえるかというと，単価の測定において，国が買上価格を決めているような場合は，刈り取った段階でいくらで買い取ってくれるとわかるから，販売してお金をもらった時点じゃなくて，収穫したその時点で収益を計算するというのが収穫基準だと思っていました。

　ただし，ここで言う収穫基準というのは，もっといろんなことを含んでいますよね。特に米のように，昔は政府の買取制度があり，現在でもJAとの特殊な取引がある農産物を主な対象としているわけですね，この収穫基準というのは。

【西田】そういうこと。そこのところを，もう少し書かにゃいかんということですね。

【戸田】収穫基準の根本的な定義って，所得税法の中にあるんですか。

【西田】41条です。今，税法便覧をお見せします。

【戸田】なるほど，41条の文章が，そのまま教科書3級にも載っていますね。結局，農業簿記の難しさの根幹は，この収穫基準にあるんじゃないでしょうか。

【西田】ただ，すべてに適用されるわけじゃないんですね。収穫基準が。

【戸田】米，麦とかに限定されるんですよね。

【西田】限定されているんですよ。それは何で限定されているかというと，昔は結局，帳簿をみんなつければいいけど，つけられないから，やっぱりとれ高によってあなたの所得を決めましょうという考えですよね。基本的に。あなたのとれ高はこれこれだから，これでやってあなたの所得にしなさいというふうにもっていくんです。特に米については。

【戸田】そのほうが，あなたは何反持っているからというよりも合理的だったんですね。たくさんとれたんだから，それはまだお金はもらってないかもしれないけど，今年はちゃんととれたんだったら税金も負担できますよねという。

【西田】子供が多いところとか，家族がいたら，売上には結びつかないですよね。売らないで食べてしまう場合もあるでしょう。そうすると，それは現金をもらっ

てないから，所得は少ないよというと，それもおかしいですよね。とれたもの，収穫したものを所得と見なして，そして課税するよと。しかし，それじゃあ正しい課税にならないから，最終的には売れた時の金額が所得になるようにするんです。収穫基準で調整して。

　標準表で見ると，米の単位当たりの価格は，平成24年は一応16,700円だったけど，25年は14,700円，2,000円下がってますよね。だから，棚卸であげたときは16,700円だったかもしれないけど，売れたときは14,700円，2,000円下がってるでしょと。もう一度調整するから所得の金額は間違いないでしょうという，そういう考え方をするんですね。

【戸田】つまり，この期首農産物の棚卸高を引くというのは，ものすごく大事なことなんですね。

【西田】なぜ収穫基準をやらにゃいかんか，これが農業，特に米，麦，大豆の歴史ですよね。

【戸田】米，麦のようにある種，貯蔵が利くもので，金額がある程度確定しているということが前提で，収穫基準があり得るということですか。

【西田】そう。昔はそういうふうに考えると，これは日本の政府の考え方の，すべて農業に関するところの基本があるんですけど，米，麦，大豆が主力で，ほとんど補助金関係は米，麦，大豆なんです。これがもう日本の農業の基本で，特に日本は米が主なんです。米の戸別所得補償，米の直接払制度，すべて米が主になっているんです。

【戸田】日本の農家は，およそ7割が米づくりを行っていると言われています。そうすると，米を主たる対象とした収穫基準や収穫基準を核とする農業簿記は，現実とは合っていることになりますね。ただし，同じ農業簿記という形を取っていますけど，牛や豚の計算の仕方と米の計算の仕方とは違うんですよね。例えば，牛の例なんかがわかりやすくて，要はどんどんと費用が原価として貯蔵されていき，それが販売された時に売上原価になるというのは，通常の簿記会計を勉強している人間にとってはわかりやすいと言うか。

　農業簿記3級の難しさは，米を主な対象とする収穫基準というのはそういう考え方をとらないことにあるように思います。

【西田】だから，これを変える必要があるんです。つまり，本来は農業簿記に収穫基準を入れるべきじゃないという，会計学的にはそう考えていいんですよ。というのは，収穫基準はもともとは所得税法上のものでしょう。ところで，法人税にはそういう規定はないんです。だから，我々は法人税の中にも収穫基準を入れてくれんかと言ってるんですけど，課税庁としては農業に関する法人という感覚がまだなかったわけですね。農業法人なんていうのは，例えばミカン農

家から出たんですけど，そういう考えがなくて，こんなに発展するとは思ってないから。

　だけど，会計だけで原価計算とかそういうものだけ考えたら，収穫基準はおかしなところがあります。逆に，法人税法上は入れないとおかしいということを，今，農業法人の調査なんかに課税当局が来たときに言うんです。

【戸田】聞いてくれるんですか。

【西田】いやいや。それを聞いたら先生，お金にならんじゃないですか。お金にならないというのは，田んぼに植え付けていくと，本来は収穫してこそじゃないですか。これが僕の論する，収穫してこそ初めて金になるというんです。田んぼにどれだけ植えとっても，例えばカライモでも菊でも何でもそうですね。収穫しなかったら，お金にならんからわからないじゃないかと。そうすると法人税はそうなっていないから，ここで原価計算やってくださいと。そうすると，大体田んぼが同じだったら，去年の率で原価がかかったものを100分の何で割ったって棚卸じゃないかという，こういう考えをせざるを得ないのです。

　それでも収穫基準には，やっぱり違和感があったと思いますけど，それは先生，大事なことなんです。

【戸田】私は違和感というよりも，つい研究者の立場から，ここに何か面白い点があるのではないかと思ってしまいました。

【西田】やっぱり，農業簿記なんだから，あまり所得税とか，税法に偏り過ぎてもおかしいでしょう。会計は会計でやらにゃいかんのじゃないかと，我々のグループの中でも話し合ったんです。でも，いくら会計でも，ここのところは農業特有の会計処理だから，収穫基準が合うし，それを入れなかったら，私から言うと未成の分に課税されることになるよと。とれてないやつに対して税金を課されたら，それは農家としても，ちょっといかんのじゃないかと。会計は，税金を課税するための1つの道具にもなっているわけだから。

　どちらかというと私たちも実務家だから，所得税法中心に農業簿記検定3級の教科書を書いているところがあるんです。

【戸田】個人的には，まさに言われたとおり，所得税法上の青色申告書を書くことに引っ張られ過ぎてるかなというふうに思っていました。

【西田】それはあると思います。

【戸田】先ほどから話をうかがっていますと，収穫基準というのは，所得税法がそう規定しているからだけではないことがわかってきました。収穫基準については，さらに個人的に研究を進めたいと思っています。ここで別なこともお聞きしたいと思います。まず，純額法と総額法という言い方は，農業簿記の実務の中では普通にされるのでしょうか。教科書59ページから61ページにかけて，総

額法と純額法の説明が出てきます。

そこでは，総額法というのは，要は1個1個の科目を使わずに，期末仕掛品棚卸高みたいな勘定を使ってやっていきますよという説明がされています。

普通，総額と純額とはグロスなのかネットなのかということで使い分けていると思いますが，ここはちょっと独特な使い方というんでしょうか。純額というのは，ここでいうと，個別の費用の振り替えをしているということで，総額というのは，期末仕掛品棚卸高という単一勘定を使うという説明になっていますけれど，ぱっと頭に入ってこない言い回しというんですかね。

【西田】お答えします。法人税とか所得税は，基本的には総額主義なんです。総額であげなさいと。総額であげるというのは，費用とか収益を相殺してはならない，必ず両方あげなさいということがあって，これが総額主義の原則なんです。それが税法ではあるんです。この青色申告書の農業用もそうですね。かかった費用を期末仕掛品として期末で引きましょうと，こういうやり方ですね。もともと，総額主義でやれという規定が税法にあるんですよ。期末になると，私たち実務家はこのように処理します。そうすると，経費については，期末だけ拾えばいいんですよ。だから，われわれ実務家は総額法を使います。純額法はあまり使わないと思いますが。

【戸田】普通でしたら，もちろん純額法のほうがわかりやすいと思います。決算日までにいろいろと費用がかかったけど，まだ収穫されていないから，収穫基準の考え方で，今期の費用にしませんと。資産勘定として仕掛品に振り替えておきますよという説明のほうが，わかりやすいですね。

ところが，所得税法上の総額法でも説明しなきゃいけないので，実はもう1つの方法があって，しかもこっちのほうが本来は基本ですという難しい説明になっている。特に，農産物の期末仕掛品の性格を説明するのが難しくなっているのでは。ここでは費用の減少として説明されていますが。

【西田】製造原価の中の全部の資源の中から，製造の原価を減少させる性質が，期末仕掛品なわけです。

【戸田】でも，簿記の初学者にはやはり難しいと思います。例えば費用を減少させるというのって，取り消しみたいなのは商業簿記でもありますけど，いわゆる経費の節減を仕訳しなさいと言ったら，できませんよね。ところが，総額法で説明しようと思うと，さっきもそうですけど，収益の減少とか費用の減少という，発生項目のマイナスという説明をどうしてもせざるを得なくなっているんじゃないでしょうか。

この説明は，特に簿記の初学者には難しいのでは。農業簿記3級は，とにかく入口ですから，まずたくさんの人に農業簿記って面白いねと思われることが

大事なような気がします。

例えばですけど，下の級では純額法だけを教える。収穫していない場合，その期にかかった費用は仕掛品として次期に繰り越される。そして，もう1級上がったところで，この純額法のやり方はわかりやすいかもしれませんけど，所得税法では実はあまり使いませんと。

こういった形で，一遍流れを理解した上で，改めて総額法を教えるというのはどうでしょうか。あるいは，例えばもう1つのやり方として，種苗代を払った時には，ただ種苗代だけじゃなくて，現金の出と種苗費という複式処理にしますよと。でも，種苗費は収穫していなければ，実はその期の費用にはならなくて，仕掛品のところに振り替えられますよというぐらいのレベルに止めておく。でも農業簿記を本当に税務申告に使おうと思ったら，実はこれではできません。では，どうするんでしょうと，段階を上げていって農業簿記を教授するのも，1つの手なのかなと。

【西田】 3級だけで勉強しようとしたら，ちょっと理解しにくいところがあるかもしれないですね。

【戸田】 あと，所得税法の処理法を何としても複式処理でやろうとするので，難しくなっているような気がします。青色申告書の記入例を無理に会計的に説明しようとするため，さっきのように費用の減少とか言わなきゃいけなくなるというんですかね。

農業簿記は農業簿記で，そこから導出された数字を，別の，農業所得用の青色申告決算書用に組み換えるというか，別枠で教えたり，両者の連携について上の段階で教えたりと，いろいろなプランもあり得るかなという感じもするんですよね。

現在の農業簿記3級は農業所得青色申告書をゴールにして，全部複式による説明に落とさないといけないので，多分これを書かれた方もものすごい苦労をされたと思うんですけど。複式簿記は，B/SやP/Lをつくるという面においては合理的にできていますけど，申告書を作るためにあったわけじゃないので。だからでしょうか，ものすごく難しい説明を，この3級からやらざるを得なくなっていると思います。多分，つくられた方も大変だったと思いますけど，受験する人間も意外と大変かもしれないなというふうに，ちょっと感じたということです。

【西田】 私たちは毎日日常的にやっているから，全然違和感というか，ないからいかんですね。そこが私たち実務家の悲しいところですね。先生とお話をして，なるほどなと思うところがあります。

【戸田】 いえ。私もなぜそうなってるのかというのは，実はこういう考えがあって

というのを，西田先生にいろいろとお聞きして初めて知ったんですけど。

それと，やはり収穫基準ですね。農業簿記実務の真の理解へのポイントが。途中で少しだけ説明されていますけど，もっと主軸として説明されてもいいのかもしれませんね。3級の教科書をつくるときに。

【西田】それをしたかったんです。私は収穫基準を延々と書きたかったんですけど，ページ数が決まっておってね。僕の担当は第1章から第2章だけですからね。最初の特徴だけを俺にやらせてくれと。あとはもうみんなに任せて，7，8人でやりましたからね。

【戸田】私なんかも逆に，執筆された先生方から批判の対象になると思うのは，正直に言えば，農業および農業に関する税や会計の処理の現場・現実は全く知らないですから。でも，だからこそ，直接そういった現場にたずさわってこられた西田先生のような方にヒアリング調査という形でいろいろとお聞きする機会をいただくのは，本当に貴重なことなんです。さらに質問してもよろしいでしょうか。

【西田】はい。

【戸田】期末仕掛品棚卸高のところなんですが。何ページかな，84ページからでしょうか。ここなんですけど，私は最初に読んだ時に，えっ？ていう違和感がいくつかありました。その1つが，単価の計算は収穫時の販売価額となっている点です。通常は期末時点というふうに考えると思うので。この収穫時の販売価額，これは期末時点における評価額ではなくて，収穫した時の市場価格ですよね。それじゃないとまずいというのは，実務上の理由があるのですか。

【西田】収穫時の販売価額というのは，例えば米なんかを収穫する時は玄米ですよね。玄米は精米して売らなきゃいかんわけですね。そうすると，ここの収穫時の販売というのは，要はこういうのを売ろうとするときの価格ですね。大体1俵いくらぐらいだろうというのが出てくるんですね。その時の価格が，収穫時の販売価額ということになります。

【戸田】ということは，大体どれぐらいで売れそうなのかということを，収穫した時点で把握した金額ということですか。

【西田】目安があるということです。

【戸田】目安があるんですか。

【西田】あります。米でも，菊池米とか何かだったらいくらとか，新潟の米だったら，それは2万も3万もしますよ。だけど，八代の米だったら少し安くなりますね。なぜかと言うと，海岸端ですので。そうすると，こちらの熊本のおいしい菊池米だったら高いけど，他の場所の米だったら安いとか。やっぱり地域によって違うんです。収穫をするときの大体の相場があるんですよね。収穫時の

販売価額というのは，収穫したときに大体いくらぐらいで売れとるなというような，言葉で書くと難しいでしょうけどね，そういうときの価格です。

【戸田】なるほど，ただ教科書の文言だけ読むと，未販売農産物の棚卸価格の計算は，期末に残っている作物の実際の数をまず数えるわけですね。ただその数にかけるのは，期末の時価ではなくて，もうちょっと前の収穫のときのものをかけましょうということになってますよね。なので，数えている時点と，評価の時点はずれていますよね。

　例えば『農業新聞』とかを見ると，今日の農産物の時価が出てますよね。そうすると，期末に倉庫に残っている農産物なんかだと，どれぐらい残っているかが確認できたなら，期末時点の新聞に載っている価格をかけたほうが，全体でいくら残っているかというのがわかるような気がするんですけど。

【西田】なるほど，一般の人は，先生がおっしゃったように，わかりにくいところがあるんでしょうね。ただ，実際には，農産物は集荷されるときに，その農産物が通常しとる価格で買い取られますから，問題はないんじゃないかと。

【戸田】それで少しわかりました。例えばJAが米を集荷する際，概算金を農家に前渡しするようですが，そういった金額も「収穫時の販売価額」と見なされる可能性があるわけですね。

　それともう1つ違和感があったのは，「期首評価」という表現なんです。先ほどの純額法の説明のところに出てきます。教科書60ページにこの言葉があるんですけど。評価というのは，基本的には期末にやるんだというふうにずっと思ってきたので，文字面だけ見ると何を意味しているのかわからなくて。教科書を見ると，12月31日という期末に，前年度に作付けし，当年度収穫した秋まき小麦の期首評価をするということですね。「期首評価」という言い方を今まで見たことがなかったのですが，文言だけで見ると，期末に期首の金額を評価し直すということですか。

【西田】これ期首評価じゃなくて，期首棚卸ですよ。最初から期首棚卸高としておけば，わかったかもしれませんね。ただ，期首評価じゃないですね。文章的には，前期の期末棚卸額の内訳は何々であったと書かにゃいかんですね。

【戸田】期首評価という言葉に違和感があったのは，要するに期末になったら，1年前の費用なんてわかるわけがないんだけど，一応それを評価しましょうという，ある意味いい加減なことをやるのかと思ったからです。そしてもしそんなことができるんだったら，前の記録とつながらないわけで，いくらでも好きな数字が出せちゃうということになってしまうかもしれないなと思ったので。わかりました。

【西田】でも先生，実は実務では，同じ面積の作付けだったら，期末棚卸の処理は

しなくていいというのが所得税法にあるんです。同じ面積で，これに小麦を作付けするとするでしょう。5ヘクタールつくっていたと。今年も5ヘクタールだった，来年も5ヘクタールだったときは，こういう期末の仕掛品棚卸高の仕訳はせんでいいよと。なぜかって同じでしょと。だから，棚卸自体を省略してもよろしいという規定があるんです。所得税法の中には。同じことだからですね。

【戸田】 もしそうならば，逆にこんな難しい仕訳処理を見せなくてもいいんじゃないですか。

【西田】 そこが先生，会計学でいくのか，所得税法でいくのかで（違ってくる）。

【戸田】 会計学でやろうとすると，やっぱり。

【西田】 そうです。たとえ所得税法ではあげなくていいと書いておっても，それは農業簿記3級には関係ないという意見もあるんですね。

【戸田】 農業簿記3級を編む際も，会計理論を中心にすえるのか，所得税法を中心にすえるのか，ご苦労があったわけですね。お聞かせいただき，ありがとうございます。もう1つ質問させてもらいます。按分についてです。秋まき小麦の場合，もし期末までに一部収穫されたら，育成にかかった費用は按分計算するんですか。

【西田】 そういうのはあり得ないですね。小麦ができて，収穫するのって，一時にぱっと収穫しないと終わらないから。米なんかも同じ。

【戸田】 そうか。収穫は，少しずつやる収穫なんていうのはなくて，1回でざっとやるから。私，未収穫農産物の期末棚卸処理を見た時に，じゃあ途中で一部収穫した場合どうするのかなと思いましたけど，そういうのは基本的にはないわけですね。

【西田】 はい。

【戸田】 按分なんていうことは，そもそも現実にあり得ないということですね。

【西田】 花卉は違うんですよ。花卉というのは，胡蝶蘭なんかがあるでしょ。胡蝶蘭なんかは収穫するまで3年ぐらいあるから，それはちゃんと3年間してから振り替えていくとか，いろいろあるんです。胡蝶蘭1つとっても，例えばバンコクから種を持って来て，芽を出したらフラスコの特別な栽培をしてと，そういうリレーがあるんですよ。そうしたらそれが大体，出来上がって花になるまで3年ぐらいかかると。

【戸田】 実態を把握しておかないとならないんですね。

【西田】 だから，さっきお見せした標準表が絶対必要になるんです。例えばお茶の場合，4年目でやっとものになるんですよと。ミカンは10年かかるんです。「桃栗3年，柿8年」っていう言葉にも意味があるんです。

【戸田】 なるほど。こういう標準表というのは，現実をJAの人と国税の人たちがか

なりしっかりわかっていて，先生のようなプロが見たときに，きっちりやっているとお感じになられるんですね。

【西田】はい。やっています。それはやっぱり，細かいところまで見ています。

【戸田】話は全然違いますが，米国の会計基準は，Generally Accepted Accounting Principles（GAAP）と言うんですけど，これは「一般に認められた会計原則」と訳されます。GAAPは，米国各地の実際の実務の中から，まあこれは妥当だろうというものを集めたものだと言えます。この実際の実務情報を集めることを担ったのが，米国の会計士でした。ですから，米国の会計士って，それなりに現実を知っていると言われています。

　日本は，会計士の人は本当に細かい実務情報を知ってるかというと，あまりそういう情報が会計士協会に集まっていないようです。どこに集中しているかというと，国税局に行ってみなと，よく言われるんですよね。国税の人たち，特に地方に多数散ってる国税専門官の人たちが，例えばこういうものすごい細かい，本当の現実にそった情報を集めている。会計士協会よりも国税局に行ったほうが全然，本当の情報をつかんでいると，ある企業の人から聞いたんですけど。

【西田】それは事実ですね。会計士が見る情報というのは，大体上場企業のものは一流の社員がやっとるでしょう。それをどうやってサンプル視察するかでしょう。大体出来上がってるでしょう。そうすると，本当のところはわからんと思いますね。

【戸田】実は私の父と祖父が八幡製鐵所勤務だったんです。父から元経理部長の方を紹介され，いろいろと話をお聞きしました。その方によると，日本最初のリース物件の償却期限を何年にするかというので，会計士がもめているときに，国税の二課というところがいち早く，5年という数字をぱっと入れたらしいんです。それは実は，八幡製鐵が初めてリース物件を入れたときに，そのリース対象はIBMの大型コンピューターだったらしいんですけど，それが米国で本当に何年ぐらいで償却されているかをいち早くつかんできたらしいんです。その方も，「さすが国税，やっぱり本当のところをよく知ってる」と感心されたそうです。

【西田】やっぱり，集めるんじゃないですかね。それが熊本のこの標準表なんですよ。静岡は違うかもしれない。お茶の静岡です。地域によって違うんですよ。でも，地域ごとの現実に基づいた標準は絶対必要です。

【戸田】何だこれはというのを，申告のときに持って行ったら駄目なわけですもんね。

【西田】そういう点で棚卸というのは，本当にわれわれ泣かせですね。

【戸田】税と会計が違うというときに，つい私たちみたいな会計プロパーは，税は取りやすいところから取れるだけ取るだけじゃないか，と正直思ったりするときがあります。ですけど，実は会計側のほうは全然現実を知らなくて，実際は

税を取る人たちのほうが，本当の細かい現実を知っているというのがあるんですよね。私たち会計側も，現実の情報をつかむという点で，ぴっちりしないといけないなというふうに思っております。

　税と会計との対立という点で，さらに質問させていただきます。先生もこの教科書を編むときに対立があったとおっしゃっていました。確かに，所得税青色申告決算書における取扱いを，どう複記で説明するかというのが全編を貫いているように思えます。ところが，教科書の中では，簿記の原則が基本であって，青色申告決算書による取扱いは「参考」だと書かれていますよね。教科書作成の過程で，かなり主客の逆転があるんじゃないのかなというのが，どうしても思うところでした。

　それと，教科書の最初のところに書かれているんですけど，「農業簿記の真の目的は何か」という問いの答えとして，「農産物の生産に要した原価を把握してこれをもとに改善をはかり，農業経営の発展に寄与すること」と書かれています。ということは，やはり原価をいかに正確に把握していくかということが農業簿記の目的ですよね。私もこれ賛成です。簿記会計って，こういうことのために必要ですよね。でも，3級検定の内容に入って行けば行くほど，原価の算定をいかにするかというよりも，申告書類の作成を問題なく行うほうに引っ張られてるかなと，どうしても感じてしまいます。

【西田】それが日本の現実なんですね。これに対して特に米国では，農業というのは人を使っているんですよね。だから，会計が当然入ってるんです。人をどれだけ使って，どれだけ儲かるかと。だから，会計抜きにしては語れないわけですね。それはそうだろうと思う。あんな広いところ，何人も人を使ってするでしょう。そうすると，お金をいくら払わにゃいかんから，毎年ちゃんと帳面つけとかにゃいかんだろうというのは，最初からもう頭に入っとるんですね。

　日本はそうじゃないですよね。小さな土俵の中で食っていかんとならん。戦後の人たちは6割ぐらいが農業人口だったんじゃないんですか。昭和22年，23年，そういうときは食べていけるかどうか，でも，それでも税金は取らにゃいかん。これが課税庁にはあったと思うんです。だから，あなたたち帳面なんかつけなくていいから，特に米は政府が買い上げてやるからと。帳面なんかつけなくたって，これくらいの面積で米をつくっとったらあなたの所得はいくらよと上から言う。だから，シャウプさんが何で会計を入れないのと。シャウプさんが勧告しているわけですね，「シャウプ勧告」のとき。でも，それからずっと何もされてこなかったんです。

　昭和59年ぐらいまでは反別課税でしたからね。でも，反別課税も各県によって違いますからね。やっと会計を入れにゃいかんとなったのが，平成5年です。

平成5年のウルグアイ・ラウンドのとき，米が自由化になったんです。細川政権の時に6兆円も補助金を使ったんですけど，何の効果もなかった。あれから，米がもう駄目になっていった。

【戸田】そこで，会計に関して新しい変化があったんですね。

【西田】ウルグアイ・ラウンド対策として，いろんな農業経営基盤強化法ができたりした。そのときに，我々のところの協議会が，平成5年6月頃スタートしたんです。これから農業は会計を入れて，いろんなことをやらにゃいかんでしょうと。会計が入ってくると，もう今は青色申告は当たり前ですよ。昭和59年までは，会計なんか関係なかったからですね。

【戸田】先生は，会計はどうしても必要だというのが信念ですよね。

【西田】会計を入れなかったら，本当に儲かっとるかどうかなんかわからないですよ。そうすると，今の収穫基準は本当はおかしいということも出てくると思います。収穫基準でなくたって，本当の原価がわかればいいじゃないかと。そういうのを先生たちが学者として書いてもらいたい。そうすると，非常に変わると思います。

　私から言わせれば，今の収穫基準は，一部で税金の先払いにもなっている。農産物の本当の原価をというふうに持っていけば，税金の先払いもなくなると思うんです。

　ただし，戸田農家と西田農家とじゃ違うわけですね。それはそこの個別個別でやるべきなんですね。だから今，国税は個別評価をせよというのが原則なんです。個別評価せよということは，こういう標準表は表に出しちゃいかんことになる。実務的には絶対必要ですけど。でもやっぱり，収穫基準で一律にじゃなくて，個別個別の農家が農産物の本当の原価を算定するために農業簿記というのは必要なんです。

【戸田】改めて最後にもう一度確認させていただきますが，農業簿記検定3級の教科書の初めに，農業簿記の真の目的として，「農産物の生産に要した原価を把握してこれをもとに改善をはかり，農業経営の発展に寄与すること」とあります。これは先生ご自身が書かれたんですよね。

【西田】これは私が書きました。

【戸田】ありがとうございます。本日は，本当に貴重な話をうかがうことができました。もうこんな時間なんですね。すみません，確定申告でお忙しい中を。

【西田】いえいえ，でも熱心で研究者らしい質問で，やっぱり学者だなと思いました（笑）。

【戸田】そんな（笑）。でも本日は，長時間にわたり，本当にありがとうございました。

(終了)

第10章

全国農業経営コンサルタント協会前会長・西田尚史税理士へのヒアリング調査（第2回）

　本書第Ⅲ部では，農業簿記第1の流れである農業税務簿記を対象に，そのヒアリング調査のもようを示している。本章では，第9章に引き続き，全国農業経営コンサルタント協会の前会長であった西田尚史税理士に対して行った，2回目のヒアリング調査のもようを示すことにする。

　第9章で示した，西田氏に対する1回目のヒアリング調査では，農業に関する標準・基準の実態が明らかになった。対して，本章で示す2回目のヒアリング調査では，農業税務簿記の根幹である収穫基準の実態や農協問題が明らかとなる。なお，ヒアリング調査1回目および2回目とも，当時の西田氏の肩書は，全国農業経営コンサルタント協会会長であった。西田氏とは，偶然とも言える契機により，その知己を得ることができたわけだが，もし，同氏との出会いがなければ，本書における研究は全く別物となっていた。それほど，西田氏からいただいたものは大きかったのである。

　なお，本ヒアリング調査は，2014年6月28日，熊本市小峰にある，西田氏が所長を務める未来税務会計事務所の2階応接室において行われたものである。以下，そのもようを，実際の会話のまま全文掲載する。

　【戸田】本日は，前回[1]同様，お忙しい中，2回目のヒアリング調査を受けていただき，誠に有難うございます。前回ヒアリングをさせていただいてからこの間，農業簿記検定の2級と3級の試験が，先生が会長を務められている全国農業経営コンサルタント協会が共催という立場で，ついに実施されましたね。まずは，本当に，おめでとうございます。

【西田】ありがとうございます。戸田先生にも，宣伝してもらったようで，こちらこそありがとうございます。

【戸田】いえ，あれは宣伝したんじゃないんです。農業簿記検定について書いた論文の表題が，たまたま『日本経済新聞』の雑誌の広告欄に載っただけで。ですので，特に意図した宣伝でもなんでもないんです，正直言って（笑）。でも，研究者個人として，農業簿記という研究テーマをいただいたのは，本当に幸せなことだと思っております。本日も，どうかよろしくお願いいたします。

さて，さっそくですが，前回も教えていただいた反別課税からお聞きしたいと思います。作付面積に対して一定標準率を乗じて農業所得を計算する反別課税ですが，これはいつ頃まで続いたんですか。

【西田】昭和56年頃までは政府が一律の価格で買い上げよったんですよ。その頃まで続いたんじゃないかな，反別課税は。問題は，それから米の自由化が始まったんですね。米が自由化されると，自由な価格で売っていいってことになる。まあ実際は，全部自由に売るなんてことはできなかったんですけどね。とにかく，昭和56年頃ですね，いろいろな転機は。自由に売れるようになった米は，それも高くても売れる米は，やっぱり高くなるし，売れない米は安くなるんですよね。すぐにじゃなかったけど，だんだんだんだん，そうなっていった。それ以前は，みんな同じ価格だったから，反別さえわかればよかった。だけど，自由に売れるようになったら，今度は反別じゃなくて，まずは収入に，その次は損益に，どうしても注目せにゃならん。

【戸田】なるほど。食管法のもと，米の政府買い上げ価格が存在していた時代と，自由化を迎えた時代で，税のとり方が変わっていくのは当然かもしれませんね。ところで，反別課税は，戦前戦後とながく続いた，日本の農家からの税のとり方だったわけですが，税率については，国税局，昔の主税局が最終的には決定してきたと言われています。ただ，この税率は，特に戦後は，地方の農協や市町村とよく話し合って，最終的には，皆がだいたい納得するようなところで落ち着くように決定していったようですね。前回のヒアリングでも，このように先生からおうかがいしたと思います。

【西田】ええ。いわゆる標準を，相対で話し合って決めるんです。でも，あくまで標準なんだから，標準よりか下の人は大変だった。あるいは，水害があったとか，米がとれないときだって払わんといかんかった。でも，標準よりか上の人は得しますがね。

だから，標準というのは難しいんですよ。私なりの見解で言うと，農協さんあたりが，この人はよか（よい）農家さんって思ったところからとったのが，標準になっていくと思う。農家の中でも，きちんとやってなさる人のようなと

ころのデータと，本当に全然儲からん人のところのデータとは，意味が違うんですよ。大体，農協に協力する人っていうのは，結局ある程度，農家の中でもよか人たちですよ。これまで決められてきた標準は，そういうよか農家のデータから決められることが多かったと思います。課税庁としても，そっちのほうが（税金が）とれるわけでしょうし。

【戸田】すねに傷持つ人は，そもそもそんな調査なんか絶対受けないですからね（笑）。受けるということは，何も問題ないという人ということで。ということは，すねに傷持つ，とまでは言いませんが，どっちかというとあまりやる気のない農家さんは，標準っていうのは，ちょっと困る，というか嫌だな，と思ってたんでしょうね。

【西田】兼業農家とかですね。そういう人たちは結構今でもそうでしょうけど，大体所得が上がりませんね。

【戸田】兼業農家さんなんかだと，そもそも農業は片手間で，本当はあまりやる気はないんで，専業でしっかりしたいい農家さんのデータを標準にされるのは，ちょっと困るなというふうに思っていた人が多かったかもしれないと。

【西田】それはありますね。

【戸田】今はだいぶ変わってきてると言われてますけど，小規模で兼業で米をつくってる農家さんの数が日本では圧倒的に多くて，特に政治力もあったと言われています。そういう人たちの声で，変わっていったという可能性もあるんですかね，反別課税は。

【西田】まあ，それはどうでしょう。私は，それより，消費税の導入が大きいと思いますが。平成元年から消費税が入ったでしょう。すると，収支を知らなくちゃいけないという声が出てくる。だって，反別じゃわからんですからね。消費税というのは，米とか農産物を売ったときに，消費税率掛けますからね。

　そして，所得標準が機運としてほとんどなくなっていくのは，平成10年頃ですかね，僕は昭和58年に独立して税理士事務所を始めたけど，平成10年くらいまでは，まだ所得標準がありましたからね。だけど消費税が入って，それがだんだん浸透してくると，収支がきちっとしてわからないと駄目，消費税を掛けにくいですよね。課税庁としては，収支に基づく損益計算書を出させんと，課税漏れが起きますからね。

【戸田】先ほど，ヒアリング調査に入る前，事務所の地下書庫にご案内いただきましたが，そこでは，平成13年くらいまで農業所得標準が確認できましたね。大雑把に言えば，21世紀には，所得標準は姿を消していったようですね。それでも，農業所得への課税方法の変化については，やっぱり消費税の関与という可能性が大きいとお考えですよね。

【西田】ええ，私はそう思っています。消費税は，記帳をきっちりしないとね。消費税が入ってきたならば，今のようにきちっとした収支の記帳を前提としないんだったら，課税できんと思うんです。これは私の見解ですけど。

【戸田】まず，3％の消費税が入ったのは。

【西田】平成元年です。平成9年に5％になったんですね。

【戸田】そうすると，消費税が3％，そして5％にぐんぐん上がってるのに，いつまでも作付面積を中心とした課税，つまり反別課税に頼ってると，先生のおっしゃるように，取りこぼしが相当出てくる。国税側も，やっぱり反別課税のままやってると，これはまずいと考えたんでしょうね。

【西田】そう思います。歴史的には，そんな推移だったんじゃないかなって。ところが，今の若い税理士は，反別課税なんて，そんなの行われていたなんて全然知りません。それどころか，収入金課税なんかが行われてたなんてことも，知らんのじゃないかな。

【戸田】収入金課税が一時的に入ったのは，いつ頃だったんでしょうか。

【西田】平成5年ぐらいからじゃなかったかな。要は，農家が経営基盤をきっちりしてやらにゃいかん，そういった義務が出てきたあたりですかね。これは，農業経営基盤強化促進法と，それに関連した補助金とも強く結びついていたと思います。

【戸田】そこは，重要な点なのかもしれませんね。ところで，もう一度確認なんですが，政府による米の一律買い上げが終わったのは。

【西田】昭和56年です，私の記憶では。昭和56年までは，米の値段はずっと10年ごとに倍になっていきました。だからよかったんですよ，この頃までは。農業に簿記や会計なんて，つまり収支を記帳するなんていらんかったんです。昭和56年頃が，1俵60キロが1万5,000円ぐらいです。でも，ここから上がってないんです。それからずっと下がってきて，今は1万2,000円とかまでいったりする。だけど新潟の高橋先生 (2) 辺りは，1俵60キロで4万円で売ったりなんかされてます。だから，昔は一律，今はいいところはいい。こうなると，もう一律の反別課税は使えない。

【戸田】反別課税でいくか，それとも収入金課税でいくかっていうのは，基本的には，国家が農家から税金をとる際に，何が一番確実で，取りこぼしがないかっていうのに，結局は強く依存してると考えていいわけですか。

【西田】そうだと，僕は思いますよ。それに，はっきり言えば，今でも，農業に対する課税が農家さんの記帳に基づいてるかって言えば，それはどうでしょう。農家の人は朝から晩まで働いて，帰って焼酎1杯飲んだら，その日の夜はごろっと寝て，もう仕事はしないでしょう。帳面つけろといくら言ったって，そりゃ

無理ですよね。そうすると，あんた反別で，こんくらいの収穫高があるはずじゃろってしたほうが，課税もしやすいし，払うほうも納得して払ったんじゃないかと思います。だから，今はもうない反別課税だって，よかとこもあったんだろうと思います。ただ，今はもう，青色申告が当たり前になってる。だから一応，建前としては，帳簿をつけることになっとる。でも，これが実はとても難しい。

それでも，例えば街の床屋さんでも，普通の小売屋さんでも卸屋さんでも，彼らは帳簿をつけないと，特に銀行は相手にしてくれません。だから，彼らは帳簿をつけることに何の抵抗もない。ところが，農家の人たちだけは，そういう抵抗感が今でも根強いんですよ。

【戸田】農業の世界では，今でも帳簿をつけるというのはなかなか難しいことなんですね。でも，他の商売と違って，銀行は相手にしてくれるわけですよね。特にJAバンクが。それに，記帳だって，JAバンク通帳への記帳という意味では，JA，つまり農協がやってくれてるわけですよね。

【西田】まあ，そうとも言えるかもしらんですね。でも，帳面をつけにゃいかんなんていうのは，昔とはだいぶ変わってきたと思いますね。特に，今年平成26年4月1日からは消費税が8％にもなってきたし，同じく平成26年の1月1日からは白色（申告）でも記帳義務が出たんですよ。昔は白色だったら，記帳義務はなかった。それに，農業所得が300万円以下なら，そもそも記帳なんてしなくてもよかった。それが，白でも記帳せにゃならんごとなって，変わってきた。だから，税法のほうが，会計とか何かを，つまり記帳を要求してきてると思うんです。

それに，例えば反別とか何かで推定課税はできたとして，でも裁判になって，農家がきちんとした帳簿を持ってくれば，それは負けてしまいます。たとえ国でもね。だから，優秀な農家さんは，帳簿をうんと持ってる。今でもいらっしゃいますよ，そういう方は。優秀な農家さん，うんと所得をとれる農家さんは，やっぱり帳面つけてらっしゃるんですね。

【戸田】そのほうが得ということですか。

【西田】まあ，得というか，つけざるを得ない，というのもあるかもしれません。青色申告で65万円も控除させるんだから。これだけ控除するってことは，残りのお金がどこにあるかを，全部出さにゃいかんじゃないですか，特に貸借対照表に。ところがまあ，問題のあるっていうか，帳簿をきちんとつけとらん人の中には，お金なんか残っとらん，て言うのもいてね。僕は，そこまで調べる権限がないけど，やっぱり課税庁はどこまでも調べられるから，そういうことに関係する資料はなるべく早く出してくれって言ってるんだけど。これが，なかなか（難しい）。

【戸田】そういった方は，基本的には農家の方ですか。

【西田】農家です。農家なんだけど，貸家業が主業だったりします。

【戸田】農業は全然されてないんですか。

【西田】農業は自分ではなく，家族の者がしたりしてます。

【戸田】たとえ自分でなくとも，農業をやっていることで，さまざまな特典，例えば相続税とかの減免とかいろいろあると言われてますよね。

【西田】そういう点は確かにあると思いますが，でも今は，農業だけで儲けてるところも，結構出てきてるんです。例えば，八代辺り見てると，売り上げが1億か2億ぐらいあるトマト農家がいますよ。10人ばっかり外国人を入れてね。

【戸田】それは専業で，大規模でやっているんですね。

【西田】そう。大規模で専業でトマトをやってる。そうすると，売り上げが1億か2億あって，専従者給料として1,000万ぐらいみる。

【戸田】1人の給料を。

【西田】そうそう，最低でも1人500万は。1億を売っておったら，従業員みんなの給料を全部引いて，3,000万ぐらい家族に残るはずですね。標準的にはそのぐらい残らんと，能力のなかですよ。所得は大体3割ぐらいあるんだから，しっかりやれば，農家も結構儲かるんです。

【戸田】そういう，農業に関するいいイメージって，なかなか伝わってこないですね。とにかく，高齢者ばかりで衰退していく産業，そんなイメージが蔓延してるような。だから，農業に憧れる，っていう人がなかなか出てこないんでしょうね。

　　　ちょっと話を，さきほどの農家への優遇について戻らせていただきます。前回のヒアリング調査でも先生にうかがったんですが，特に兼業農家さんにとって，会社員や公務員としての所得と農業所得との，いわゆる損益通算は，実は結構大きな意味があるという話でしたね。例えば，基本的には工場で働いているとして，でも親から継いだ農地があった場合，主業を農業で申請するんですか。

【西田】はい。例えば，私が県庁の職員とか会社に勤めてるとするでしょう。でも，田舎にいて，田舎だから田んぼを持ってる。そうすると農家だって言える。それで，農業だけで申告すると，だいたい赤字になるわけですね，所得の計算では。農業が赤字だったら，会社員として払ってた税金が，赤字分と通算され，結果的に還付される。

　　　だから，うちの事務所にも，還付のために確定申告の依頼がくる。損益通算による還付申告をするためにうちに頼んで，それで仮に50万還付され，うちが10万もらったって，40万得するじゃないですか。だから，そういった依頼は結構あります。そうそう，今度から国民健康保険料が変わりますから，得する金

額はこれまでの倍くらいになるんじゃないでしょうか。そんなこんなで，特に兼業農家の人は，還付のための申告をしている人が多いんじゃないでしょうかね。

【戸田】そうすると，そういう方にとっては，農業所得が黒字になっちゃったら，逆にまずいですよね。農業所得がすごい黒字とかになっちゃったら，還付に使えない。

【西田】まあ，そんなことはまずないと思いますけどね。ところで，サラリーマンなんかの兼業農家さんにとって一番いいのは，何と言っても米ですよ。手が要らんですもん。

【戸田】週末だけの作業でいい，とかそういうことですよね。

【西田】そういうことですね。トマトとかキュウリとかナスなんていうのは，常に作業していかないと駄目でしょう。兼業農家さんには，できんですよね。

【戸田】国もそこら辺わかっていて，補助金なんかは，基本的に穀物というか，特に米に手厚い。やっぱり，やってる人が多いところに，優先的に。日本の農家の7割は，小規模兼業米農家さんですから。その人たちの大量で，安定的な票は，やっぱり無視できない。まあ，この構造は，現在徐々に変わりつつありますが。

【西田】日本の農政の主眼というのは，やっぱり米ですもんね。昔は米がイコール経済を表す，つまり石高だった。一石というのは大体2俵半です，150キロ。これが1人が1年間で食べる米の量なんです。だから，細川さんが54万石と言ったら，54万人分の家来を雇えるわけですよ。

【戸田】すごいですよね。ところで，この米なんかの穀物に関する収益については，収穫基準という，独特の収益認識規準が使われていますよね。この収穫基準について，おうかがいしたいと思います。前に，森先生(3)とお話したときに，収穫基準は，「米，麦などに限って」の基準なのかをお聞きしたことがあります。森先生のお答えは，いや，そうではなくて，農産物全体にかかるんだというものでした。「米，麦などに限って」というのは，畜産物なんかとは違う，という意味なんだと。

【西田】そうなんですが，私はやはり，「米に限って」と，とらえますけどね。米が一番のポイントで，だから農政も，ずっと米に対してのものだった。政府としては，戦中戦後，拠出米を集めなきゃならんわけでしょう。御船とかうちの辺りでも，戦中戦後，自分のお米を自分が食べれないわけですよ。少しとっておこうとしても，やっぱりダメで，ちゃんとわかって持っていかれる。だから，つくった米は全部とられた。兵隊さんの食べる分とかにね。戦後でも，特に戦後のすぐのころは，基本的に何も変わらんかった。

　だから，税法上の収穫基準だって，まずは米を対象としていた。とにかく，米の収穫が終わったときにちゃんと所得を上げるようにしましょう，というの

が収穫基準なんですよ。収穫基準で一番メーンになるというのは，何と言っても米です。あとは，あったとしても麦くらい。だから，「米，麦などに限って」という，収穫基準の文言になるんです。それに，日本の農家って，主力商品がやっぱり米，麦ぐらいしかなかったんです。今でこそハウスで野菜の栽培をなんて結構ありますが，私が事務所を開業した昭和58年頃辺りでも，やっぱり米が一番主でしたよ。

　だけど，これは戸田先生たち，学者さんが考えて欲しいことだけど，収穫基準にもおかしかところがあるんです。そりゃやっぱり，（農産物が）売れたときじゃなく，とれたとき，収穫したときに売り上げを上げるというのは，やっぱりね。別な点から言うと，本当は売れないかもしれないけど，棚卸があるっていうことになる。棚卸があるということは，私たち税理士から見ると先払いなんですよ，税金の。しかも，その在庫というのが，工場製品なんかだったらいいんですけど，農産物ですよ。いつまでももたんじゃないですか，米や麦以外は。

　だから，収穫基準というのは，米だから（適用）できた，米の買い上げ価格が決まっとったから（適用）できたわけです。反別課税だって，日本の農家全体が米をつくっていて，しかも買い上げ価格が決まってたからできた。でも，所得を計算する際の金額は，一律じゃなくて，地域ごとに違ってた。そりゃもちろん，米のとれ具合や美味しさは，それぞれだから。例えば，うちの辺りの米はよかとです，水がきれいで。これが，海岸端の米はあまりおいしくないんですね。そうすると，1反当たりの所得がうち辺りが1万円でも，海岸端辺りは5,000円か6,000円にしましょうとかね。そういうふうに決めておいて，あんたのところでつくった米は収穫したけん，このあたりの価格を掛けて一応所得を出そうかね，というふうにしてやってきたわけです。まあ，これは収穫基準っていうより，反別課税のかつてのやり方ですが。

【戸田】私も最初，とにかく今期収穫した分はすべて今期の売上に，というのは違和感がありました。単純に言って，売っていないものが収益っていうのは，どうかなと。それより不思議だったのは，期末棚卸で確定した農産物は今期収穫した分なんだから収入，という考えでした。だって，収穫した分をそのつど時価評価したものを売上計上しているんだったら，期末棚卸額の農業収入算入は，収益の二重計上じゃないのって思ってました。それと同じことを，自家消費や贈与についても感じました。やっぱり，期末時に残ってるものはまだ収益に貢献していない，と考えるほうが，普通というか，筋が通ってるような気がするんですけど。

【西田】それは会計が入っていったら，そういう声が出てくると思うんですよ。会計では，当然原価計算をするでしょう。先生が言ったように，まだ売れてない

んだったら，総額で原価はこのぐらいかかったけん，売れるまでの間はその分を原価で棚卸に上げておく。そういった考え方や計算も，これから出てくると思いますよ。

【戸田】面白いのは，おそらく調整をとってるんだろうなと思うんですが，期首の農産物は農業収入から引くということですね。まあ話としては，収穫したのは今期じゃなくて前期なんだから，今期の収益からはマイナス，となるんでしょうが。私としては，期末棚卸高はプラスさせる代わりにというか，やっぱり調整してるように感じてしまいます。

　ただ，農業所得に関する書籍を見ていると，収穫基準も，もともとは会計的な売上原価を計算することを求めているようです，理論的には。そうすると，期首農産物棚卸高は，理論的にはやっぱり，売上原価を計算するため，仕入に加算される，つまり費用のプラスの性格になるはずです。ところが，収穫基準の規定で，その期の仕入高に収穫高をあてていいことになってる。こうなると，その期の収穫高と仕入高が同額で相殺されてしまい，計算構造から消える。で，残った期首農産物棚卸高と期末農産物棚卸高はどうなるか。ここで，論理の転換がなされ，期首農産物棚卸高は売上原価にプラスされるのではなく，農業収入（収穫高）のマイナスにされ，期末農産物棚卸高は，売上原価のマイナスではなく，農業収入（収穫高）にプラスされる。つまり，収穫基準っていうのは，理論的には売上原価の計算を一応求めてることになってるけど，実際には，農業簿記っていうのは実際に重要だと思うんですが，全然違う計算を要求することになってる。だから，そこには大きな矛盾があって，それがすごくわかりにくい形になってるのかなとも思ったんですけど。どうでしょうか，違いますか。

【西田】ちょっと難しい話は，先生にやってもらって（笑）。でも，何度も言ってるように，収穫基準におかしかところがあるのは，これは確かなんです。だから，例えば先生みたいな学者がいろいろ言ってもらえば，変わる可能性は十分ありますね。

　やっぱり問題なのは，会計学の普通の考えからすると，販売が収益計上の基本ですよね。ところが，米だけのことを考えたら，収穫と販売が1年，あるいは2年とずれてしまうんです。収穫したやつは実際は保有米になるんですよね，すぐには売れませんからね。こういった「ずれ」は，収穫基準だと必ず出てきてしまうんですが，やっぱり問題なんです。

【戸田】このずれを修正するのは，収穫基準のもとでは，やっぱり難しいでしょうね。でも，現実というか実務的には，ずれを承知の上で，農協から渡される概算金が売上になるということを，森先生から聞きました。これは，本当なんですか。

【西田】まあ,そういうことです。農協というか全農が,今やってるやり方ですね。でも,米の全部が全部,そういう風になってるわけでもないんです。自分のところで商社機能まである新潟辺りの大きな農業法人になると,そんな概算金に頼らずに,自分でいくらかでも売りさばいてしまうんですよね。

【戸田】ただ,概算金をもって確定的な売上として計上してしまうのは,やっぱり,現実の農協との取り引きが基底にあるんじゃないでしょうか。さっき先生がおっしゃった,収穫してから販売するまでのずれ,最終清算までのずれの修正には,2年ぐらいはかかると言われましたよね。会計学的には,かかった費用と売上は,期間的に対応させるべきですが,農業の現場でそんなこととてもできないわけですよね。だから,農協から渡される概算金をもって,売上計上とするのが最も簡単となる。でも,これだと,収穫前のお金の授受が収益認識の基本となるわけで,収穫基準の適用どころか,単純な現金主義による売上計上,となるわけですね。

【西田】そういう現実もあるんです。でも,私が担当してる中でも,大きなところは,もちろんいろいろと違ってます。そういうところは,単純な現金計算なんてのではもちろんなくて,ちゃんと帳簿記録をとって計算してますよ。それでも,収穫基準に従うことで,いろいろな問題,例えば農産物のちゃんとした原価が出ないといったことが起こります。だから,収穫基準の問題は,やっぱり解決はせにゃならんが,帳面をちゃんとつけることは絶対必要ですよ。それは小さな農家さんだって,本当は。農業簿記全体を,そういうふうに変えてもらいたいんです。本当のことを帳面からわかるためにも。みんなが帳面の大事さがわかったら,そういう風にだって変えられるんです。帳面もつけとらんような人は,例えばうちへ確定申告に来られたら,たまったもんじゃないんです。

【戸田】私もそう思います。うがった見方かもしれませんが,収穫基準っていうのは,帳面・帳簿をつけるという簿記にとって最も基本的なことを,そもそも前提としていないのかもしれないですね。

ところで,収穫基準に基づいて作成した財務諸表って,例えば,銀行から資金提供を受けたりするようなときには,つくり直したりするんでしょうか。

【西田】いえいえ,つくり直しなんかはしません。ただし,所得税には収穫基準というのがあるけど,法人税にはもともとないのは注意せないかんことなんです。法人税法は,かかった費用の積み上げ計算。製造原価はつくったらいくらで,売れなかったら,それはいくらで棚卸をしなさいと。そして,その方法は最終仕入原価法もあるし,売価還元法もあるし,それらを常時連続して使っていく,それでよろしいですよというふうになっておるんです。

ただ,もう1つ,さっき先生が言っていた,企業会計原則が求める費用収益

対応の原則というのは，ちょっと難しいでしょう，今のやり方の財務諸表ではね。さっきから言ってるように，今のやり方では，どうしても売上高と発生原価の計上には，ずれが出てくるんですよ。でも，同じことは建設業だってあるじゃないかと。建設業だって，工事はすぐには終わらないわけだから，対応関係をきちんとするのは難しいでしょう。

　でも，今すぐというわけにはいかんけど，農業だって，やがて，そういう形になっていかにゃいかん，費用収益対応の原則を守るというね。そういう意味じゃ，これからなんですよ，本当の農業簿記は。だから，いつまでも収穫基準を適用する必要はないんですね。ただ，もしそうなってくると，帳面がしっかりしとらんなら否認されてしまう。これはもう，絶対避けなきゃならん。

【戸田】私もまったくそう思います。本当の農業簿記，農業者の記帳する帳簿に基づく農業簿記は，まさにこれから始まると思っています。そして，そういった農業簿記は，これまでの基本であった収穫基準と決別しなきゃならないんじゃないかと，個人的に思っています。収穫基準の問題は，先生のおっしゃるように，税金の先払いになっているという点以外にも，とにかく記帳や記録を必要としていない基準であるという点にあると思います。この点こそが，私が考える収穫基準の最大の問題点なんです。でも，この問題点は，裏を返せば，農業者自身は何も記帳・記録しなくてもいいっていう，実務的・実際上の利点になってたんだと思います。

【西田】でも，先生は学者だからね。私だって，収穫基準に問題があることはわかっておっても，実務ではやっぱりそれに従っちょる。実務家としては，お上が言ったやつでやっておったら，何も言われんじゃないですか。それはやっぱり。

【戸田】やはり，重要なことなんでしょうね。私は，恥ずかしながら実務に携わったことがないんですが，そうなんだと思います。でも，実務を知らないからこそ，こうやって，実務をやっている方でなくちゃ知り得ない貴重な情報を集めてるんです。

　実務家しか知り得ない情報と言えば，これは前から疑問に思ってたんですけど，そもそもどれだけ収穫したか，あるいは期末にどれだけ在庫が残っているかというのを，どうやって正確に計算してるんでしょうか。

【西田】米をつくるじゃないですか。つくった米をどうやって量るかと言うと，その前に，まず精米せにゃいかんじゃないですか。例えば精米して，米にするでしょう。米にしたら大体，60キロとか30キロの袋に入れる。60キロの袋が多いかな，昔でいう1俵ね。この袋を数えれば，収穫がどれだけあったかは，すぐにわかる。それに，自分のところの倉庫に残った分を数えれば，在庫だってわかる。

【戸田】それは大きなところだけじゃなくて，兼業農家さんでも大体そうしているんですか。

【西田】そうですね。

【戸田】じゃあ，農家さんは，60キロの袋の数だけは数えて，あとは，それに，前回先生に見せていただいたような，地域ごとの標準価格を掛ければ，計算上は出るということですね。

【西田】そうそう。でもまあ，今は標準や基準はないっていう建前になってる。実際はあるけどね。でなきゃ，仕事にならんでしょ。だから建前と現実は違ってる。違ってると言えば，例えば売上1,000万の農業法人があったとして，売上原価は1,500万円なんていうのが，日本の農業の本当の姿なんですよ。

【戸田】えっ？　売上より売上原価のほうが多いんですか。

【西田】赤字なんです。つくっても，だいたい赤なんです。だから，これに補助金なんかで500万補償して，やっと最終的にとんとんになる。こういうのが現実なんです，日本の農業っていうのは。だから，私のほうも，何とかしてやりたい。法人税法でいくより，所得税法でいくほうが有利になるんだったら，やっぱりそうしてあげたい。そして，所得税法の収穫基準でいったほうが，実際いろいろと有利で楽なんだから，そりゃ，日本の農業に収穫基準は浸透しますよ。みんな知らんでしょう，日本の農業は，特に米つくったら，絶対とは言わんがまあほとんどは赤字になるなんて。

　でも本当は，この現実は，きちんと出すべきなんだと思います。特に，売上原価がどうなっているのかは。私たち協会は，いつも言ってるんですね，財務諸表をもっとわかりいいようにしてほしいと。農業経営者が，自分とこの財務諸表見ても，自分とこの経営状況が全然わからんじゃ，どげんもならんでしょうが。これは結局，課税庁側が見やすいようにしとっとからやと思うんです。だから，うちの事務所では，お客さんによっては，税務書類とは別の，詳細な売上原価が載った計算書類をつくってるんです。

　ちょっと待ってもらえますか。具体的なやつをお見せします。ただ，守秘義務がありますから，写真などは撮らないでくださいね。それに，法人の名前なども出さないでください。

【戸田】はい，もちろんです。

【西田】これが，実際の例です。当期農業製造原価が，詳しく載ってるでしょう。

【戸田】なるほど，所得税青色申告決算書のフォームと比べ，詳細な原価費用がありますね。でも，例えばこの法人は，原価合計で6,400万あって，売上は2,100万しかないんですね。そして，その差額が，先生のおっしゃったように，各種の補助金で見事に埋められていますね。

【西田】ようできとると思うんですよ。農水省なんかが，あんたたち足らんでしょうと。だから戸別所得補償でこんくらい，それ以外でも補助金をこんくらいと。いろいろな補助金を使ってですね。これが現実なんです。

【戸田】でも，見せていただいた財務諸表は，とてもわかりやすいですよね。この法人の本当の姿は，会計的にきちんと表現すればこうなるんですよ，これこそが本当の姿なんですよと。

【西田】早くこうせんといかんのです。でも，こうするには，やっぱり収穫基準をなくしていかんといけん。だから，収穫基準というのは，本当に頭の痛か問題なんです。

【戸田】収穫基準というのは，言ってみれば課税庁側の問題ですよね。だから，収穫基準の適用不適用の問題は，対税務ということに関係するんじゃないかと思います。対して，さきほどから話題になっている補助金の問題は，対農水省というか農水行政ということに関係するかもしれませんね。

なんでこんなことを言い出すかというと，先生が独自におつくりになっている財務諸表は，対農水行政というか，農業に対する補助金の出し方にも一石を投じる効果があるんじゃないかと思って。例えば，単純にどれだけの面積の農地を所有してるかで，戸別所得補償としてお金が払われるでしょう。あるいは，減反政策による米の値段の高値維持だって，税金がつぎ込まれてるんですよね。そんなんじゃなくて，売上と売上原価がきっちりと比較されてて，そこで赤が出てる，この赤の部分を補てんするために，元は税金である補助金を農業に投入する，と言うほうが筋が通ってるんじゃないかと思って。その筋の通った話に，簿記や会計がきちんと貢献する。それが，農業簿記や農業会計の意味というか，意義にもなるんじゃないかと思っています。

ただ，先生のお話によると，この赤がどれくらいなのかは，今でも農水側はだいたいわかってるということになるんでしょうか。

【西田】農水省は頭がいいんです。ここらへんのことはちゃんと計算して，最後は大体とんとんになるようにするんです。

【戸田】先生がおつくりになっているような財務諸表を，農水側でもつくってるんでしょうか。

【西田】つくってはいないでしょうが，こういうデータを，たくさん集計してると思いますけどね。

【戸田】いわゆる，統計調査ですね。農水側の農業に関する統計調査については，今私の大学の同僚教員にいろいろと興味深い話をヒアリングしていますので，これについては，また後日詳しく。

厚かましいのですが，先生が独自におつくりになっている財務諸表を，他に

も見せていただいてもよろしいでしょうか。

【西田】じゃあ，こちらの農業法人を。こちらは，米，麦，大豆なんかを主につくっている，まさに日本の典型的な農業法人ですが。

【戸田】こちらの農業法人は株式会社化してるんですね。

【西田】ええ，株式会社にしてます。森さんたちは農事組合法人づくりが多いようですが，僕は株式会社にするのが多いですね。農事組合法人は組合員みんなが平等じゃないですか。でも，うちに話が来るのは，がちゃがちゃになってというのが多くてね（笑）。そうすると喧嘩腰になるわけですね。私はそういうのはわかっとるから，最初から組織体をつくっちゃうんです。200人も300人もおるようなところを，どうやってまとめますかと。ピラミッド型にして，組織がちゃんと機能するには株式会社がいいと。そういうふうにすることが多いんです，僕の場合は。

【戸田】今，そういう組織化って，非常に重要だと言われてますよね。個人個人バラバラの小規模兼業農家さんでは，衰退していく日本の農業を救えないんじゃないかって。

【西田】ここは，全部で200ヘクタール以上の農地をまとめます。農水省だって，大規模化するところにしか，補助金を出さんごとなっとるしね。これも現実ですよ。それに，地域は1人じゃ守れんわけですからね。そうすると，そこの地域の人たちが集落で集まったところに補助金を落とすということは，社会政策上もいいわけですよ。

　それに，やっぱり，大規模化は農業にとって大事なんです。農業で，ちゃんとした利益を出すためにもね。ほんの少しの農地を耕す兼業農家さんが，1人1台トラクター持っとったら，そりゃ農業で儲かるわけがない。

【戸田】個人の農家さんにも，ちゃんとやってる方もおられるのは，私もヒアリング調査で知っています。でも，先生もおっしゃるように，組織化された事業体がある程度の規模でやらないと，これからの日本の農業全体に明るい未来はないかもしれませんね。

　例えば，戸別所得補償なんかは，まさに戸別に，農家さんごとに補助金が渡されるんですよね。でも，そのお金は，農業の振興に果たして回るのか。思い出すのは，子ども手当ですね。この制度ができたときに，私もありがたくいただきましたけど，じゃあそれを子どものために，習い事なんかに使ったかというと，いやいや（笑）。そもそも必要な習い事はすでにさせてるし。だから，結局は家計に紛れちゃうわけです。これが，子供の教育機関全体に，統一的な意思をもって回っていたら，結果は少し違ってたかもしれません。

　それと同じように，農業に対する補助金も，農業が産業として成り立つよう

に使ってもらいたいですね。そのためには，法人化したような大きな組織，そして農業を産業として見なさざるを得ない専業農家に，もっと効率的にお金が回って欲しいですね。やる気があるんだかないんだかわからない戸別の一農家に渡してしまうのは，農業の発展のためにはどうなんだろうと思ってしまいますね。まあ，票にはなるんでしょうけど（笑）。

【西田】今おっしゃった，先生の言いなさるような懸念があるんで，平成27年度からは，戸別所得補償のあり方も変わるはずです。まずは，認定農業者じゃないと，となるはずです。

【戸田】プロ農家じゃないと，ということですね。

【西田】それから次に，集落営農じゃないといかん。さらに，法人化せんと補助金が制約されてきてます。

【戸田】そのほうがいいと思うんですね，私も。例えば，親じゃなくて，学校という機関にどんとお金を出して，子どもたちの教育のために使いなさいと。で，会計報告しなさいと。こうしないと，教育に回らないですよ。私なんかも子ども手当をもらいましたが，じゃあ子ども手当を教育費に上乗せしたかって，そんなことしませんからね。

　そういう意味で，補助金の出し方も含めて，戸別じゃなくて，組織，事業体として農業をやらないといけないと思います。そして，その事業体は，きちんとした簿記会計をやってもらう。そういう簿記会計に基づき，実態をちゃんとあらわした会計報告書を出してもらう。もっと言えば，本当はそういう計算書に基づき，農業に対してお金を回すべきでしょうね。

【西田】ところが，農業とか農林水産業には，そんな回され方は全然されず，政治的な思惑でどんどんお金が使われてきた。私から言うとね。だから私が期待しよるんは，先生の言うように，正しい簿記会計に基づいたところが，それに基づいた報告して，報告が終わったんなら交付金やらを出すとか，そういう仕組みをきちっとつくってもらうこと。簿記会計に基づくそういう仕組みができんと，今後の農業の発展はないんだと。戸田先生たちには，そういうことを言ってもらいたかね。

【戸田】ええ，私自身もそう思っています。もっとも，私が言って，聞いてくれる人がどれくらいいるかは，はなはだ心もとないですけど（笑）。研究者のただの戯言，批判にすぎん，って見られるかもしれませんね。

【西田】批判と言えば，今でもそうですが，特に地方では農協に対する批判はなかなか出しにくい。実害の無い都会の人は，バンバン言いよるけどね。地方じゃ，実害があるんですよ。昔，ちょっとだけ農協のことを批判した『熊本県JAの経営分析』を私が書いたときは，出版差し止めを食らいましたからね。

【戸田】農協批判をされたんですか？

【西田】いや，批判ちゅうもんではなく，熊本県の農協を全部調べて，どこの農協に問題あるか，どんな問題があるか，っていうのを書いただけです。でも，農協から，そんな本の出版はやめてくれって。

【戸田】先生，今なら出せるんじゃないですか。

【西田】出しませんよ。僕は地域社会で，ここ熊本で生きていかなならん。地方で農協を敵にしたら，干上がってしまいます。先生には，わからんこつでしょうが。

【戸田】確かに，都会で研究者として生活してる私には，実感としてはわかりません。でも，批判したからといって，別に実害を受けるわけじゃない我々研究者は，そういう意味でも，農協問題を含めこれまでタブーとされてきた問題に対して，批判も含めて物を言っていく必要があるんでしょうね。じゃなきゃ，偉そうに大学教授だなんて名乗る資格なんてない（笑），いえ，本当にそう思ってます。

【西田】期待しとります。これまで，先生みたいに，農業分野に切り込んでくる学者の人があまりおらんかったんですよ。特に，簿記会計の学者さんが。だから，もっともっと踏み込んでくれればいいんですよ。

　だけど，まあ，農業には，これまで触れちゃならんことが多かったからね。例えば，コンバインとか田植機なんかの農機具の値段，こういうのも，農業の発展のためにはもっともっと安くならにゃいかんですね。高すぎますよ。ただ，農機具メーカーやら農協やらのいろんな絡みで，なかなか（難しい）。でも，こういうものに対しては，会計側にだって問題があってね。今のところ，こういった機械は7年ぐらいで償却しますが，実態をあらわしてるかというと，どうでしょうね。それに，田植機なんて，田植えするときだけで，あとは納屋にしまってますからね。もし月次決算なんてことになったら，減価償却は単純に月割の12分の1にしたりすることが本当に妥当かどうか。こういったことを含め，きちんとした費用収益の対応をとる，つまり正しい損益を出すためには，これまで我々実務家が当然として処理してきたもんも見直さにゃいかんと思います。

【戸田】その，当然だとされてきたものの中に，ここでずっと話題になってる収穫基準もあるわけですね。

【西田】そう，だから悩ましい。実務的には今も絶対的なんだけど，これからのことを考えるとね。でもやっぱり，会計っていう点から考えるんなら，会計を本当に農業にいれようとするんなら，収穫基準というもんの問題はなくしていかにゃならんことがあるかもしれません。もちろん，それはあくまで，会計の話。やっぱり一方で，課税庁としては，画一的に大量に短時間で税を徴収するためには，収穫基準のような基準がどうしても必要でしょう。会計と税がつながってる日本では，そりゃ，税の考えが会計を縛ることになる。

【戸田】森先生も，そうおっしゃっていました。税務が会計を規定するんです，って。

【西田】ただ，私は森先生とちょっと違うところもあってね。だから，税が会計を規定する，そういうのはどうかと思ってる。それは，じゃあ，何のために帳面つけるかって言ったら，確かに税金のためにそうするのもあるでしょう。でも，自分のところの本当の経営を見たいと思ってつけるような人もおりますよね。確かに，農家の人も帳面つけてる人は，どちらかというと，税金のために仕方なくつけてる人が多いでしょう。でも，会社というか組織になれば，税金は抜きで経営感覚でもって経理をせにゃならん，帳簿をつけにゃいかんじゃないですか。そして，農家もこれから，組織として農業経営していかなならんのだから，農業にも税とは別の会計が必要になってくるんじゃないですかね。シャウプさんが，農業にも会計が必要だと言ったようにね。

そして，組織だけじゃなくて，農業に携わる人たちがみんな，やっぱりちゃんと帳面つけとかにゃいかんと思い，帳面ばつけることが当たり前になったら，収穫基準をなくしていいんです。なくすべきです。そのときは，農産物が売れたときに，売れるまでにかかった原価を帳面から計算すりゃええことになる。米や麦だって，収益と費用がきちんと対応して，正しい損益が計算できることになる。

ただ，こんな風になるまでには，相当長い時間が必要でしょう。そもそも，農業についてだって，今はいろんな報道がされとるけども，本当の現実なんてほとんど知られとらんじゃないですか。ましてや，農業経理の実情なんて，その道の専門家やっちゅう人でさえ，全然わかっとらん。だから先生には，まず，そういったことを伝えて欲しかと思ってるんです。その上で，収穫基準による課税上の弊害とか，収穫基準が会計に与える影響とか，そういうのを書きなさったら面白いんじゃないでしょうか。

【戸田】ありがとうございます。研究上のご示唆までいただいて（笑）。でも，私も，先生がおっしゃったようなことを本気で考えています。だからこそこうやって，ヒアリングを受けていただき，それを農業簿記に関するオーラルヒストリーとして集積しようと考えています。農業簿記については，とにかく研究上の議論の前に，その実態がほとんど知られていないと思われますから。今回で2回目のヒアリングですが，まだまだ熊本に押しかけて，農業簿記の現実についていろいろとおうかがいすると思いますので，これからもよろしくお願いします。

【西田】いや，こちらこそ。じゃあそろそろ，記録に残されるのはまずか話を，これからの酒の席で（笑）。

【戸田】はい，承知しております（笑）。毎回，お忙しい中，申し訳ございません。

次回は，先生が地下書庫に保管されている関係書類も精査させていただきたいと思っております。それでは，事務所でおうかがいするヒアリング調査は，これで終了したいと思います。誠にありがとうございました。　　　　　　（終了）

■注
（1）西田氏に対する1回目のヒアリング調査は，2014年3月3日，熊本市小峰の未来税務会計事務所2階応接室において行われた。そのもようは，第9章に掲載している。
（2）高橋周衛税理士。全国農業経営コンサルタント協会会員で，農業経営アドバイザーでもある。
（3）森剛一税理士。全国農業経営コンサルタント協会現会長。なお，本ヒアリング調査時において，森氏は，全国農業経営コンサルタント協会の専務理事であった。森氏へのヒアリング調査のもようは，次章第11章に掲載している。

第11章

全国農業経営コンサルタント協会現会長・森剛一税理士等へのヒアリング調査

　本書第Ⅲ部は，既述のように，農業税務簿記に関するヒアリング調査を，そのまま会話形式で全文示すものである。本章で示すのは，全国農業経営コンサルタント協会現会長の森剛一税理士，同協会会員の西山由美子税理士，大原簿記学校課長の野島一彦氏，それに学校法人大原学園理事本部長の中川和久氏という複数名に対するヒアリング調査である。なお，森氏と野島氏は共に，『農業簿記検定教科書3級』の主要執筆陣であり，かつ，森氏は税務側から，野島氏は簿記会計側から同書を編纂していったことが，ヒアリング調査からも明らかになっている。

　その意味で，本章で示すヒアリング調査は，先の西田氏に対するヒアリング調査同様，いまだ黎明期である農業簿記の検定制度についての，貴重なオーラルヒストリーの集積であると共に，農業税務簿記と通常の簿記との違いがどこに存し，しかもその違いはどうして生まれてきたのかという，本書全体にとっても貴重な示唆を与えてくれるものとなっている。また，森氏の有する農業税務簿記に対する知識や理解は卓越したものがあり，さらに農業税務簿記以外の情報も豊富であったため，本書における研究の進展に際しては，同氏の発言により多大な示唆を受けたことになる。

　本ヒアリング調査は，2014年6月18日，東京都千代田区神田にある，大原学園東京水道橋校1号館2階の応接室において行われたものである。以下，そのもようを，実際の会話のまま全文掲載する。

　【戸田】本日はお忙しい中，申し訳ありません。以前，西田先生に何回かおうかが

いしていた，農業簿記検定教科書を実際に編まれた森先生と西山先生と，実際に教えておられる野島先生に，ぜひいろいろお話をおうかがいしたいと思いまして。ビデオでも撮らせていただきたいと思います。

　さて，このたび，日本ビジネス技能検定協会が主催，全国農業経営コンサルタント協会が共催で農業簿記検定の２級と３級の新設検定が行われましたね。私も３級を受け，一応合格しました（笑）。

【中川】次は２級も受けるんですか。

【戸田】受けるつもりです。本日まずおうかがいしたいのは，特に教科書，私は研究者の立場として教科書を見させていただいたんですが，教科書を編んで出版されるというところまで持っていかれたその経緯についてお聞かせいただきたいと思っています。特に，どういう方がどういう分担で教科書を編まれていったのかについておうかがいいたします。

【森】そのご質問については，奥付をちょっとご覧いただきたいと思うんですが，３級教科書の。後書きのほうですね。そちらのほうに，やった人間の一覧が出ています。順番としては，まず３級から始めたんです。それで，私どもの会員の中から教科書の執筆の委員会というものを組成しまして，分担を決めて，各自が原稿を書いて持ち寄って，さらにその中で検討してきました。その中で，西山のほうが，特に３級のほうの全体の調整をやってきたということです。

　３級の教科書をつくっている段階で，執筆者同士の調整が非常に難しいということが判明いたしまして。

【戸田】今日は，そこら辺もおうかがいしようと思ってたんですけども。

【森】じゃあその上，２級，１級と書くときには，ちょっとこのやり方は無理だと。章ごとに分担して共著者が書くということになると，お互いの分担を，どこまでが自分の範囲なのかということと，当然，教科書を通しての勘定科目の統一とかが問題になります。勘定科目の統一ぐらいは当然やらなきゃいけないことなので，当たり前なんですが，それだけじゃなく，いろいろ記述の内容についても擦り合わせをしなきゃいけないということもあって。３級の教科書のほうは，私どもの副会長の宮田というのが一応チーフということでやりまして，あといろいろ具体的な実務は西山がやりました。２級の教科書を作成するときには，森さんが１人で書いてくださいという話になりまして，私も協会の専務理事という立場なものですから，なかなか嫌だとか言っていられないということもあって，２級のほうは私が全部書きました。

　３級の教科書をつくるときには，大原の商業簿記の教科書ももちろん参考にはしているんですけども，私が書いた別の本とか，いろいろなところから引っ張ってきたような形になっていて，ちょっと章立てなんか当初はかなりばらつ

き感があって。編纂をして，流れはきれいにはなってきているんですけれども。2級のほうは，基本的には大原さんの日商簿記の2級の教科書をベースに，農業特有の部分を私が加筆していくようなイメージで。かなり書き加えてはいるんですけれども，できるだけ1つの教科書を通して一貫した説明になるように，そういう形で1人の人間が1つのものをたたき台にして考えていったというような形でやっています。

【戸田】私の感想は，2級はすーっと流れているというか，もう1つは収穫基準みたいなのがあまり入っていませんね。ですから商業簿記，工業簿記の知識がちょっとある人ならば，すっと入っていけるのに対して，3級は最初のときは，これは何だろうというのがたくさんありました。これは，おっしゃるような分担のせいというのもあったんですかね。

【森】それもありますし。これは日商簿記もそうだとは思うんですが，3級のほうは個人事業を前提としている。対して，2級のほうは株式会社を前提としているといったとき，株式会社に関しては，商業も農業も大きく何か変わることがあるかというと，ないわけですね。収穫基準についても，あくまで個人の農業者にのみ適用されるものですので，2級の範囲の中では税法固有の評価基準みたいなものをあまり扱わないで済んでるという，そういう事情も影響しているかと思います。

【戸田】私の感想では，3級には，所得税法の青色申告書からの影響が強過ぎるのではないかと思うんですけど，この点はいかがですか。

【森】これは1つは，いわゆる検定制度のためだけの勉強ではいけないというのが，私どもの会員なり教科書を書いている人間に共通する問題意識なんですね。つまり，実際に農業の現場で経理をやっている方，確定申告のために記帳している方が，この検定を受けることで実務的に力がつくということを目的にしていますので。そうすると，どうしても3級で個人の農業者の方を前提にしたときに，確定申告に向けた決算が組めるだけの基本的な知識がなきゃいけないだろうということが背景にあって。共著の先生方も，実務とあまり離れたこともどうかと。

　ただ，そうは言っても，教科書として最低限押さえなきゃいけない，章分けのパターンというのははずせないので，基本は日商簿記と同じように，検定としての，教科書としてのというんですかね，そこから入っています。その上で，実務との違いというところを参考で触れていくというような形で，両方の簿記論としての学問というか，そういう目的の学習を考えている方にも受け入れられるようにしています。ただ勉強のために簿記をやっているんではなくて，実務で実際に個人の所得税の確定申告書，決算書をつくるということを目的にしている方にも，ちゃんと勉強した結果が生かせるようにということで，両方を

併記するような形でやっています。ただ，読んだ方から見ると，一体簿記の教科書なのか，税務の解説書なのかというところがあいまいになっているように映るのかなというふうに思います。

【戸田】そこがご苦労のいわゆる中心だったということですね。

【森】特に3級はそうかもしれませんね。

【戸田】西田先生も，税理士事務所の業務である税務と，会計というのがいろいろなところでぶつかったんですわ，というお話をされておられました。

【森】それは2級でも若干はあるんですよね。どうしても執筆者の皆さん，税理士事務所を実際に主宰されている方ばっかりですから，最終的に税務につながらないような記述というのは，非常に抵抗感があるわけです。さりとて最初から全部，実務の仕訳を書いちゃうと，それはそれで教科書にならないということなので。そういう両方を取り上げなきゃいけないというところは，ちょっと苦労しました。

【戸田】ご調整を，森先生と西山先生がされたんですね。

【森】執筆者の中でも，出し方が違う。人によっては，当初の原稿は最初から税務の仕訳を書いちゃってた人も多くいて，それはちょっと違うと。教科書の全体の流れからすると，まずは簿記論の理論上の仕訳を書いて，その後で税務上の仕訳を参考に出すというような形にしなきゃいけないということで。そういう，統一をしましょうという話はして，実際に具体的な作業は大体西山がやっていったわけです。

【戸田】ということは，税務の仕訳の切り方を税理士の先生方がぽんと持ってこられて，それを西山先生が見られて，ちょっと待ってください，これはこう直しましょうとか，そういう調整をされていったんですか。

【西山】最初は実務に生かせるものというふうに考えていたので，税務でいいという思い込みが私たちの中ではあったんです。確か大原の先生方に，簿記の考え方でこうはなりませんという指摘を受けて，税務と会計とは違うんだということをあらためて認識したんです。それで，いただいた原稿の中からこれは税務だなというところを抜き出して，所得税の取り扱いというふうに抜き出す作業を私のほうでやりました。

【戸田】抜き出すというのは，税務と会計の違いはあるんだけど，どうしてもこれだけは税務の視点が外せないというものを取り出すとか，そういうことをされたんですね。

【西山】ここは理解しておいてもらわないと税務申告ができませんというところですね。

【森】統一して，コラム的に扱いました。だから，こういう囲みが全部教科書の中

に入ってきたわけです。

【戸田】なるほど。例えば，どうして期首農産物棚卸高を引いて，期末農産物棚卸高を足すんだろうというのが当初よくわからなかったんですけど，「囲み」を見ると，青色申告書という税務に合わせているんだというのがわかります。じゃあ，当初は税務の処理のほうが先に出ていて。

【森】先に出ている方もいたというか，人によって違うわけです，そこが。

【戸田】それを，簿記の原則による処理のほうを先に回して，なぜそうかというところに，こういう囲みによって税務の説明をしたわけですね。

【森】そうですね。執筆者の大半の方がやっぱり税理士さんですから，税務の仕訳を先に出されていたんですけど，それを入れ替えたということです。そこを西山先生がしてくれた。

【戸田】西山先生はもともと税務のほうで，大原の先生方が簿記会計的にはこうなんじゃないですかと主張されるというか，そういう構図ですか。

【西山】もともと原稿ができてきて，大原の方に見ていただいたときに，会計と税務は違うというご指摘をいただいて，いろいろすったもんだあったんです。いや，税務でしょうという意見もあって，税理士先生の中には譲らない人たちもいらっしゃったんですけど，やっぱり簿記の教科書だから，簿記のものを最初に出さなきゃいけないよねというところで落ち着いていきました。でもやっぱり税務は譲れないという皆さんの思いがあるので，書き足してこられました。なので，そこの整理を私がしました。

【戸田】3級教科書を見る限り，ここだけは引けない税務というのは，いわゆる収穫基準のところは絶対にという形で入っているような気がしますが，そういうふうなとらえ方でよろしいんですか。

【西山】それは，私がそこまで考えられなかっただけかもしれないです。収穫基準が税務特有の扱いだから括弧に入れるべきというふうに，そこまで考えずに，農業簿記の特徴だよなというふうに思って押し出しちゃったので，その是非はもしかしたら考えなきゃいけないのかもしれないですね。

【戸田】そこら辺は会計の側から，ここだけはこうしてくださいという感じで，大原の方から何か変えてくださいと要請したものがあるんですか。

【野島】税務の特有のものとして，事業主の勘定が至る所に出てきまして，それが前面に出ている原稿と出ていない原稿が，ぱっと集まった状態だったんですね。これはどうにかしなければならないというふうに考えました。まず，私どもは会計の立場で意見させていただくのが，立場としてはいいなと思いまして。ですから，まず農業簿記の教科書の基本のスタンスとしては会計で，税務の知識も満載して，現場でも使える能力がつけられるような編成にしていきましょう

と意見しました。所得税のところはちょっと囲みに落とすという構造で，執筆者の方と調整を図っていただいて，今の形になっているということです。

【戸田】家事消費についてうかがいます。あれは借方が資本金減少になっていますけど，もともとは事業主貸でしたか，それでやるのが税務なんだけど，事業主という勘定は，我々の知っている中で言うと資本金だから，資本金減少という処理が教科書の解答でしたよね。

【野島】もともと商業ですと，原価ベースで，仕入れを引くという形が，会計では基本となるスタンスだと思うんですけども。対して，農業特有のものとして貸方は売上に計上されるというところは，実務としては非常に大切なところだとうかがいました。というところで，森先生，西山先生とお話しさせていただきながら，解答を会計的に表現するのであれば，借方は資本金減少が落としどころですよねと。あそこが一番苦労した部分ですね。

【戸田】この解答は，いわゆる簿記的に見ると，農業では誰かに物をあげたときには，資本減少と収益発生というふうになるということですよね。でも例えば，どこかに物をあげてしまったという場合，じゃあトヨタがつくった車を誰かにあげましたといったら，それは基本的には資産の減少と損失の発生が普通なんだろうと思います。でも，2つの理由から，ここでおっしゃっているような形が解答なのだということになっているのではないでしょうか。

　1つは，家事消費が農業所得の収入に税務的になっているので，いわゆる会計的には収益にしないと，落とさないと駄目ということではないでしょうか。もう1つは，事業主貸という勘定を実務では使わなきゃいけなくて，それは現在の我々の普通の簿記会計の知識からすると，資本金に似ている。似ているというか，資本金のようなものなので，あのような処理になったんだろうと思うのですが。そういえば，借方は交際費としたほうが良いのではないかという見方もあるようでしたが。

【森】交際費はおかしいでしょうね。店主貸とか店主借という言葉というのはないんですかね。

【野島】引出金が近いのかなって。

【森】店主貸というのは税務的な考え方ですよね。

【野島】そうだと思います。

【森】商業でも，税務会計では店主貸とか店主借というのを使うんです。その本質は何かというと，私は資本の評価勘定だと思うんですよ。ただ，資本金と言うと，税理士を含めて制度会計をやっている人は，拠出資本だという考え方があるので，資本とか純資産と言うんだったら全然違和感がないんですけど，資本金というのは繰越利益剰余金は含まない概念ですから，資本金と書かれちゃうと何

か違和感があるんですよね。ただ，その資本金というのは，資本の勘定を単に資本金と呼んでいるだけだというなら納得できるんですけど。

そもそも，元入金と資本金というのがあって，元入金というのは税務上の言葉なんですよね。青色申告決算書には元入金というのがあるんですけど，これは本質的には繰越利益剰余金だと私は思っているんです。要は，毎年期首に資産と負債の差額で算定されて，毎年洗い替えられる性格のものなので。個人には拠出資本という概念はないので，全部を個人事業の繰越利益剰余金だと考える。それを期中で増減したときのあくまで評価する勘定が，事業主貸だったり事業主借だったりというふうに私は理解しているので。だけど，元入金も事業主貸も事業主借も使わないで説明すると，資本金という勘定を使わざるを得ないのかなと思います。

【戸田】3級教科書では，事業主借と事業主貸をかなり詳しく後ろのほうで説明されていたと思いますけど。基本的には資本ですという説明だったように思いますけども。

【森】そうですね。それは，そういう意味で統一はされていると思います。

【西山】そうですね。そのように説明されています。

【戸田】このあたりが，税務の考えをどう会計の説明として落としていくかというところで，大変だったところなんですね。

【森】そうですね。その辺は，農業簿記だからというよりも，税務会計と理論簿記のギャップの話だと思うんですよね。商業でもあるわけですよ。事業主貸と言わないで，よく店主貸とかと言うんですけど。でも，別にそれは個人の営業者の青色申告決算書には同じことが起こるので，農業特有の問題ではないんですね。さっきの家事消費の問題は，これは農業特有の話だと思いますけど。通常は，さっき野島さんがおっしゃったように，商業者が家事消費した場合には，仕入れを減少させるという処理をしますが，それは農業ではやらない。やれないというのもありますけどね。仕入れたものをそのまま売るわけでもないし。そこは農業は違う。ただ，これも税務の関係だと思うんですが，所得税における収穫基準の適用の結果ということでしょうね。

だから販売基準だけではなくて，収穫基準というものが適用される。収益の認識基準が，税務上2つあるわけですよね。その関係で，基本的には収穫したものはすべて収益にあげると。同額を原価というか，仕入れに算入するというのが税務上の考え方なので，それはやはりどうしてもこの考え方を入れないことには，実務との整合性がとれなかったということなんですよね。

【戸田】もっと後のほうで質問しようと思ったんですけど，収穫基準についておうかがいします。教科書では，いわゆる実現というか，販売が基本的な収益の認

識基準ですよと書いていますよね。ただ，例外的に，農業では収穫基準というのがありますと説明されています。だから，一応販売基準が原則で収穫基準は例外という位置づけですよね。さらに説明があって，収穫基準というのは，どんな農産物にも適用されるわけではなく，一部の農産物ですよね。本来は米とか麦とか，政府によって指定された農産物のみに適用されるのですよね。

【森】そうですが，実際収穫基準を適用しないと処理できないものというのは，期末に在庫が残るようなものだけなんです。よく誤解があるんですけど，収穫基準は例外的基準という表現は私はちょっと，正しくないと思っているんですが。原則例外というと，二者択一という話になりますよね。例外が適用される場合には，原則は適用されないというときに，原則的，例外的ということをいうはずなんですけど，そうじゃないんですよね。収穫基準というのは，販売基準と両方適用されるんです。

どういうことかというと，例えばお米がとれましたというときに，まだ売れていない段階で，いったんそこで収穫基準によって収益を認識するわけですね。と同時に，同額で販売したときにそれを仕入れたものと見なすということなので，収穫したお米を売ったときには，2回収益が計上される。そうすると，二重に収益が計上されるとおかしいじゃないかというふうに思われるかもしれませんが，収穫したときに，もうそれで取得したものと見なすので，販売したときにそれが原価になるんです。ですから，収益に上げた金額と同額が原価として必要経費に算入されるので，要は収穫されて売られたものについては，費用と収益が同額なので，そこはある意味相殺されてなくなってしまう。販売だけが計上されるということなんですね。

期末において売れ残ったときには，収穫して収益は上がりますけれども，販売されないので，その原価は翌年に繰り越されていくという関係になるわけです。原則例外という言い方はどこかでしていましたっけ？

【戸田】収穫基準が例外というわけではなく，教科書に書いていたのは所得税法における取り扱いですね。例外というのではありません。参考までに説明を加えていますというところですかね。それと，そのすぐ下のところに，「米，麦などの農産物に限って」と書いてあります。

【森】その表現がちょっと良くないかもしれませんが，「農産物に限って」ということなんです。米，麦などのというのはあくまで例示なんです。要は，何が言いたいかというと，畜産物には適用されないということなんです。

【戸田】ただ，米や麦と異なる，例えば野菜なんかは，収穫基準を適用しなくてもよいということになっていますよね。

【森】それは，棚卸がないからです。原則上というか，理論上は農産物に対しては

収穫基準が適用されるんです。だけど，収穫基準というものを適用するという一番大きな実務上のシーンというのは，棚卸なんです。収穫して，それが取得原価になるわけですが，そのときに収穫したときの価額，つまり時価をもって計上するということなので。

　野菜の例を取って言いますと，収穫したときに時価で評価をするわけですが，販売したときに時価が原価になって，また販売金額が収益に計上されるわけですから，当初の収穫基準による収益計上額と，販売時の原価としての必要経費算入額が同額なので，消えてしまうわけです。相殺されて。そうすると，残るのは販売基準で計上した収益だけしか残らないので，最初から収穫基準をあたかも適用しなかったのと同じように所得計算は行われるわけです。だから，実務上は，そこは収穫基準が適用されたというふうに認識されない。仕訳も起きないということです。

　ただ，野菜についても収穫基準が全く適用されないかというと，厳密にはそうではなくて，家事消費，事業消費したときには収穫基準が適用されて，時価で収入金額に算入されるんです。ですから，野菜が収穫基準適用から除外されているかというと，そうではない。もっというと，じゃあ野菜についても家事消費ってあるじゃないですかといっても，それをいちいち食べた量を記録して，時価で評価して計上するということは，実務的にはやらないんです。そういう意味で，税務の理論上は収穫基準が適用されるけれども，実際問題は適用されないという意味なんです。実態ではそうなんです。

　税理士も，野菜に収穫基準を厳密に適用したような処理をしているかというと，していないと思います。じゃあ，何に対して適用されるかというと，米，麦，大豆などの穀物。それはなぜかというと，棚卸があるからなんです。一部，例えば果樹でもリンゴのように，収穫してからしばらく室でおいておくようなものには適用されることがあるんです。

【戸田】お聞きしていて，農業簿記と商業簿記の大きな違いは，棚卸の評価にあるんだなと思いました。商業簿記で棚卸を考える際，仕入原価を基本にしますが，農業簿記では，棚卸がある場合には。

【森】時価評価をする。

【戸田】時価評価をせざるを得ないからということですか。

【森】せざるを得ないからっていうか，おそらく，なぜ税法上収穫基準なるものが設けられたかというと，農業者に原価計算というものを適用させるのに，実態上困難があったからだと思うんです。結局，農産物を原価で棚卸をする場合には，当然原価計算をして，その単位当たりの原価というのを出さなければ，棚卸ができないわけですよね。収穫したお米全量を秋で売ってしまうとか，あるいは

逆に，全量を翌年に繰り越すということであればいいかもしれませんが，そうでない限り，収穫した年に一部売り，一部在庫として残している場合には，原価を計算するだけじゃなくて，収穫量を把握しないと，単位当たりの原価というのは出ないわけですよね。

おそらく，農業者というのは非常に数が多い。今でも多いですし，戦後間もなくはものすごく数が多かったわけで，じゃあ税務署が税務調査に入ったときに，例えば修正申告をさせると，あるいはまったく無申告で決定をしなきゃいけないというときに，農業者の所得を計算する上で，原価計算をやらないと所得計算ができないというような税法の仕組みになっていたとしたら，これはきわめて執行が難しいわけですよね。

そういうことも背景にあり，農業者の方はものづくりをしているわけですから，当然簿記の理論から言えば，原価計算をして棚卸をするということになるわけですが，それができないということになればどうするかというと，じゃあ時価だと。特に戦後間もなくというのは，ほとんど農産物には公定価格があって，時価というものがきわめてはっきりしているわけですから，あとは推定収穫量，あなたのうちは田んぼがどれだけあって，平均反収はこのぐらいだから，このぐらい農産物がとれましたねと。じゃあ，いくらいくらの収入になっているはずですねということが推定できるわけです。実際売っていなくても，収穫したということを基準に収益を計上するということになれば。

おそらく，そういう税の執行側のニーズがあって，収穫基準というのが導入されたんだと思います。今現在も，農業者個人から見ると，収穫基準は原価基準による棚卸資産の評価に比べて不利なわけですよね。なぜかというと，通常時価のほうが原価より高いわけで，時価評価をして棚卸をするということは，未実現利益が計上されてしまいますから不利なわけですけども，若干税金を余分にとられるという意味での不利になる要素よりも，原価計算をしなくて済むという，そういう実務上のメリットというのが大きくて，なかなかこれは戦後何十年もたっているわけですけども，改正されないんですよね。実際それを変えようとすると，おそらく相当困難な問題があるんじゃないかと思うんです。

【戸田】実際に農作業をしながら，そういう棚卸をし，そこから原価を割り出していくとか，労務費の計算だってしないといけないというのは，現実的に無理なんだということですね。わかっているのは，農家が農産物を確かに収穫したという事実と，米などの政府買い上げ価格だけという状況・前提では，こういうシステム以外になかったんだということですね。

【森】それは会計の要請というよりも，税務の問題なんですよね。ただ，税務は会計を規定しますから，それが長年のある意味慣習としてというか，実際に税法

というところの根拠があるわけで，農業簿記の実務にも相当影響を及ぼしているわけです。ですから，収穫基準を抜きに農業簿記の理論を語るということもなかなか難しくなってきていて，やはりこういう内容にせざるを得なかったというところが，3級の教科書，特に個人農業者を扱う3級の教科書で入れざるを得なかったということなんだと思うんですよね。

【戸田】現実に日本で一番多いのは，小さい規模の兼業されている農家さんで，しかも米をつくっておられると。しかもほとんどの農作物を農協に卸しているというときに，本当に実行可能性があるという形だと，確かにこうなのかもしれませんね。

ただ，新規の就農者や新規に参入してくる企業が，農業でははたしてどれくらいの利益が出ているのかを正確に知りたいようなとき，今のシステムのままだけでは，問題ではありませんか。

【森】それだけであればね。だけど2級とか以上になれば，きちんと原価計算もやっぱり範囲に入れて，原価の企画ができるように，利益計画ができるようにというふうに，ステップアップしていくわけです。ですから，もし農業簿記検定の内容が3級止まりで，収穫基準しか教えなかったとしたら，戸田先生のおっしゃるような問題ということは，もちろんそのとおりだと思うんですが。

【戸田】教科書の一番最初の「はじめに」というところに，農業簿記とは何のためにあるのかということが書かれています。そこで書かれているのは，原価をきっちり計算して，経営改善に役立てていくことだとされています。そのことは，2級には当てはまっているかもしれませんけど，3級とはずれてるかなという感じがどうしても。

【森】3級だけだと取り上げられていないです。それは意識的に取り上げていない。つまり，3級レベルで原価計算までやらせるということは，これは商業簿記，日商簿記の検定でもやっていないことですから。やはり3級，2級，1級というところの難易度，習熟度ということを考えたときに，原価計算を省いたところで教科書の範囲というものを設定せざるを得なかった。

そのときに，商業簿記でいうところの，じゃあ仕入原価で処理をするということは，特殊なものづくりをしている農業においては，これは前提とできないわけですから，そうすると製造原価は扱わずに利益計算まで一応計算をするということになると，やはり収穫基準を出しておかないと，これはなかなか体系化できないということもあります。

【戸田】なるほど。ところで，収穫基準については会計側からは，特に何か主張されたのでしょうか。それはしょうがないとされていたのか，それとも何かバッティングがあったんでしょうか。

【野島】収穫基準自体は，農業の世界からははずせない要素だという認識は当初から持っていましたし，森先生，西山先生からもそういう状況，実態は聞きまして。これはもう3級のレベルとすれば，ここが落としどころで問題ないと思っていました。

【戸田】なるほど。ほかに何か，税務と会計で，どちらが最終的に残ったかは別にして，ちょっとぶつかったというか，そういうところって，どういうところがほかにはあったんでしょうか。

【野島】先生にご指摘いただいたところですね，3級ですと。収穫基準のところと，あとは家事消費のところで，ちょっと頭を悩ませた。

【戸田】さらにお聞きしたいのは，総額法処理と純額法処理についてです。私，最初にこれらの処理を見たときに何だろうと，相当難しいなと思いました。それに，期首評価という言葉がありますよね。期首において，その費用額を評価した金額を出すんだという説明が。これは何度も使われていたと思いますけど。期首評価という言葉も最初，何だろうと思ってました。

【森】3級のところにも，原価計算の考え方での仕訳が出てくるわけなんですね。どうしてもものづくりをしている農業ですから，3級の範囲といえども，原価計算的な考え方を出さざるを得ないわけですが，日商簿記というか，簿記論の原価計算の仕訳というのは，基本的には，例えば材料費なら材料費の勘定を原価計算するときに貸方に持ってきて，振り替えてしまうわけですよね。そういう仕訳を，多分実務上はやっていないんですよね。それは農業だけじゃなくて，製造業でもやっていないんですよ。

【戸田】期末で，その期の収益と対応していない費用は，一遍仕掛品に入れておきましょうと。これはわかったんですけど。

【森】振り替えてですね。期首に。

【戸田】ここで，期首評価という言葉が使われているんですけど。初めて聞く言葉で，ちょっと驚きました。この言葉は実務ではよく使うんですか。

【西山】あまり使わないですね。

【森】それは今気がついたな。期首評価って，著者の誰かが使い始めて，それで統一しちゃったのかもしれません。あまり吟味していなかったかもしれない。

【戸田】そうですか。期首評価って言葉に違和感を感じたもので。

【西山】おかしいですね。それはおかしいと思います。

【戸田】私も最初何だろうと思って，西田先生が説明されたときは，期首評価という言葉は，要するに期首の棚卸額と言いたいだけなんじゃないかっていうふうに言われていましたけど。教科書60ページから結構使われます。これは結局，1期前の期末の棚卸額ということですよね。

【西山】期末です。そうなんです。
【森】期首に評価しませんね。これは考え直さないと。ご指摘に感謝します。
【西山】そうですね。ここはちょっと直さなきゃと思っていたところなんです。ちょっとわかりづらいんですよね。
【森】5章を担当した人間がその表現を使って，多分吟味されないまま広まったんだね，きっと。
【西山】そうですね。
【戸田】わかりました。ありがとうございます。これに関連して，純額法と総額法の説明が続きますが，総額法の説明は難しくありませんか。純額法はわかるんですよね。要するに，かかったけど，まだ収穫していないんだから，対応していないんだから仕掛品に入れて，次期に繰り越しましょうと。ところが，総額法の説明は実は結構難しいんじゃないかなと思うんですけど。
【森】これはどうしてこうなるかというと，総額法を説明しないと理解できない。つまり税務上というか，通常はこういう会計処理をするんです。これは多分農業だけじゃないんです。工業でもやるんです。実務家はこういう仕訳を切っているんです。純額法の仕訳はしないんです。実務上の仕訳と簿記論上の仕訳が違うから，どうしても2つの表現になる。これは農業の問題じゃないんです。実務というか，税務会計と理論簿記のやっぱり差なんですよね。
【戸田】なるほど。理論家の方の中にも，総額法処理は別におかしくないんじゃないのという意見がありました。ところが，純額法に違和感がどうしてもある。その方が言われたのは，純額法の翌期首の処理なんですよね。1回繰り越された金額を次の期に持ってきて，もう1回各費用にばらすなんていうことあるのかなと言っていましたけど。じゃあ，純額法の仕訳は本当はないわけですね。
【西山】やらないですね。
【森】通常は総額法の仕訳だけを切ります。だけど，簿記論上，総額法の仕訳に対応する仕訳がないと気持ちが悪いわけです。だから執筆した税理士は，多分純額法処理も示し，また期首評価と言ったんだと思います。人ごとのように言っちゃいけないんですけど。それを監修者としては，このままでいいという判断をしているので，人のせいにはできないんですけど。
【西山】ここは大幅に書き換えないといけないんですね。
【森】確かに違和感があるかもしれないです。
【戸田】総額法が基本なんですよね，処理上は。
【森】実務上はね。実務上は純額法の仕訳なんてしないんですよ，全然，税理士は。税理士はというか，会計の実務ではやらないんです。みんな総額法です。
【戸田】なるほど。

【森】要は，棚卸の仕訳というのが，一番そういう意味では理論簿記と実務上の会計処理で大きく乖離しているところなんです。それは農業簿記だけじゃなくて，商業簿記でも工業簿記でも同じなんです。その問題がなかなか整理できなくて，実務上の仕訳と違うものを並行して説明する都合上，どうしても何かこういう訳のわからない仕訳が出てこざるを得なかったのでは。

【西山】ただ，説明するとき，初心者の方は純額法のほうがわかるんですよね。そのほうがわかるんです。

【戸田】それと，いきなり期首仕掛品棚卸高や期末仕掛品棚卸高といった新しい別勘定を使われても，何だろうというふうになるんじゃないでしょうか。私もそう思いますね。

【森】原価計算上は総額法の考え方でやっているわけですね，実際に。

【西山】そうなんですが。でも，じゃあどうするかというと，やっぱり戻し直すしか行きようがないんですよね。

【森】だけど，実際にこういう各費用に戻し直す仕訳はやらないよね。製造原価報告書って，実務上は試算表に載ってるけど，工業簿記で仕訳をすると，製造原価報告書の勘定って全部期末にゼロになっているね。だから，こういうふうに元に戻すということをやる意味というのは，理論簿記からいうとないはずなんです。

【西山】でも，ここからまたさらにいろいろなコストが加わって，最後収穫し，売上につながっていくわけですよね。

【森】そうだけど，製造原価報告書の内訳というのは，残高試算表からとらないから。実務ではとるけど，原価計算では関係ないでしょう。だって残高ゼロになっちゃう。

【中川】期首，期末は全部まとめてやるんですよね。当期総製造費用でプラスマイナスして，そして当期製品製造利益は出しますから，こういう純額法の仕訳はしないです。

【森】しないですね。だから，純額法は理論的にやっぱりおかしいんです。おかしいけど，やっぱり総額法と対比させちゃうと，こういう説明になるんだ。ちょっと考えなきゃいけない，ここ。

【西山】そうなんですね。ここって，原価の説明をもう少ししないと駄目なところかなとは思うんですね。

【森】難しいですね。じゃあ，どう書き換えていいかというのは，非常に悩ましいところ。ただ，これは理論的にもやっぱりおかしいんです。こういう仕訳を教科書に載せるというのは。

【西山】なくします？

【森】ちゃんと検討してから。ここを書いた人にもちゃんとお断りをしないといけない。我々の中で議論したほうがいいです，もう1回。戸田先生から今日，貴重なご指摘をいただいたということを報告して，その上で少し議論したほうがいい。試験問題にこういうのは出していないよね。

【西山】今のところ，出していません。

【戸田】多分ご苦労されたと思うのは，棚卸については，個別の仕訳問題でのみ問うてますよね。でも，最後の精算表のほうでは，実はこういうものは一切入っていない。全部売り切っていますという設定になっていますよね。棚卸については，問題設定上，2つ分けているというご苦労がきっとあるんだろうなと。

【森】そこは苦労して分けているというよりも，出せないんでね。棚卸の問題は，精算表の問題には出せないんでしょう。

【西山】あまり期末に在庫が残っているというのは，やっぱり農業者の場合は少ないので，だからそういう考えのものはなくていいと思ったもので。

【森】それと，3級の問題でそういう棚卸を問うというのは，ちょっと難しいと思うんです。本来2級の範囲だけど，結局ここで説明せざるを得なくて出しているんで。

【西山】それはありますね。

【森】難しいんです。商業簿記だと，基本的には原価計算というのは3級に出てこないわけですから。ところが農業簿記の場合には，全く触れないわけにはいかないというところで，じゃあどこまで説明していいのか，どうやって説明したらいいかが非常に悩ましい。例えば，育成仮勘定という，育成費用の計算というのは，原価計算の考え方が背景にあるわけですが，それは原価計算だから2級にしますというわけにはいかないんですよね。必ず農業者個人の決算を組むときに出てこなきゃいけないんで，そうすると，その育成費用の計算上，原価計算の考え方も多少入れておかなきゃいけない。それと畜産物の評価，それから未収穫農産物の評価については，これは収穫基準じゃなくて原価基準なんですね。

【戸田】そうですね。

【森】麦の例で説明しています。要は，麦というのは，12月にはまだ畑に植わっている状態ですから。

【戸田】秋まき小麦ですね。

【森】秋まき小麦ですね。春まきもあるんですけど，春まきは北海道の一部しかないんで，ほとんどが秋まきなわけです。個人の場合，12月末が会計期間の期末なので，こういうもので一応仕訳を紹介しているという，そんなとこですかね。

【戸田】それと，説明でご苦労されたんだろうなと思うんですけど，期首農産物棚

卸高および期末農産物棚卸高の会計的性格ですが，これらが収益なのか費用なのかという説明は，最後までなされていませんよね。結局教科書では，これらは損益計算書勘定ですよということは書かれているんですけど，それ以上の説明は本文ではされていません。本文ではなく囲みにおいて，青色申告書の記入例を持ってきて，要するに期首の農産物の棚卸額はマイナスされますよ，という説明になっていますよね。

【森】収益のマイナスですよね。

【戸田】収益のマイナスと収益のプラスというふうに理解しておくのがいいんですよというふうな読ませ方だと思いますけど，そういう理解でよろしいんですね。

【森】それでいいんですが，多分それをはっきり書くことに関して異議がある人もいたんじゃないかな。何ではっきり書かなかったのかは定かじゃありませんが，基本的にはそうだと思うんですけど。結局，前期に収穫をした農産物については，前期において収益に計上を積み上げるんですよね。その農産物が再度，当年において販売されたときには，販売金額が売上高として計上されるわけです。そうすると，二重に計上されているので，引いているということ。

【戸田】収穫基準のまさに基本の考え方ですね。わかりました。ただ，問題集のほうでちょっと気づいたことがあります。問題集の63ページの解答ですね。この解答である振替例を見ると，期首農産物棚卸高は費用として振り替えていますよね。いわゆる収益部分というよりも，費用勘定と一緒に振り替えられているので，ここだけ見ると，じゃあ費用というふうにも思えるなと。

【野島】全部逃げたつもりだったんですけど，ちょっとここは逃げ忘れちゃったんですね。

【森】これは直したほうがいいですね。整合性が取れないのは，おっしゃるとおりですね。鋭いですね。

【西山】本当にありがとうございます。

【戸田】いいえ。文句つけられるんだったら何でも言えますから（笑）。代替案を出すのが難しいんですよね。

【中川】ところで，米という在庫を年末に残すんですか，個人は。全部売っちゃうんじゃないですか。

【森】いやいや，飯米もありますし。全部売るということは，逆にあまりないですね。ゼロとは言いませんけど，いったん売った形にして買い戻す方もいらっしゃるので。絶対にないとは言いませんけども，ほとんどのケースは飯米として在庫を残しています。

【中川】自分で食べる分ですか。

【森】そうですね。あと，親戚に配る分とかも。

【中川】それだけですよね。

【森】あとは，個人で宅配とかで売られている方は，やはり在庫があります。

【戸田】私もその点を聞きたいと思っていました。特に小規模な個人農家の方は，基本的には全部農協に卸して，中川先生も言われたんですけど，私もほとんど残していないというふうに認識してました。

【森】法人は残していないと思いますけど，個人は残すんです。結局，法人の場合には飯米という概念はないですからね。まさに売る目的のためだけに米をつくっているわけですから，基本的には全部売ってしまって，もし構成員といいますか，そこの従業員だとか出資者がお米を欲しいと思ったら，農協から買い戻すということになります。

【戸田】買い戻すんですか。

【森】買い戻すというか。買い戻すという言い方は変ですけど，買うわけですね。あと，法人が全量を農協に出すのは，自分のところでライスセンターを持っていないから，農協に出荷して，農協のカントリーエレベーターに出荷するわけで，その場合には保管しておく場所がないですから，全量売るということになると思います。個人の場合には，自分で保管する場所がなくても，あるいは乾燥する場所がなくても，例えばはざ干しと言いまして，自然乾燥があるわけです。だから自分が食べる分だけははざ掛けをして，それを自分で脱穀してもみすりして，玄米か白米にして食べているという人は，もみならもみで取っておくわけですよね。ですから，個人の場合も米の在庫については一概には言えないと思いますね。

【中川】先ほどお聞きしたのは，どうしても商品というのは，販売するために保存するという頭があるものですからね。

【森】農家の考え方は，どちらかというと売ることも１つの目的だけど，自分の食べるお米は自分でつくるんだという思いでつくっていらっしゃる方も結構いますので。というか，逆にそういう意識が強いから，日本の農業は兼業農家主体で，なかなか構造が変わらないということにもなるんでしょうけど。

【中川】なるほどね。

【戸田】あと，現場というのは，調べてみると多くの農家さんや農業法人は，ソリマチ社製のソフトを使っていらっしゃいますね。

【森】そうですね。別にソリマチのソフトだけが100パーセントではないんですけど，ほかのソフトを使っても，基本的には勘定科目は一緒なわけです。この勘定科目というのは，基本的に個人の場合には青色申告決算書の勘定科目の体系になっていて，さっき言った総額法に合っているわけです。ですから，実務上はそういう仕訳しかしない。ソリマチに限らず，市販の会計ソフトというのは，基本

的には青色申告決算書ができるようにつくられています。要は市販の会計ソフトはほぼすべて会計の理論ではなくて，青色申告決算書に準拠していると言っていいと思います。

【戸田】つまり，基本的にはゴールというと変ですけど，そのゴールは所得税法の青色申告決算書だということですね。その意味で目指すゴールと，会計理論の考え方がバッティングすることも出てくるわけですね。

【森】でも，その意味では，資本の増加分が利益というのは間違いない。それは一緒だと思いますけどね。貸借対照表を見ていただくとわかるんですが，基本的には元入金というのは期末で，変わらない数字を入れるんですけど，この元入金と事業主借と青色申告特別控除前の所得金額を足したものから事業主貸を引いたものが，期首と期末の資本の増減なんです。期中においては，元入金という勘定を使わないんです，実務上は。そのときに事業主貸と事業主借を使うということです。資本の減を事業主貸ととらえて，資本の増を事業主借ととらえるんです。

【戸田】我々の言葉で言う資本増減が，事業主貸と事業主借としてたまっていくわけですね。

【森】所得，利益としてですね。これが当期利益なわけです。青色申告控除前の所得金額というのは，企業会計で言うところの当期純利益になるんです。ですから，事業主借と事業主貸というのは，まさに出資者である事業主とのやりとりを表しているにすぎないんです。だから資本の増減，資本取引ですよ，そういう意味では。企業会計的に言うと。出資者である事業主に対して資産が流出したときには，事業主貸という勘定を使うわけです。

【戸田】なので，誰かにあげた，家族で食べたというときに，この勘定を使う。

【森】家族で食べたというときには，現実には資産が流出しているわけですね，経営から外へ。例えば農産物という資産が流出しているわけですけども，農産物が流出したので，事業主貸と言う。だから借方事業主貸，貸方農産物というふうにいったん仕訳をしてもいいんですよ。次に借方農産物，貸方家事消費金額というふうにやって，農産物を相殺してもいいわけです。わかりやすいのは，農産物が流れているということ。貸方農産物，資産の減少ですよと。じゃあ借方は何かというと，資本の減少だから借方事業主貸と。

【戸田】そのほうがずっとわかりやすいような。

【森】そういうふうに説明するとわかりやすいとは思うんですけど。そう説明してはいないけどね（笑）。

【西山】なるほど。そうすればいいのか。

【森】でも，同じ勘定が借方と貸方で同額ずつ出てくるわけですから，相殺しちゃ

えば借方事業主貸，貸方家事消費高という，そういう仕訳になる。

【戸田】教科書の説明だと，実はもう青色申告決算書で決まっている答えがあってというふうな説明の仕方ですよね。それを会計的に考え直すと，こういった答えになりますよという説明になっています。

【森】現状はおそらく10人のうち9人が，借方事業主貸，貸方家事消費高という仕訳をするんです。実務家はそれですとんと落ちちゃうから。でも，考えてみたら，その仕訳の意味何って考えると，やはり今の2つの仕訳に分解しないと理解できないかもしれないです。いきなり事業主貸で相手に収益の勘定をもってくるというのは，多分簿記の仕訳ではあまりない仕訳でしょうから。

【戸田】最初見るとびっくりしちゃいますね。

【森】びっくりすると思います。

【戸田】えっ，資本減少と収益発生って，あまり見ない会計要素の組み合わせだよなという。

【森】やっぱり，農産物勘定をかませたほうがわかりやすいでしょうね。

【戸田】さらに自家消費についてお聞きしたいことがあります。そもそも，自分で食べたときに，その分を本当に記録する農家さんなんているのかと思っていました。この疑問を西田先生にぶつけたところ，出してきてくれたのは，JAさんと国税局の間で，1人当たり大体こういう金額を使いなさいという基準額が載った標準表だったんです。それを持ってきていただいたときに，細かいすべての謎が溶解したというんですかね。収穫基準って，収穫時の時価を把握して，期末の棚卸数量に掛けなさいという計算をすることになってますけど，どうやって収穫時の販売価額なんて調べるのだろうと疑問でしたから。

【森】実際には，じゃあ収穫基準による期末棚卸の仕訳って実務上しているかというと，していないんです。どういうことかというと，今のご質問に答えることになるんですが，収穫時の時価というものを実務上どこでとっているかというと，概算金単価なんです。例えばお米でいうと，最初契約金というのをもらうわけですが，概算金とか仮渡金という言い方をするときもありますけど，それを受け取るわけです。その受け取ったものというのが，本来はこれは農家から見ると売上ではなくて，前受金なんです。

【戸田】教科書ではそう処理していますね。

【森】ところが農家のほとんどが，農業法人も含めて，仮渡金，概算金を受け取ったときに売上を計上しているんです。

【戸田】実際には？

【森】実際に。なぜかというと，清算というのが2年後になっちゃうんです，最終清算って。野菜とか畜産物の清算。農産物というのは，ほとんどが買取販売で

はなくて委託販売なんです。ですから農協に出荷したときに，法的には農家の所有権のまま農協に販売を委託して，預け在庫にすぎないんです。それを法的な形式に沿って仕訳をすると，本来ならば仮渡金を受け取ったときに，借方現金預金，貸方前受金という経理をして。と同時に，その段階で期末日を迎えたら，借方農産物，貸方期末農産物棚卸高という仕訳を入れなきゃいけない。じゃあ，このときに期末農産物棚卸高というものをいくらで評価するかというと，仮渡金と同額になるわけです。

つまり，第1番目の仕訳の借方現金預金，貸方前受金という仕訳，これは資産と負債の仕訳ですから収益は発生していないわけですけども，期末における借方農産物，貸方期末農産物棚卸高という仕訳，これは貸方の期末農産物棚卸高が収益の勘定になるわけですよね。でも，これはさっき言った前受金と同額なわけですから，前受金として計上するのはやめちゃって，その段階で売上高って経理して，期末の棚卸を省略しても，収益は変わらないわけです。実務上はそうしているということです。つまり，農協に預けている在庫なんだけど，それを在庫として認識せずに，仮渡金をもって販売金額というふうに認識をして経理しているのがほとんどです。じゃあ，本当に収穫基準が適用されるのはどこかというと，期末の手持ち在庫の部分だけということなんです。

私は時々そういう話をして，そういうふうに理論どおり経理してもいいんですよ，面倒くさいですけどね，と農家の人に言うことがあります。あと，得することがありますと。実は預けているだけなので，法人を設立した第1期に販売金額を計上しないで，全部預け在庫だという経理をすると，1期目の課税売上高がゼロになるので，1期目，2期目の課税売上高が1,000万円以下になって，4期目まで免税になるんです。そういうことをすると，消費税を4年間払わなくていいですよと言ったら，本当にやった人がいましたけど（笑）。でも，普通はしませんって最後に言うんだけど。あ，そうかと言って，本当にやった人もいますけど，それも税務署は文句を言えないわけです。それが本来の処理だから。ちょっと何か，法の不備を突くようなやり方なんですけど，実際4年間消費税を払わなくて済むということができるんですよね。

今，それをなぜ申し上げたかというと，そういうことがあまりにもまれであるぐらい，基本的には仮渡金をもって売上高にあげているのが，商習慣として定着しちゃっているんだということを知ってもらいたかったからなんです。

【戸田】 そうすると，まさに現金主義ですね。

【森】 まあ，現金主義ですね。そうですね。

【戸田】 もらった現金こそ売上なんだと。それ以上のことはできないというのが，現場の本当の声なんですね。ただ，せめて棚卸のときぐらいは評価を入れようと。

【森】棚卸だけは省略できないから，そうなる。だから実際上，収穫基準が機能しているのは，期末の在庫の評価だけなんです。あと，家事消費，事業消費のところ。でも，家事消費，事業消費というのはわずかですから。

【戸田】しかも，実際にほとんどない，すべて委託しちゃっている場合は，対象も実はないということがあるということですね。

【森】そうですね。手持ち在庫を持たずに全量をJAに出荷していれば，そういうことになりますね。ただ農業法人は関係ないんですね。

【戸田】農業法人は，2級の中で説かれているような原価計算処理になるわけですね。

【森】本来はですね。だけど実際，世の中にある農業法人がどうしているかというと，原価計算できない法人がいっぱいあって，時価で評価している，あるいは売価還元みたいな形で時価に掛け目掛けて，大体の原価率で計算しているというのが圧倒的に多いです。なかなか，実際は本来のあるべき原価計算が徹底できていないんです。

【戸田】そうなんですか。でもやっぱり個人農家さんを対象とするなら，収穫基準という考え方ははずせないんですね。代替案みたいなのは，やっぱり現場としてはこれ以外にはあり得ない。

【森】理論を追求した結果，実務とあまりにも遠ざかってしまえば，結局その理論も使われないんで，やはり現実に合った形にせざるを得ないと思うんですよね。

【戸田】そうですね。ただ全く個人的には，小規模で兼業をされていて，主に収穫基準が対象となるような米とか麦をつくられている農家さんでも，やっぱり自分で記録をつけてほしいという思いがあります。農業簿記の目的も，自分でつけて，自分でできるように，そういうのとはちょっと違うんですか？

【森】この農業簿記検定の普及対象なり，この教科書を誰をターゲットにするかということについては，かなりかかわった人間の中でも意見の違いというか，温度差がある部分なので難しいところなんですけど。農家自身とか，農業法人の経理担当者に向けてという思いを持っている方も多いです。もともとはそういうところなんですが，ただ，それだけだと，はっきり言って本も売れないし，検定制度も普及しないというふうに思っているんで，私はやはり指導者層とか，農業法人や農家を相手にいろいろご商売するところの方に勉強していただきたい。

【中川】JAや金融機関ですね。

【森】金融機関ですね。私は，どっちかというと金融機関の人が一番勉強するんじゃないかなと思っているんで，そういった方々をメーンのターゲットにしたいと。

【戸田】今，農業ファンドみたいなのをつくっている金融機関もありますし，確かに需要はあるかもしれませんね。あとは，農業関係を中心にやられている税理士事務所の所員さんとか。

【森】最初のうちはそうだと思います。でも，そこはすぐ飽和してしまうので。

【戸田】そうですよね。あと，将来的に継続して受けてもらうというターゲットについては，何かお考えになっていますか。

【森】そこはだから，いろいろ段階をおいていて。最初のターゲットは，やはり税理士事務所の職員，それからその顧客である農業法人の経理担当者に受けてもらう。そこがまず最初のマーケットというかね。

【戸田】JAの人たちもかなり受けておられるんですか。

【森】いや，まだそんなには受けていないですね。あとは，第2段階として，農業団体だとか農業向けの金融機関の人たちに受けてもらうということです。ここはある程度の層があるので。その次に，やはり農業関係の教育機関ですね。農業高校だとか，農業大学校だとか。

【中川】農業専門学校を。今，特に北海道は本当に力を入れて，ローラー作戦でやっています。三重と宮崎の農業高校からも受けるって来ましたね。

【戸田】そういえば私，農業高校出身ですという税理士さんとお話する機会があって。その方は1953年ぐらいに農業高校をご卒業されたと言われていましたけど，なかったらしいんです，昔は農業簿記という科目が。それと反別課税時代と言いますか，要するに農地をどれぐらい持っていればこれぐらい税金を納めなさいという時代には，簿記なんて全然いらなかったとお聞きしました。

【森】全然いらなかったわけじゃないですけどね。ほとんど簿記記帳に基づく申告が行われていなかったということですよね。

【戸田】それはちょっと意外でしたけれども。農業簿記って，その歴史をもっと深く調査すれば，興味深い点がたくさん出てくるんじゃないかと思いました。研究者の視点から，ですけど。

【森】農業簿記の体系も，大きく分けて2つあるわけですよね。1つは，税務会計のサイドの農業簿記と，それともう1つは，簿記論的ではあるんだけど日商簿記の体系とは全く違う，京都大学の先生方がおつくりになった体系と大きく2つあって，それらは全然相いれないんですよね。相いれないというか，全然違うところが多いです。私は両方を知っているので，なかなかその統一が難しいですよね。

【戸田】私も研究論文で書きましたけど，大槻正男という方が京大式農業簿記といったすごい試みをされていますよね。複式簿記は大変なので，何とか複式じゃない会計を，という。私が見る限り，さらにややこしくなっている感じがしま

すけど。
【森】やっぱりその影響というのはすごく大きいというか，農業の世界で農業の簿記論，農業簿記をやっている人たちというのは，京大の人たちの理論的流れをくむ人たちがほとんどなので。私はすみません，戸田先生を存じあげなかったんですが。多分その流れじゃないということですね。
【戸田】全然違っています（笑）。
【森】その人たちは大体知っているので，私は。戸田先生って私存じあげなかったので，きっとその流れの方じゃないんだなという。
【戸田】全く違います。
【森】研究会なんかも，ほとんどその流れの人たちで占められていますから。
【戸田】そうですね。その流れの人たちが書いた農業簿記の文献は大量にあって，こんなにあったのかという感じですけど，でも会計研究側からはほとんど知られていないと思います。
【森】だから全然違う。ガラパゴスみたいなんです。別の論理体系，理論なんです。要は，大槻先生もそうなんですけど，基本的には農産物の生産費調査と結びついているんです。
【戸田】そうなんですよね。
【森】基本的に，私もかつてそういう仕事をしていたんですが，国の政策として，政府買い上げ価格を決める上で彼らの理論というものは構築されているので，要は複式簿記だとか財貨の流れとかということよりも，所得補償する上でのコスト，生産費というものを解明するということが主眼なんです。京都大学の流れの学説というのはそういうふうにできているんで，逆に言うと，それでもう彼らは行き詰まっちゃっているので，それ以上進化しないんですよね。そこの垣根は取っ払いたいと私は思っているんですけど。
【戸田】重要な点は，生産費を調査するために使ったのは，複式簿記ではなく，統計という技術であったということだと思います。
【森】そうですね。まさにおっしゃるとおりで，生産費用を統計的に解明するための学問体系なんです。
【戸田】対して，私なんかの立場からは，複式簿記を中心にすえた体系が別に必要なんじゃないかと。何で複式簿記が必要かというと，どうしてもフローをしっかり把握して，差額としての利益をいかに計算し，まさに自分が儲かっているか儲かっていないのかというのを把握するというのが農業経営の発展に必要じゃないかと思っているので。それでいうと，確かに複式簿記は今回の農業簿記検定に入れられていますけど，税務の最終処理のほうにぐっと寄っていて，何とかもう少し真ん中辺に持ってきていただけないかなっと勝手に思っていま

す。

【森】それは,ぜひ戸田先生にもこのプロジェクトに加わっていただくしか私はないと思いますね。それはやはり,どうしても偏った人間がつくれば,偏ったものになりますから。それぞれは偏っていなくても,その仲間だけが集まればそうなるので,やはりいろいろなお考えの人,いろいろな立場の方が議論を戦わせてつくっていかないといけない。私どもは,ここから一切変えないというふうに思っているわけではありませんので,今日ご指摘いただいたことも含めて,どこから見てもいいようなものをつくっていきたいと思っています。

【戸田】思いつきの代替案で申し訳ありませんが,例えば販売基準のような会計の原則的な考えですべてを説明した後に,別立てで収穫基準を説明するというのはどうでしょう。あるいは,検定3級とか2級というと上にあがっていくんですけど,A級,B級,C級じゃないですけど,どっちが上とかじゃなくて,例えば農業簿記検定C級は青色申告をきっちりつくれるような簿記ですというふうな。そういうやり方もあるのかなというふうにも,ちょっと実現性はおいておいて,思うんですけども。

　あと,これはやっぱり収穫基準をどう扱うかという問題があると思います。収穫基準を中核にすえた農業簿記というのは,記録を自らとらないことが多い小規模兼業米農家さんをその主たる対象とするということですよね。そうすると,じゃあ3級というのは,言ってみれば小規模兼業米農家さんをメーンターゲットにするということになるんでしょうが,そこまで言い切るのはちょっと,という感じもします。

【森】日商の簿記検定との平仄もあるので,個人事業をベースにしているというところは基本線としてあるわけですよね。そこで,じゃあ税務会計特有,農業特有の収穫基準をどう扱うかというのは,確かにいろいろ難しい問題ではあるんですが,なかなか全く後発でこういうものを企画して,一からつくりあげるということは難しいし,今までの先例で世の中のある意味固定概念というものをうまく利用しないと,実際の普及ということからすると難しい面があります。ですから,日商3級と共通点というものが言えるようにしておかないと。3級じゃなくてC級でもいいんですけど,むちゃくちゃ難しいんですよと,収穫基準ですよと言って脅かしちゃうと,受ける人もいなくなってしまう気はするので,やはりレベル感としては,個人事業者を対象としたという意味では一緒ですよとしておきたいところです。ただ,ちょっと農業特有の収穫基準というのがあるんですけどねというぐらいにしておかないと,なかなか普及啓発が難しいかなとは思っているんです。

【戸田】現実で考えたらそれしかないですね。それと,収穫基準と期末の棚卸資産

を時価評価するというやり方は，買えるだけの農業簿記の本を買って見たら，みんなそうなっているんですね。

【森】戦後ずっとこの収穫基準というのが続いています。税法が会計を規定してしまっているんです。そもそも，農業簿記の基本的な考え方が税法からきているということもよくわからないで書いている人も，もしかしたらいるかもしれません。そのぐらい規範として確立してしまっているので。われわれ税理士は，税法に書いてあるからというのは知っていますけど，税理士でない人はそういうものだと思っている人もいるかもしれませんね。でもやっぱり，先生のような会計研究家からすれば違和感がありますよね。

【戸田】そうですね。でも，そんな昔からあったんですね，収穫基準というのは。収穫基準についてもう少しおうかがいします。この基準は，条文に従うならば，「米，麦などの農産物に限って」，適用されるんですよね。

【森】限っているんです。ですが，「米，麦などの」はなくても，この文章は意味は変わらないんです。

【戸田】そうですか。私は前掛かりで読んでいたので。要するに野菜とかいろいろある中で，米，麦だけと言っているんじゃないんですか。

【森】そうではなくて，農産物に限ってということ。

【戸田】そうなんですか。

【森】農家がつくるものは，農産物だけじゃなくて畜産物もあるわけですね。農産物と畜産物を合わせて農畜産物という言葉もありますけれども，畜産物には収穫基準は適用されないので，そういう意味で書いているはずなんですけど，読む人によっては，米，麦などのというふうに読めちゃうかもしれません。

【中川】在庫が残るかどうか。

【西山】そうですね。

【中川】秋まきだったら残るの？

【森】秋まき，これも難しい。基本的には出荷して，麦を自家用に取っておく人はあまりいないので。ただ，もっと厳密に言うと，それも委託販売なので，預け在庫だという考え方はあるんです。なかなか難しいですね。農産物のほとんどが委託販売ですから。

【戸田】JAを通せばということですね。

【森】ええ。JAを通さないということは，穀物については難しいわけです。米はまだ別ですけど。米は直接最終消費財となるので。でも，麦とか大豆というのは必ず加工業者とか製粉会社とか，実需家が入るわけで，実需家に直接一般の法人とか農家が売るということは難しいわけです。ロットも集まらないわけです。

【戸田】よっぽど大きな農業法人でないと。

【森】まずないんですよね。そうすると，JAに売って，いわゆる共計という共同計算，同じ銘柄，同一品質のものはプール計算して清算しますよと。だから等級が変わらなければ，少々品質が悪くても同じ値段だからということで，努力のしがいがないということも起こるわけです。けれど，それは農協が悪いのかというと，おそらく商社が間に立ってもほぼ同じようなことが起きるでしょうし，もちろん細かな品質の格差をつけるということは，農協じゃなくて商社がやればできるという意味では，変わる余地はあると思うんですけど，本質的には変わらないと思うんですよね。直接消費者に売れるものでないと，なかなかそういう品質格差というものを値段に直結させることは難しいですよね。

【戸田】ありがとうございます。あと，今後1級をつくられていくというご予定で，何か1級を取ると特別な何とか士という称号付与というのがあると聞いていますが，1級はどういう内容に。

【森】基本は，やはり日商の1級の範囲のもので，農業に出てくるものはカバーしようと。農業に出てこないものは削りましょうと。

【戸田】日商1級をベースにということなんですね。

【森】はい。ここもいろいろ議論があったんですが，農業経理士ですか，じゃあ1級まで取ったらこれをすぐ付与するということになると，いわゆる簿記論だけでは足りないんじゃないかなということになるわけですね。経営分析診断ですとか，農業の税務ですとか，そういうところも入れていかないと，農業経理士という称号を与えるにはどうかなという話になって。さりとて農業簿記という，農業簿記検定という名前の中でじゃあ税務まで扱うのは，今度は名前と実態の乖離が生まれてきますので，今のところ考えているのは，1級の範囲はもう簿記論に限定していく。財務会計，原価計算，管理会計に限定してしまって，プラスアルファ農業税務と経営分析の検定を設け，それはもう別立てと。農業簿記検定1級とは別にして，1級プラスアルファでそういう称号というのはどうかということで，今検討を進めています。

【戸田】実は研究上だけなんですけど，IAS第41号「農業」という国際会計基準があって，公正価値を農産物に適用しようという考え方に基づいています。

【森】将来価値からの会計ですね。それはなかなか。

【戸田】ヨーロッパだと農産物の関連で上場している会社とかがたくさんあって，実際にはどんどん使われているのが現状みたいですけども。そういったところも将来的に検定の範囲にするというのは，さすがに日本ではちょっと無理でしょうか。

【森】おそらくそれは時期尚早なんですね。というのは，やはり農場ごと売買をするということでなければ，時価評価をする意味ってあまりないと思うんです。

ところが今の日本の農業というのは，農地法の問題もあり，農場を農場ごと時価評価して売買するということは，法制度上できない仕組みになっていますから，実際そういうものをやったとしても，なかなか日本の実務界では使われない。例えば企業買収の上で使えるとかというのであれば，普及する余地があると思うんですけど，そういう余地がない。したがって，需要がないというか，マーケットがないものをつくって売るわけにはいかないので。

将来的には，もちろん日本の農業に関する諸制度が変わってきて，ヨーロッパなりアメリカやオーストラリア並みのそういう商習慣といいますか，農業に関する取引というものが増えてくれば，当然そういうものをやっぱり範囲に含めていくということになると思うんですけど。現実には，当初申し上げたとおり，やはり実務で使えるということが1つの大きな基準ですから，いい悪いは別として，それはなかなか日本では使えない。適用例があまりにもなさすぎるということですから，当初は少なくとも範囲に含められない。

ただ，1回つくった1級の範囲が，もちろんある程度試験制度の基盤になるものですから，頻繁に変えるべきではないと思っていますけど，永久にそれをいじっちゃいけないというふうには思っていませんので，世の中の流れが変わってくれば，それに合ったものを体系の中に取り込んでいくということはやっていかなきゃいけないと思っていますし，そのときにやはりそういう国際会計基準に準拠した部分を，実務上使える部分は入れていくということになるんだと思うんですけどね。

【戸田】確かに，日本は農場全体の売買がないというのは面白いご指摘だと思います。そもそも会計の認識・測定の問題を考える場合，商習慣と適合しているかどうかを考慮するのは重要な視点だと思います。

本日は，だいたいお聞きしたいことをすべて聞くことができました。2時間もの間，どうもありがとうございます。

【森】ぜひ戸田先生には，今後とも簿記検定をいろいろとご支援いただきたいと。そのうち試験委員辺りをもしかしたらお願いしなきゃいけないので，そのときはぜひ。

【戸田】いえいえ，私としては研究題材として見させていただきたいだけで。逃げるわけじゃないですけど（笑）。本日は，皆様，誠にありがとうございました。

(終了)

第12章

ミツハシライス管理部財務課長・澤田泰二氏へのヒアリング調査

　本書第Ⅲ部では，農業簿記第1の流れである農業税務簿記を対象に，そのヒアリング調査のもようを示している。ただし本章では，これまでとは異なり，ヒアリングの対象者は全国農業経営コンサルタント協会に所属する税理士ではない。本章で示すヒアリング調査は，ミツハシライス管理部財務課長の澤田泰二氏に対して行われたものであるが，同氏は，農業税務の現場に直接携わっているわけではない。ではなぜ，同氏へのヒアリング調査が，農業税務簿記に関するヒアリング調査のもようを示すはずの本書第Ⅲ部に収録されるのであろうか。

　これには，大きな理由がある。ヒアリング調査の過程で，澤田氏は，米の概算金について詳しく語ってくれたのである。すでに本書で論じてきたように，農業税務簿記の現場では，ながらく農業に関する標準・基準が，測定属性として使用されてきた。そして，農業に関する標準・基準の適用は，簿記の根幹である「記録」を不要とするため，ひいては簿記そのものを不要とする，大きな問題点を抱える実務だったのである。ただし，こういった農業に関する標準・基準は，公式には国税庁長官の通達をもって廃止されたこととなっているし，一般的にもそのように受けとめられている。しかしながら，第9章および第10章におけるヒアリング調査からも明らかなように，地域によっては，この農業に関する標準・基準は厳然と存在し，現場で今でも適用されているのである。さらに続く第11章のヒアリング調査から，特に米については，全農が集荷に際して農家に先払いする「概算金」をもって会計処理を終えてしまう実務が，商習慣として定着していることが明らかとなった。つまり，澤田氏がその実態に

ついて語ってくれた米概算金は，新たな農業に関する標準・基準となっているという意味で，農業税務簿記の研究において欠かすことのできない対象なのである。

以上が，本章を農業税務簿記に関するヒアリング調査として加えた理由である。なお，澤田氏へのヒアリング調査においては，概算金の実態だけでなく，米の流通過程における知られざる実態や，何より，なぜ概算金しか米のベンチマークとして頼るものがないのかという，日本の農業にとってより根本的な問題が示されている。

本ヒアリング調査は，2014年9月24日，神奈川大学横浜白楽キャンパスの戸田龍介研究室（1号館709号室）において行われたものである。以下，そのもようを，実際の会話のまま全文掲載する。

【戸田】本日は，米卸し会社のミツハシライスにご勤務の，澤田泰二管理部財務課長にヒアリング調査をさせていただきます。本日はいろいろとお聞きしたいと思っております。よろしくお願いいたします。
【澤田】こちらこそ，よろしくお願いいたします。
【戸田】ところで澤田さんは，我が戸田龍介ゼミの優秀な出身者なわけですが（笑），卒業や入社はいつごろでしたっけ？
【澤田】1999年卒なので，入社も1999年ですね。
【戸田】最初から経理に配属だったんですか？
【澤田】最初からです，私は。途中，部署の名前は変わっていますけれども，ずっと経理ですね。経理一筋，15あるいは16年です。
【戸田】すごいね。それは，澤田さんの希望もあったんですか？
【澤田】私の場合は職種別採用ではなかったんですけれども，ただ，就職の求人票みたいなのに経理をというコメントがあったので。それで，就活のときから経理をやらせてくださいという話をして，めでたくそのまま経理に入ったという形です。
【戸田】日本の会社ってあまり職種別で募集しませんけれども，じゃあミツハシライスって昔から，経理なら経理という形で募集していたんですか？
【澤田】そうですね。一応求人票みたいなのには営業，工場，その当時は総務，経理みたいな形で書いてありました。もともと私は，事業会社の会計や経理をやりたかったので，就活もそういうのが書いてある会社を探して受けました。
【戸田】素晴らしい。そして希望どおりになったわけですね。

【澤田】そうですね。

【戸田】そういえば，まさに偶然ですけど，うちのゼミで2つ下の代にいた岩永寛毅君も，同じミツハシライスの経理部に所属しているんですよね。

【澤田】そうですね。彼からOB訪問を受けまして，うちの経理に入りたいという会話をしました。彼の場合は，最初は営業に配属になって，でも3，4年してから経理に配属になり，その後ずっと経理をやっています。

【戸田】すごい。うちのゼミ出身者が2人も同時に，ミツハシライスの経理部にいるんですね。ところで，農業には，独特の簿記や会計手法がありますけれども，米卸し会社独特の会計というか，経理手法，会計手法ってあるんですか。

【澤田】会計手法は，おそらく普通の事業会社とほとんど変わりがないです。ただ，原価計算においては，それは会社によって多分様々だと思います。原材料の原価率，当社でいうと，お米の原価率というのが90％以上を占めるので，管理的には，生産コストがいくらだというよりも，そっちが主眼になりますね。

【戸田】ということは，別に人件費や生産費をどう正確に計算するかではなく，米をいくらで仕入れたかということが中心になるわけですね。つまり，大量に保管している米の，仕入原価を管理することが大切なんですね。

【澤田】主眼がもうそこになりますね。

【戸田】それって，例えば棚卸で米の下落分なんかが生じた際，どういう感じで評価しているんですか。

【澤田】これは本当に会社によって様々です。とにかく，まず，米の公正な市場って基本的にないんですよ。

【戸田】会計学には測定属性として公正価値，フェアバリューというのがありますけれども，あれは理念的にはたくさんの参加者がいて，彼らが集う市場において強制力なく自然と決まっていく価格ということですけれども，何と，日本の米にはそもそも公正な市場がないということですか。

【澤田】そうです。基本的には，農協とか生産法人とかが相対で価格を決定しているので，フェアバリューがいくらくらいかというのはあまり認識していません。というか，そもそも市場自体がないというのが現実です。まあ，先物市場はありますけれども，よく新聞にも出ていますが，動いているかというと動いていないというのが事実です。また，米卸しの仲間内でいわゆる取引所みたいなものはあるんですけれども，それが大規模に行われているかというとそうではない。なので，いわゆる公正な市場や公正な価格が，米に関しては基本的にないということになります。

【戸田】フェアなマーケット，フェアなバリューがない。でも，棚卸するときなんか，その時点の価格はどうやって決めるんですか。

【澤田】なので，細かな実態は会社によって様々なんですけれども，基本的に業者はそれこそ何もしない。

【戸田】期末評価しないということですか。

【澤田】取得原価でそのままという形ですね。

【戸田】物さえ確認できれば，価格についてはわからないし，評価のしようもないということですか。

【澤田】そうですね。比較するものがないので，どうしても難しいというのが現実になります。お米の卸しという事業は，玄米を買って玄米で仲間内に売るというのが，その1つの事業になります。もう1つが，精米して売るという，例えばスーパーとかに卸すという事業になります。そして，どちらの事業にしても，生産コスト，製造費，労務費・経費の配賦とかというのをあまり主眼においていないというか，いわゆる原価計算があまり発達していないというのが現実なんですね。なので，原価に適正利益をのせた，適正販売価格というものがない。

　私が習った会計学と最も違うのは，内部コストがいくらなのかという原価計算の発想がほとんどないことだと思います。そういう考えより，どちらかというと，玄米を売ったり買ったりすることが重要です。そして，米の評価についても，そこで相対で決まる価格に基づいて決めている会社がほとんどじゃないでしょうか。

【戸田】なるほど。ところで，私たちが普通スーパーで見る米は，精米して白米にして売っているけれども，その前は玄米の状態でやり取りしているんですね。玄米でのやり取りは，卸し会社同士でやることになるわけですね。

【澤田】そうです。基本的に同業と，つまり業者間です。あるいは，大量に買ってくれる，精米機械を持ったような外食産業とかですかね。

【戸田】そこでは相対とはいえ価格は決まるから，もし評価しようとすれば，そのときやり取りした価格を使うしかないわけですね。

【澤田】ええ。再販価格という意味ではそれを使います。それもわからない場合は，直近の仕入れ価格を使うんだと思います。でも，中小以下は何もしない，つまり購入価格のままというのが多いケースだと思います。

【戸田】じゃあ，今みたいにお米の価格が下落しているときなんか，含み損を抱えているということはわかっていながら，しかしそこは出すと言ったって，いくら下落しているのかわからないしこのままおいておこう，となりがちなんですね。売却損が実現するまでは放っておこうという，ある種リスキーというか，そんな感じがするんですけど。

【澤田】確かに，適正な期間損益という意味ではどうなんだろうというところはあります。ですが，申し上げたとおり，お米の場合，市場で公正に決まる価格が

そもそもないというのが現実で，そこが一番のネックなんだと思いますね。

【戸田】フェアバリューというか，適正な時価というか，誰もがそれぐらいだろうと考えられるような価格が存在しないわけですね。そういった価格が誰にもわからない。

【澤田】わからない。ただ，仲間内価格というのはあるにはあるんですけれども，それが全農から買う価格とリンクしているかというと，それはリンクしていなかったりします。例えば今，相場が下落していますが，仲間内価格は当然かなり下落した価格で動くんですけれども，全農から買う場合は若干の下げじゃしかないとか，そこの乖離も出てきてしまうので，どっちを使うのという話にもなってくるんですね。

【戸田】日本におけるお米には，そもそも誰もが大体これぐらいだろうなというような価格がないということなんですね。ところで，日本の場合はそういった形になるんでしょうけれども，例えば米国なんかだと，カーギルみたいな巨大な穀物卸し会社は，市場の評価額を使っているという可能性はあるかもしれませんね。

【澤田】そうですね。当然，コーンとか小麦とか，ああいうのはやっているんだと思うんですよ。穀物という意味ではおっしゃるとおりなんです。

【戸田】米だけは，特に日本国内で取引される米だけは，そういうのがない。

【澤田】そうです。

【戸田】なるほど。日本のお米だけが，市場の評価の対象から全然はずれた，不思議な農産物になっちゃっているわけですね。対して，コーンとか小麦には，当然そういった価格がある。

【澤田】ありますよね。市場で決まる世界的なバリューが。大豆なんかにももちろん。

【戸田】だけど，お米にも，世界的なバリューは一応ありますよね。

【澤田】ありますけれど。

【戸田】日本とは全然違うんだ。

【澤田】日本とは全然違うんですよ。

【戸田】そうでしょうね。もちろん，すごく安いんでしょうね。だからこそ日本では，グローバルマーケットとは全く関係ない独特の取引価格を，関係者の相対で形成していかなければならないんでしょうね。

【澤田】日本の米というのは，非常にドメスティックなものになっているんだと思います。つくっている量からいっても，中国であるとか，タイとか，あの辺が世界の米という意味では一大産地なんですよね。ただ注意しておかなければならないのは，そこのバリューと，我々ドメスティックな日本のお米のバリュー

とでは，価格だけでなく，もの，つまり品質や味なんかの点で別物と考えた方が良い場合もあります。その場合，グローバルマーケットにおける価格というのは，参考にもならない。参考にもならないというか，むしろ使ったらゆがむんだと思います。

【戸田】だから，もし適切に評価するということになれば，品質や味の差を適切に考慮するということが必要になってくるわけですね。ただ，このごろ時々聞く，外国市場での日本のお米の高値取引なんかだと，評価というより別の思惑で値付けされているような感じを受けます。限られた層に対する一種の言い値というか。日本の高い米なんか買おうという人は，外国のごく限られた富裕層しかないから，そういう人たちはいくら高くても買うはずというか。そうだとすれば，別に言い値でもいいし，そんなグローバルな価格形成なんかを知らなくたって，何の関係もなく商売はできることになりますよね。

【澤田】実際おっしゃったとおり，中国とか，あの辺りで日本産米って売っているんですけれども，日本での売値と比べてもはるかに高い額で取引していますね。はっきり言って，通常の農産物ではなく，いわゆる嗜好品です。

【戸田】なるほど，嗜好品ね。ただ，それでも利益はきちんと計算できるわけですね。高い日本の価格をベースに，さらに高く売った金額の差額が利益だから。このスタートの日本の高い米価格が，どうしてそのように決定されているのかについて，さらに話をお聞きしたいと思います。さっきちょっとおうかがいしましたが，日本における米の卸し値の決定は，全農さんと米卸し会社の相対で行われているのが実情なんですね。

【澤田】そうです。ただ，米卸し会社は集団で相対交渉するわけではなく，個別で相対交渉をし，それぞれの相対関係の中で米の卸値が決まっていきます。

【戸田】じゃあ，米卸しは神明さんなら神明さん，ミツハシさんならミツハシさんが全農と個別で相対交渉をし，全農があなたの会社にはこの地域の米はこれぐらいで，あなたのところはこれぐらいでという形で卸すわけですね。ということは，同じお米でも，米卸し会社によって異なる卸し値が全農側によって示されることになるんですか。

【澤田】そういうことになります。

【戸田】それは全然知らなかったな。米の基本価格って，全農と米卸しの個別相対で決まっていくんですね。その辺の事情を，もうちょっと説明してもらえませんか。

【澤田】一般的にあまり知られていないことで言うと，価格の形成なんかの前に，とにかく量の確保とその発注があることですかね。価格の話以前に，例えばどこ産の何とかという品種を，当社はどれぐらい必要としているということを全

農さんに伝えることから，実際の米の取引はスタートします。

【戸田】それはまだお米が収穫される前の話なの？

【澤田】もちろん。栽培も始まる前です。例えば，今年ミツハシとしては，どこどこ産のコシヒカリを何キログラムぐらい欲しいというのを，早い段階から全農さんに申し入れるわけです。

【戸田】それを受けた全農側は，申し入れた量は絶対確保してくれるんですか。

【澤田】そうとも限らないですけれども，基本的には総量の中で，どの米卸し会社にどれぐらいみたいな割り当てが発生します。収穫量すべてがそこで決まるかというと，そういう話ではないんですけれども，大きな卸しに対しては，例えば年間でこれぐらいというざっくりした話がまずスタートとしてあります。例えば去年1,000トンだったから，今年も1,000トンぐらいでいきたいとか，今年はもうちょっと増やしたいとかっていう。でも，全農としては総量の生産量はある程度の目安は決まっているので，これ以上は無理ですみたいな話とか，ここまではいけますとかという，量の話がまずスタートとしてあるんです。

【戸田】価格なんかより，まずは量なんですね。

【澤田】はい。

【戸田】決め方に力関係ってあるんですか。

【澤田】ありますね。力関係というか，関係の太さと言ったほうが良いかもしれません。ただいっぱい買うから，優先的に量を回すという話だけではないんですよね。これは私の偏見なのかもしれないですけど，全農さんとか農協さんとかというのは，お米の取引に対する感覚が商品の売買じゃないんですよ。

【戸田】面白いですね。言ってみれば，おらが村でつくった米を分けてあげる，という感じなんですかね。市場原理というか，いくら札束積まれたって，分けたくない人にはちょっとねえ，そういう感覚なんでしょうか。

【澤田】まあ。そういう感覚が非常に色濃く残っていると思っています。それに，業界に独特の慣習もあります。慣習というか，実績重視ということですかね。例えば，熊本の森のくまさんというお米が人気が出ている，だから買い付けたいということになっても，これまで購入実績というか，その地域とのお付き合いがなければ，全農は容易に受けてはくれません。例えば，うちのような関東の米卸しだったら，基本的には関東以北，つまり関東，東北，ここらが主要な仕入先地域なんですね。なので，ここらとのパイプというのはあるし，去年の実績程度なら問題なく買えますよ，とそういう話になるんですね。でもじゃあ今まで全然関係ない，九州熊本の森のくまさんを買いたいというと，買えないんですよ。

【戸田】そうなんですか。買いたいという希望を全農に出しても，ちょっとそれは，

あなたのところは今までお付き合いがないでしょうと，そういって断られるわけですね。

【澤田】そういう世界です。絶対買えないかというとそうではないですけれども，例えばいきなり1,000トンくださいとか，ある程度のボリュームをくださいと言っても，それは多分買えない。

【戸田】どうしても欲しいとなったら，全農を通さずにどこかを通す手はあるんですか。

【澤田】今度は1個下の県本部という単位があるので，県本部に話す。県連ですね。もしくはその下の単位農協に話す。それでもだめなら，全然別のルートで生産法人に直接話すみたいな話はありますけど。

【戸田】でも，発注量が大きければ，どうやってもなかなか難しいんでしょうね。

【澤田】そうなんです。お米は収穫できる総量にそう変動がない中で，高い価格を提示してくれた先に売り渡すというようなことはまずなく，もともと古くからのお付き合いのあるところが最優先になります。お金を払ったら買えるというものではないんです。関係というんですか，お付き合いの歴史というんですか，そういうのが非常に色濃い独特の世界なんです。こういう特殊な業界ですから，最初のハードルは価格競争ではなく，量，量が確保できるかどうかということになります。

【戸田】どれくらいの量を取り扱っているのかが重要なわけですね。ところで，米卸し業界の取り扱い高順位ってどうなっているんですか。

【澤田】神明（ホールディング）さんという会社が取り扱い高1位です。変わったところでは，3位ぐらいに，全農パールライスっていう会社がきます。

【戸田】えっ，それって全農の関係会社ってことですか。全農が自分で米を集めてきて，自分というか身内で買うの？

【澤田】まあ，そういうことです。

【戸田】ところで，第2位の会社は？

【澤田】木徳（神糧）という会社がきます。こちらは，確かJASDAQスタンダードの上場会社ですね。

【戸田】珍しいですね。日本の農業関連企業で上場するというのは。

【澤田】そうなんです。米卸しではここぐらいかな。あと，米専業ではないですけれども，ほかにヤマタネという会社も上場していますね。米の関係会社で上場したりしている目立ったところはその2社ぐらいですね。米卸しのランクの話に限って言うと，先にあげた3社ぐらいがどんと抜けていますね。

【戸田】ビッグ3なんていう言い方は，業界ではするんですか。

【澤田】しないですけどね。米卸し最大手というと神明さんの名前が出て，2番手

というと木徳さんの名前が出る。だけど，微妙なんですよね。3番手の全農パールライスという会社は，法人的には確かに米卸しなんですけれども，全農の100％出資の会社なので，同じくくりかというと，やっぱりちょっとニュアンスが違うところがありますね。

【戸田】ミツハシさんって何位ぐらいなんですか。

【澤田】うちはトップ10には入っているような形ですね。

【戸田】いや，でも，米卸しの業界ってなかなか面白い構造になっているんですね。ところで，ちょっと問題があるかもしれない全農パールライスも含めた米卸し会社は，まず量をどれぐらい確保したいかというのを全農に申し立てるわけですよね。そのとき，全農は，その量の提供を書面で確約するんですか，それとも，ただお聞きしましたよというだけなんですか。

【澤田】実は，契約という概念がそこにはないんです。特に，希望量の申し入れ時点のタイミングでは。

【戸田】何かを正式に交わすわけではなくて，一応希望はお聞きしておきますよというか，前向きに対処しますというか。

【澤田】その後，希望を出してきた各社に，どのくらいの量を，どのくらいの価格で出せそうだということを，全農の中で調整することになるんだと思います。このステップに移る前に重要なのが，実際の米の集荷に際して農家に支払う仮渡金あるいは概算金です。多分，全農の中では，こういったことを大枠で決定する前のタイミングで，仮渡しはどれぐらいにしようかなみたいな話があるんだと思うんですけど。

【戸田】ちょっとまとめると，まず，米卸し会社は全農に希望する量を伝える。価格については，その後の全農から農家へ仮渡す概算金が基本となる。こういった経緯を経て，全農と各米卸し会社は，特定地域や特定銘柄の量や価格について，最終的に相対契約を結ぶ。だいたい，こういう流れだととらえていいんですか。

【澤田】そうですね。

【戸田】この正式な相対契約に入るタイミングにおいては，米はもうそこにはある？　まだない？

【澤田】あるケースとないケースがあります。収穫前に契約する場合は当然そこにはないですし，契約もいろいろなタイミングがあって。それこそ，収穫前に契約する契約形態もありますし，収穫した後に契約する形態もあります。収穫前契約は当然リスクがあるので，契約価格帯が若干違ったりみたいな話はあります。

【戸田】相対契約の金額自体は，絶対に守られるんですか？

【澤田】基本的には守られます。

【戸田】米を最終的に仕入れる前でも，あるいはその途中でも，価格が高騰しよう

が下落しようがそれはもう契約した金額でということですね。

【澤田】ただ、その契約を取り巻くタイミングで全量買うわけではないので、あるタイミングで契約したらいくら、別のタイミングで契約したらいくらというように、タイミングごとに価格は変わっていきます。

【戸田】なるほど。米の取引って、1回で大量のロットを全部契約するんだと思ってましたが、必ずしもそういうわけじゃないんですね。外から見れば、全農と個別米卸し会社の1回の取引契約のように見えて、実はいくつかの契約に分かれているというようなケースが多いのですか？

【澤田】そういったケースもありますし、契約形態はほんとに様々なので。とにかく、米の種類、必要量、そして価格も含めて、基本的に米仕入に関する契約は、すべてそのときそのときに全農さんとのやりとりの中で結ばれていきます。特に、私達のように一定規模以上仕入れる必要のある会社は、ですが。

【戸田】すごい、本当のまさに相対の関係の中で、米についての様々なことが取り決められているんですね。その関係には、力関係もあるだろうし、お付き合いの関係もあるだろうし。そしてそれらいろいろな関係は、マーケットとはあまり結びついていないという点も特徴的ですね。じゃあ例えば、同じ種類の米を、同じ量、同じタイミングで仕入れる契約をしても、例えば全農と神明さんとの卸し価格と、全農とミツハシさんとの卸し価格は違ってくるわけですね。

【澤田】そうですね。

【戸田】ところで、契約後、お金はどのタイミングで全農に払うんですか。やっぱり、お米が入荷された後ですか？

【澤田】基本的には、米が出荷される直前に現金が支払われます。

【戸田】へえ。現金との引き換えってことは、キャッシュで直接支払うんですか？

【澤田】銀行振り込みでお金を払います。全農側が確認次第、じゃあ出荷します、というのが一応の基本形態なんです。こういったやり方を軸とはしています。ただ、いつも必ずそんなことはできないので、金利相当分を保証するような形で業界団体に保証金を積んだりして、例えばいくらまでは出荷後7日待ってキャッシュアウト、みたいなのも一般的ですね。

【戸田】今までの話をまとめると、米卸しはまず全農に希望の量を、品種や産地もあわせて伝える。そのやりとりの後、あなた方が希望している量は大丈夫そうだけど、価格はだいたいこれぐらいになりそうだっていうのが伝えられる。その後そこで決まった価格を米卸しが支払い、それを受けて全農は米を出荷する。だいたいの流れは理解できました。が、全農から伝えられる価格は、そもそもどうやって決まるのですか？ なぜ、その価格になったのかについて、何か説明はあるんですか？

【澤田】価格の根拠が明確に示されることはありません。ただ，先ほどちょっとお話しした，農家に支払う概算金が大きいことは間違いないでしょう。

【戸田】それは，米を集荷する前に，全農が単位農協を通じて各農家に前渡しで払う概算金のことですね。これが非常にでかいということになりますね。

【澤田】重要ですね。

【戸田】この前渡し金あるいは概算金は，どういう感じで決まっていると大体考えられますか。

【澤田】それはおそらく，いくら払うから，このくらいは集荷させてくれという世界ですね。

【戸田】このくらいは集荷させてくれ？

【澤田】最近新聞とかにも出ていますけれども，全農の課題として，米の集荷率が下がっているということをご存知ですか。

【戸田】はい，そう載っていますね。

【澤田】その対策のために，概算金を去年そして一昨年と，上げているという実態があります。だから集荷率を上げる，米を集めるために全農がどこまで出せるかというところでしょう。これは，本来の米のバリューとは全然関係ないところで決まります。

【戸田】つまり，お米の価値がどうとか，おいしいとかまずいとかは，概算金そのものの決定にはあまり関係ないわけですね。最初，卸しはみんな量を言ってくるわけだから，全農としてはこの量を確保しないと全体がうまくいかない。そして，この量を集めるために，「これぐらい払いますから，集荷させてくださいね」と概算金を各農家に提示するわけですね。
　ところでそのときに，「こんな低い金額ではほかに持っていっちゃうよ，道の駅なんかに持っていっちゃうよ」と交渉して，値上げしてもらうようなことはあるんですか。

【澤田】いえ，個別交渉のたぐいはやらないと思います。これぐらいの価格だったら集められる，っていうところを全農が意思決定するんだと思いますけれども。

【戸田】なるほど。結局，市場の需給とはあまり関係ないところで，全農側の判断で決まるわけですね。

【澤田】ちょっと話がそれるかもしれませんが，米を提供する農家さんにしても，この価格で売りたいというのはないはずなんですよ。

【戸田】そうか，そこは重要な点ですね。

【澤田】この価格以下では原価割れで商売にならない，なんて発想はそもそもないはずなんです。たとえ赤字になっても，最終的に補助金をもらえれば，というのが日本における米をつくる環境なんじゃないでしょうか。米の流通の中で最

大の構造的な問題は、農家さんだけでなく、これくらいの原価がかかってるんだからこれこれの価格で取引しなきゃペイしないという、こういった発想がそもそも形成されていないことだと思いますね。

【戸田】非常に重要な指摘ですね。そもそも米の売り手側が、記録に基づいて原価を把握していないし、把握するつもりもない。だから、概算金に対しても、かかった原価くらいは最低限保証してくれ、という対応ではなく、とにかく去年よりは上げてくれよとか、それぐらいの対応しかできないわけですね。

【澤田】そういう世界はありますね。とにかく、手取りを保証することだけが関心事となってしまうっていう。

【戸田】このような米をめぐる世界というか環境って、食管法のもと政府による米の買い上げ価格があったことが大きいように思います。政府買い上げ価格が、政治決着によって年々上昇していく時代がながく続けば、農家さんだって、記録だ原価だってめんどくさいことはやらずに、ただお米をつくることだけに専念すればすべてが丸く納まったんでしょうから。今は食管法も廃止になり、そういう買い上げ価格は表向きはないけれど、概算金って制度的にはその代替なんだと考えられるのかもしれませんね。どちらも、本来の米のバリューとは関係のない思惑の中で決まるわけだし、しかもそれが本当にキャッシュとして農家さんに払われる。

【澤田】キャッシュの動きについては正確にはわからないですけど、私も概算金については、基本的には政府買い取り価格の代替に近いイメージだととらえていますね。だから、日本の米のベンチマークは、特に価格的には、概算金によって決まるんだと思いますね。全農が各農家に支払う概算金が、日本の米の取引価格のスタートになるんです。

【戸田】確かに、農家側の継続的記録に基づいて計算された原価、これがスタートでは全くない。そもそも、記録をとってないんだから。農家側は、大体これぐらい払うから集荷させてくださいね、という金額を結局のところ言われるがまま受け取るしかないということになる。もちろん、農協の他に販路がなければ、だけど。

【澤田】農家さんの感覚としては、そこでの手取りと補助金で、あと兼業だったら、普通の兼業先の収入との合算で何とかやれればいい、というのが実態でしょうね。

【戸田】日本において多数を占めると言われる小規模兼業米農家さんは、農業で儲けようというインセンティブが乏しいと言われています。それに何となれば、農業で儲かってないほうが、兼業先収入との損益通算により税の還付の可能性だって生じるわけで、そっちのほうがありがたいことだってあり得る。原価削減による利益確保、なんていう通常の産業における話なんか通じない。

でも，これって農家さん側だけの問題じゃないんじゃないでしょうか。さっきからの話を総合すれば，全農の米卸し価格は，支払った概算金に全農の取り分をのっければ基本的に決まるし，米卸し会社の最終卸し価格は，当該金額に米卸し会社の取り分をのっけたものになるわけですよね。とにかく全農側からの概算金支払額がスタートで，あとは流通の過程で各社が自分の利益をのっけていくだけですよね。ということは，米の世界あるいは全体構造の中では，かかった経費を積み上げるという意味での「原価」を計算する必要が誰にもないってことになりますよね。

【澤田】まあそうですね，誰にもないです。

【戸田】農家側も原価がこれぐらいかかっているんだから，もうちょっと高く買ってくれっていうことも言わないし，言えない。全農側だって，そもそも払った金額が先にあるんだから，それにいくばくかのプラスの金額をのせて卸しに売れば，自分のところの利益は確保できる。この事情は，卸し側だって基本的に同じなんですよね。だから原価を計算するというのが，どこにも，農家側にもないし，全農側にもないし，卸し側にもないってことになる。これが，日本の米をめぐる環境だったんですね。

話は少しずれますが，今年新設された農業簿記検定試験のために，農業簿記の教科書が出ています。そこには，農業簿記の真の目的として，農業経営の改善のために，きちんとした「原価」を計算することだと明記されています。しかしながら，日本の米をめぐるすべての構造において，この原価を計算するっていう発想がない。これは先ほど，澤田さんが，いみじくもおっしゃったとおりだと思うんです。

【澤田】思うに，兼業農家さんが先祖伝来の土地を使う場合，そこにはコストがかからないわけですから。それに，本来はかなりのウエートを占めると思われる人件費に関しても，使用者がいるわけではないので，労務費も支払いコストとしては発生しない。じゃあ，現実にコストとして誰もがわかるものって何なのっていうと，それこそ稲と肥料と除草剤に関わるぐらいのものしかない。それらはキャッシュアウトの管理さえできればよくて，ここの1反当たりいくら集荷できて，その総原価はいくらかという発想は持つ必要はおそらくないんですよ，兼業農家さんは。大きな農業法人が，大規模な土地を借りて，たくさんの使用者を雇うことになれば，また別の話なんでしょうけれども。

【戸田】そうですね。大きな農業法人が，例えば農地は借りています，人も雇っています，ということになれば賃貸料や人件費が当然発生しますからね。こういったスタイルが基本になってくれば，そこで初めて通常の簿記や，それを基盤とした原価計算が真に必要とされるんでしょうね。今現在，少しずつではありま

すが，そういった環境が日本の農業をとりまく世界でも出現しつつあると思っています。

【澤田】さらに言うと，おそらくそういう農業法人は収穫した農産物を全農には売らない，少なくとも全量は売らないと思いますよ。たぶん，自分たちで直接消費者に売る。ないしは，我々みたいな卸しに対して売るんじゃないでしょうか。全農を介する今の流通にはのせないはずです。

【戸田】なぜ？ 買いたたかれるから？

【澤田】単純な話，中間コストがかかるよりは，ということです。

【戸田】なるほど。そういう農業法人がたくさん増えてくることは，例えば，ミツハシライスさんなんかの卸し会社には好ましい？

【澤田】量がまとまれば，ですね。だから，大規模化が前提になりますね。

【戸田】そうか。たくさん卸さなければいけない会社にとっては，量の確保が絶対に必要ということですね。高い品質でおいしいお米なんだけど，量が安定的に確保できないと卸しとしては商売にならない。

【澤田】こだわりのお米みたいなスタイルでやるならばともかく，ある程度の規模で安定的にというのが卸しの前提になりますので。安定的というのは，量はもちろん，品質や価格もそうです。そうすると，大規模化したところではないと，なかなか我々としてもお付き合いしづらい。逆にいうと，我々みたいなある程度の規模じゃなくて，町のお米屋さんとか，町の卸しさんなんかは，それこそ個人農家さんとかとのパイプで，こだわりのお米を非常に高い価格で商売するというスタイルも可能でしょう。

【戸田】町の卸しさんって言えば，東急東横線の都立大学駅近くにそんな店があったな。僕の両親が都立大学駅の近くに住んでるんで，たまにお店の前を通ったりするんだ。面白いよ，各地のお米が並んでて。お店の人が，奥さんたちに「ここの米はどうこう」とか説明しながら売ってる。ああいったところは，お米を仕入れるっていっても，米卸し会社みたいに大量に仕入れなくてもいいわけでしょう。ある意味，ここはという農家さんから，ピンポイントに仕入れることが可能なんですよね。

【澤田】そうです。

【戸田】じゃあ，量はそれなりに扱わなければいけない，米卸し10位以内のミツハシライスさんなんかは，そこらへんが意外と難しいわけですね。

【澤田】ハンドリングが難しいですね，正直言って。

【戸田】量は量で必要だから，全農さんはもういいですというわけにはいかないし。かといって今までのままだと，そんなに利益幅のあるお米は回ってこないでしょうし。だからといって，ちょっと別ルートで仕入れたいと思っても，それは量

の確保において問題があるとか，諸々のジレンマを抱えてしまうということですね。

【澤田】だから，我々だけではなくて，ある程度の米卸しは，全農さんとの比率を下げて，県連さんとか単位農協さんとの比率を上げていくのが，共通の経営課題となっています。要は，中間コストがちょっとでも低いところとの取引を増やしていきたい，ということです。

【戸田】全農さんとの比率を下げるって，近頃TVなんかでJA武生と農協との関係がよく取り上げられてるけど，色々と問題が出てくるんじゃないの？

【澤田】さあ，どうなんでしょう。うわさには聞きますが，われわれも直接見たり聞いたりしてるわけではないので，不確かなことは言えませんね（笑）。でも，確かなこともあって，それは米栽培の根幹の米の種子っていうのは，基本的に全農とか農協組織が管理しているということです。結局，普通の農業生産法人って，そこからはつくっていないんですよ。稲の前，何て表現すればいいかな，田植えしていく状態のものは自前ではつくっていないことが多いと思います。

【戸田】本当に？　じゃあ，農協組織から買わざるを得ないんだ。

【澤田】そうなんです。むろん，大規模な農業生産法人さんなんかは，自前でつくるようになってきているやに聞いていますけれども。でも，圧倒的多数の日本の農家さんは，基本的に苗は農協から買っていると思います。苗だけじゃなくて，肥料も農協から買うし，資材も農協から買う。

【戸田】肥料や資材は別ルートっていうのが結構出てきて，例えばホームセンターなんかでとかって聞きますけれども。でも，苗は基本的に農協組織から買うしかないってことですか。じゃあ，やっぱり言うことを聞かないと。

【澤田】そうなんですよ。ただ，さっきも言ったように，自前で苗からつくるところもあるにはあります。でも問題もあって，例えば新潟の魚沼コシヒカリってうたえるかというと，そうではなかったりするんですよ。

【戸田】種子は，銘柄を管理している農協から直接買わなければ，そのブランドをうたうことができないの？

【澤田】そうです。例えば，新潟のコシヒカリというのは新潟のJAによりブランディング化されています。そこが工夫して生み出し，種子も管理していますので，遺伝子が普通のコシヒカリと違ったりするんですよ。遺伝子調査をすると，新潟のJAが認めたコシヒカリなのかそうでないのかが一発でわかるんですね。

【戸田】そうか。じゃあ，簡単に脱農協って言ったって，意外と難しいわけだね。現在，政府与党は，農協改革を公言しているけれど，どうなんだろう。全中の位置づけも難しいけど，全農も株式会社化の政府案が出ていますよね。全農が株式会社になったら，これまでの米の取引環境が大きく変わると思いますか？

【澤田】どうなんでしょう，変わらないんじゃないでしょうかね。

【戸田】より高く買ってくれるところに優先的に卸しますよ，なんていう普通の商取引はないんですか？ 競争入札制度というか。例えば，ミツハシライスさんが，「うちは神明さんや木徳さんより，1キロ当たり500円高く買います」とか言って手をあげるなんていうことは一切ないんですか？

【澤田】一切ないとは言わないですけれども，そういう決め方はしていないですね。そもそも，お互いが全農といくらで相対取引したのかは，完全にブラインド状態ですから。

【戸田】競争相手がいくらで買っているかというのが，全くわからない？

【澤田】わからないです。うわさとか，会話の中で出る可能性はありますけれども，基本的にはすべて相対の世界なので。

【戸田】うーん，それはすごい。完全ブラインド状態での相対取引ってことは，競争条件が全然整ってないってことですよね。全農側から伝えられた米仕入価格が，他社への卸値と比較して，高いのか安いのかもわからない。知られざる，日本における米の流通の実態ですね。ところで，卸しは皆で組んで，全体で全農と対峙しようなんて話はないんですか。言い値での取引が嫌だったら，卸し全体で対抗しようとか。

【澤田】ないですね。米卸しというのは，玄米を売買するのと，精米する事業が2つあるんですけど，主力は玄米の売買なんです。そして，マーケットバリューを握っているような米卸し会社は，玄米を同業に転売してさらなる利益を出すんです。その場合，同業より安く仕入れて，そこに利益をのっけて売るということになります。例えば神明さんなんかが，うちよりも100円安く買って，50円利益をのっけて，うちに売るんです。それでもうちは，普通に仕入れるより50円安く仕入れることができるんですから，この取引は成立するんです。

【戸田】その差額が取れれば，必ず利益は出るんだから，全農がいくらで卸そうが，実はあまり関係ないということになりますね。

【澤田】ええ，ですから，大規模でバリューを握っているような大手のところは，全農との関係が深くて安く買えるんですから，組合をつくって全体で交渉するなんて全く必要ないわけで。それに，我々としても，弱い基盤の産地米を集めようとすれば，団体交渉なんかするよりも，大手から買い付けた方が楽ですから。

【戸田】今の米流通の世界って，特に米卸し会社の利幅は会社によって異なるとしても，全農も含めそこに関わる全ての会社が確実に利益を獲得できるようなシステムになってるように感じます。とにかくスタートは農家に支払う概算金なんだけれども，全農も含めた各社が自社の利益をそこにのせて米を流通させていく。流通段階では，競争入札など基本的に行われず，全農との相対取引が完

全ブラインド状態で行われる。他社より安く仕入れたのか，高く仕入れたのかもわからない。まあ，実はわかってるみたいだけど，別に不満は生じない。なぜって，その金額が高かろうと安かろうと，とにかくそこに各社の利益をいかにのせてさらに流通させるか，というだけだから。いや，すごい世界ですね。

　でもこのシステムって，日本における米流通の世界だけ，日本の米という独特の農産物が特殊な管理の下にあってはじめて成り立っているような気がします。例えば，TPPはどれぐらい影響があるか正確にはわかりませんが，もし外国から米が関税ゼロでどばっと入ってきたら，それをもし個人の消費者が自由に買えますよというふうになったら，今のやり方・システムはもう全体として崩壊しませんか。

【澤田】そうですね，崩壊するんじゃないでしょうか。農産物全体をめぐる制度は，段階的に開放には向かっているとは思うんですけれども。ただし，特に米については，多分ほかの農産物をめぐる環境に比べたら，だいぶ違うんじゃないでしょうか。まだまだ，いろいろと守られているというか。

【戸田】私は，なんだか日本の大学の状態と似てるなあって思うんですよ。日本の大学って，学生さんは圧倒的に日本人であり，講義や教授会も日本語で行われ，運営も含めとにかく全てが日本人の感覚ならわかるよねっていう感覚で行われている。だけど，大学教育や大学運営のグローバル化や世界的な競争の中で，このままで本当にいいのかっていう問題はあると思う。成績のつけ方や，教授方法，それにわれわれ大学教授の資格についてだって，グローバル・スタンダードの波と無縁ではいられなくなるんじゃないかな。今はまだ，日本的大学運営方法に守られてるけど。だから，人のことばかり批判できない（笑）。

　日本的な守られ方でちょっと思い出したのは，旧大蔵省と金融機関の昔の関係。旧大蔵省は銀行なんかの一支店の開設まで，言ってみれば箸の上げ下げまで指導・監督していた。でもそれは，一行たりとも潰さないという方針の下で，最も体力のない銀行でも存続していけるような構造を保障するためだったと言われている。銀行側もそれはわかっていたし，自分達が過当競争によって疲弊しないためにも，その仲裁役として旧大蔵省の役割を求めていたとも言われている。そして，だからこそ，進んで旧大蔵省からの天下りを受け入れていったと言われています。ところで，米卸し会社は，例えば農水省が管轄しているっていうわけではないんですか？

【澤田】ではないですね。だから，どこの卸しも別に農水省の人が出向で来るとか，あるいは全農の人が出向で来るとか，そういうのはあまりないですね。

【戸田】わかりました。ところで，米を中心とした農産物について，何か新しい動きがあるんだったら，最後に教えて欲しいんですけど。

【澤田】そうですね。これは，大規模化の1つなのかもしれませんが，我々みたいな流通，卸しとか，もしくはイオンさんとかの流通大手，こういったところが自ら農業法人をやり始めていることでしょうか。

【戸田】いわゆる，6次産業化ですね。6次産業化自体は，農業の好ましい方向性だとは思います。ただ私は，流通大手，いわゆるスーパー大手が，自ら農業生産法人を有することには若干の危惧を抱いています。現在，農産物の価格は，大手スーパーの言いなりだと言われています。だからもし，大手スーパーが特売のため，めちゃくちゃな安値を設定した場合，はたして契約農業法人はどの程度のお金を手にできるんでしょうか。泣く泣くそのめちゃくちゃな安値から逆算した分しかもらえないなんてことが，本当にないのか危惧します。

【澤田】おっしゃるとおりで，生産法人や株式会社化した法人がそれをやられたら，たまりません。でも，本来は下請法に引っ掛かるはずなんです。下請法って略称・俗称だと思いますが，とにかくこの下請法という，大法人が下請けに対してダンピングしてはいけないよという法律があるんですね。ところがこの法律は，子会社には適用されないので，そこには抜け道もあるんです。だから，大手流通さんが，子会社をつくって農業法人をやりますよ，ということだと適用されないことになります。

【戸田】もしかして子会社化する目的の1つに，それに引っ掛からないようにするためってのもあるんでしょうか？

【澤田】さあ，それはどうでしょうか。ただ，子会社だと，引っ掛からないというか，多分グループ内の移転としてとらえられるんじゃないかと思います。もっとも，農業法人の形態をとった子会社がいっぱいできて，先ほど出たような問題が顕在化したら，いろいろ変わるかもしれませんけど。

【戸田】新たな情報提供，ありがとうございます。さて，そろそろ，ヒアリング調査をお願いした時間となってきました。本日は，一般的にはほとんど知られていない米卸しの世界の実態をお話しいただきました。正直，驚きをもってお聞きしました。本当にありがとうございます。

【澤田】いえ，こちらこそ，いろいろとありがとうございました。

【戸田】長時間お話しいただき，とても感謝しています。また，お話しを聞かせてもらいたいと思っています。では，本日のヒアリング調査はここで終了させていただきます。

(終了)

終　章

従来の農業簿記に内在する問題点と将来展望

　日本においてこれまで展開されてきた農業簿記とは，一体何であったのか，そしてどうして，TPPをめぐる議論の前に，日本農業の競争力強化や農業経営の発展についてコミットできなかったのか。この問いに答えることが，本書の課題であった。また，この問いに対して，タブーなく真摯に答えるため，文献研究だけでなく，関係者へのヒアリング調査を重用・多用した。研究手法としてヒアリング調査を重用・多用した理由は，序章においても述べたように，これまでの農業簿記研究においては，とにかく研究の前に，その実態の集積があまりにも欠けていたことが理由の1つである。また，他の理由に，農業簿記研究のみならず，日本の農業全般について考察・言及する際，農協問題を筆頭に強いタブーが存していたため，文献のみからでは有益な示唆を得ることに限界があったことにもよっている。

　ヒアリング調査および追加的な文献研究の結果，これまで日本において展開されてきた農業簿記には，3つの流れがあったことが確認された。農業簿記第1の流れであり，現在最も主流となっているものが，農業所得用の所得税青色申告決算書の作成を最終的なゴール，つまり目的とする「農業税務簿記」である。農業税務簿記は，所得税法に基づく課税・税務をその基本としたものであり，当然大蔵省（現財務省）サイドの意向を強く反映したつくりとなっている。

　当該農業税務簿記は，現在，青色申告書の作成を補助する税理士により実際に使用されているが，その使用は臨時税理士法の下，農協にも許可されている。よって，地域によっては，農協が当該農業税務簿記を使用し，金融や保険サービスと共に，農業者の所得申告サービスまでワンストップで行っている場合も

ある。農業者の所得申告サービスにとどまらず,農協は農業税務簿記と強い関係性を有してきた。農業税務簿記は,その遂行上,農業に関する様々な標準・基準を必要としてきたが,これらの標準・基準の決定に,農協は,税務官庁や関係市町村と共に,深く関わってきたし,現在も関わっているのである。

　農業税務簿記をめぐる農協・税務官庁・関係市町村の連携関係は,戦後の日本の農業界がおかれてきた,農協・農林省・自民党の強固な連携関係,いわゆる「農政トライアングル」と同様の性格を有するものであった。むろん,この農政トライアングルは,現在急速にその姿を変えつつある。しかし,戦後の日本農業をめぐる環境を深く考察するためには,欠かすことのできない重要な視点を提供するものであることに変わりはない。同様に,農業税務簿記が戦後ながくおかれてきた環境・構造を深く考察する上で,農協・税務官庁・関係市町村の強固な連携関係への注視は必要不可欠であった。この,いわば,「農業税務簿記をめぐるトライアングル体制」への注視が必要だったのは,この連携関係の中で,農業所得標準が決定されていったという事実があるからである。そして,農業所得標準自体は公式には廃止されている今現在でも,農業所得用の所得税青色申告決算書を作成する上で,農協と国税局が相対で作成する農業に関する各種の標準・基準が地域によっては適用されていることが,これもヒアリング調査によりはじめて確認されたのである。本書では,ヒアリング調査を直接の契機として,上記のような,農業簿記第1の流れである農業税務簿記の実態を解明していったのである。

　以上のように,日本において一般に農業簿記という場合,実はそれは農業税務簿記を指す場合が多く,さらにその農業税務簿記は,戦後日本の農業がおかれた特異な環境と適合しながら,実務的にも使用されてきたことを本書でまず明らかにしたのである。ただし,本書におけるさらなる考察の結果,別の流れが存してきたことが,これも明らかになった。農業税務簿記とは異なる,農業簿記第2の流れ,それが「農業統計調査簿記」という流れである。この流れは,農家経済調査という統計調査を主眼とするものであり,時代の荒波の中,京都大学農学部の研究者を中心に行われてきた農業簿記研究の流れとも合流していったのである。

　農業簿記第2の流れである農業統計調査簿記の主眼は,複式簿記に基づいて

農産物のコストを把握することではなく，統計調査に基づき農産物の生産費を算定することにあった。生産費の調査・算定は，特に食糧管理法の下で米に対する政府の買い上げが行われていた時代には，その政府買い上げ価格を支える上で絶対に必要とされるものであった。こういった背景の下，京都帝国大学農学部教授であった大槻正男博士が考案したとされる京大式農家経済簿記にしても，たとえその第一義的な目的ではなかったにせよ，米を中心とする生産費の統計調査と深く結びつかざるを得なかったと考えられるのである。

さらに言えば，先述したとおり，農業税務簿記は大蔵省（現財務省）サイドの流れであるが，対して，農業統計調査簿記は，一時期はその調査法に京大式農家経済簿記を採用しながらも，その本筋は農林省（現農水省）の流れであった。農林省は，戦前も戦後も，農政を効率的に遂行するために，日本の農家の経済実態を調査するというインセンティブを有していたのである。農家への調査として，戦前戦後とながく続いたものに，農林省が行う農家経済調査があった。この調査は，むろん農家を対象としたものであるが，農業収支と家計とを正確に分離しながら農家全体を統計的に把握していったため，日本の農家・農業の実態をかなり正確に掴んできたと考えられている。当該調査が正確・緻密に行われてきたのは，農林省に多数存在していた統計関係の職員が大きく寄与してきた。彼らが，「坪刈り」と呼ばれる実地サンプル調査により，各農家の所有する農地における，米を中心とする農産物の出来具合まで調べることで，農家経済調査の精度は増していった。

しかしながら，農家経済調査における精緻な調査を可能にしてきた，農林省に多数存在していたノンキャリアの統計職員は，中曽根行革の格好の対象となってしまい，その数が大幅に削減されてしまった。その結果，農林省はもはやその調査を自省では遂行不可能となり，現在は総務省にその管轄を譲り渡している。また，食糧管理法の廃止により，米の政府買い上げ価格も存在しなくなり，米生産費の統計調査・算出も，その意味を失いつつある。京都大学内における，農業簿記研究施設の閉鎖も，このような流れと無縁ではなかったろう。つまり，農業簿記第2の流れである農業統計調査簿記は，時代の趨勢の中で，その存在感が希薄にならざるを得なくなっていったと考えられるのである。したがって，だからこそ現在，一般に農業簿記という場合，それは農業税務簿記

を指す傾向がますます強まったのだとも言えるのである。

　農業簿記第2の流れである農業統計調査簿記について，ヒアリング調査および追加的な文献調査より明らかとなった実態は以上である。この農業統計調査簿記という流れは，その目的が統計調査に，特に農産物の生産費（筆者注：コストではない）の統計調査にあり，前提としているのが，統計関係の職員による「坪刈り」等の実地サンプル調査であった。そして，本書の研究上重要なことは，農業統計調査簿記の目的とその前提は，本来の簿記[1]のそれとは，大きく異なったものであると確認されたことである。

　本書では，以上のように，日本において展開されてきた農業簿記は，主流としてまずは農業税務簿記の流れが厳然としてあり，しかも現在その流れはますます強くなってはいるが，それ以外の流れも存してきたことを指摘した。そしてさらに，農業税務簿記や農業統計調査簿記以外の流れが，日本における農業簿記に存してきたことを，これもヒアリング調査を直接の契機として確認するに至った。

　その，農業簿記第3の流れこそ，「農協簿記」であった。農協簿記とは，「農業（者のための）簿記」というより，「農協（自身のための）簿記」と位置づけられるものである。現在の日本の農協は，農業に関する業務以外に，JAバンクによる金融業務や，JA共済による保険業務を含めた信用事業を中心に，「ゆりかごから墓場まで」と言うほど，多種多様で幅広い経済業務を行っている。こういった金融・保険などの高度で複雑な業務を，そして多種多様な業務を効率的に管理運営するために，農協は，複式簿記の技法を活用しているのである。農協が行う簿記処理は，金融取引や保険取引ごとに分類・整理されるが，全体としては「農協簿記」という名称で総括される。当該農協簿記については，実際に同名称を付された書籍が農業専門の書店を中心に販売されている。また，農協の中堅幹部職員を養成する1年制の学校であるJAカレッジにおいても，農協簿記という講義科目が開講されている。講義内容は，農業に関する取引だけでなく，先にあげたような金融や保険などの現在農協が実際に行っている業務の取引を，どのように複式処理するかということを学習させるのである。

　農業簿記第3の流れである農協簿記は，第2の流れである農業統計調査簿記とは異なり，その手法・技法としては，「統計」ではなく「複式簿記」を用い

ており，複式簿記が本来有する効果については存分に享受しているものとなっている。ただし，注意しなければならないのは，その主たる対象が「農業」というより，「金融や保険を中心とした，農業以外の事業」であるという点である。さらに，当該効果・効用については，農協の本来の主役であるはずの組合員農家が享受するというより，農協自らが享受していると指摘できる。しかしながら，歴史的に見れば，農協に対して複式簿記の適用が求められたのは，誰あろう組合員農家のためであった。この歴史的事実を，ここでもう一度確認しておきたい。

戦後，日本において農協の設立を主導したGHQには，当の農協に対して強い不満があった。その１つは，日本の農協が，戦前の農業会の流れで，金融機能を有していたことである。米国の農協のように，農業だけの専門機関をつくらせたかったGHQにとって，その失敗によるダメージが計り知れない金融業務を，設立間もない日本の農協が行うことは，何としても避けたいことであった。GHQのもう１つの不満は，農協から組合員農家への利用高配当が，なかなか実現しないことであった。組合員農家が農協との取引を利用すればするほど配当金が支払われることになる，この利用高配当制は，協同組合の基本精神であるロッチデール原則に即したものであるばかりでなく，設立間もない日本の農協が組合員農家から愛される存在になるために，GHQとしてはどうしても導入させたい制度であった。しかしながら，GHQが要請していた，農協からの金融業務の切り離しも，利用高配当制の導入も，なかなか実現しなかった。

業を煮やしたGHQは，両不満点の具体的解決のため，専門家を米国から招聘する。そして，特に後者の，利用高配当制の導入促進のために，J.C.エッシーン（Essen）という公認会計士が米国から招聘されることになった。エッシーン会計士は，短期間のうちに日本各地の農協を視察して回り，日本の農協がGHQが要請する利用高配当制をなかなか導入できないでいるのは，そもそも配当に回すことが可能な原資の計算ができていないことが原因だと突き止めた。そこで，エッシーン会計士は，最終的な意見答申において，日本の農協が利用高配当制をとって，組合員農家が農協を利用すればするほど得になる，つまり自分たちのための農協だという意を強くするための，重要な方策を開陳する。それは，利用高配当を行う上で必要な支払い可能原資の計算を，旧来の計

算方法ではなく,「複式簿記」という新たな技法・技術で行うべきというものであった。重要なことは,日本の農協に対して複式簿記の適用が要請されたのは,農協自身のためだったのではなく,まずは組合員農家のためであったという歴史的事実である。

この歴史的事実から見ると,農業簿記第3の流れと位置づけられる現在の農協簿記は,その方向性が,当初要請されていたものと大きく異なっているものになっていることが明らかであろう。同様に,現在の農協は,その切り離しが当初より強く要請されていた金融業務を,切り離すどころかJAバンクの業務として,全体業務の中でも中核的な存在として位置づけていると思われる。つまり農協は,現在,本来分離が要請されていた金融や保険といった複雑な金融業務を的確に管理していくため,また,そういった信用事業だけでなく多種多様な業務を効率的に運営するため,全くもって自らのために複式簿記という技法・技術を使用していると指摘できるのである。

農協が,組合員農家のためというより,自身のために複式簿記を使用している例を,本書では,クミカン(組合員勘定)という北海道で行われている営農管理手法からも確認してきた。クミカン制度とは,端的に言えば,「農協が農家に運転資金を供給するしくみ」(小南2009, 28)なのである。そして,「農協取引部分については,相手勘定が全てクミカン(運転資金供給の科目)となる。水田・畑作経営の場合は,支出が先行(クミカン残高が赤)するため,クミカンは農家からすれば,『短期借入金』的な性格となる」(小南2009, 30)。しかしながら,農家がこの記録をつけることはまずなく,結局のところ,クミカン勘定は,農協側が短期貸付金管理の一環として利用していることになる。重要なのは,農協との取引については全てクミカン勘定で処理が可能であるため,取引相手が農協に限定される組合員農家は,クミカン勘定を通じて農協にモニタリングされているとも言えることである。したがって,クミカンは,複式簿記を使って組合員農家に対する短期貸付金の状態を,農協側が正確に把握するのを可能にしてきた管理手法と見なし得るのである。

ここで改めて,農業簿記第3の流れである農協簿記について,その目的と拠って立つ前提について確認しておきたい。現在の農協簿記は,GHQおよびその依頼に基づき招聘されたエッシーン会計士より要請された目的とは大きく

異なる目的に基づき，複式簿記を活用していることになる。つまり，組合員農家に対する利用高配当原資の計算のためではなく，金融をはじめとする多様な事業の管理のため，またその一環でもある組合員農家への短期貸付金管理のために，現在の農協は複式簿記を利用していると指摘できるのである。さらに，当該農協簿記は，農業というより，主に金融や保険といった信用事業を，加えて農業以外の多様な事業を対象にした簿記である。本書の研究上重要なのは，当該農協簿記の目的である，金融をはじめとする多様で複雑な事業および組合員農家の「管理」は，簿記本来の目的である，原価（コスト）の算定を通じて損益を正しく把握するということ，つまり損益計算とは異なるものだということである。さらに，「農業」簿記本来の前提が農業に関する取引だとするならば，農業以外の金融や保険取引を主たる対象とする農協簿記は，目的と同様にその前提においても，あるべき農業簿記のそれとは異なったものであるということが指摘できるのである。

　以上，本書第Ⅰ部においては，日本においてこれまで展開されてきた農業簿記には，その目的や前提がそれぞれ異なった，3つの流れが存していたことを調査・確認したことになる。ただし，本書で見てきたように，農業簿記第2の流れである農業統計調査簿記は，先に確認された様々な理由から，その流れが先細ってきている。また，農業簿記第3の流れである農協簿記も，「農協」という限られた場において限定的に使用されているに過ぎない。そういった意味でも，現在ますます，農業簿記といえば農業税務簿記を一義的に指す傾向が強まっているものと思われる。また，農家の農業所得の算定をする上で，農協や関係する税理士により，全国津々浦々，実務的・実際上使用されていることもあって，農業税務簿記の影響力たるや，農業統計調査簿記や農協簿記の比ではない。その意味でも，農業税務簿記を改めて深く考察することは，日本において展開されてきた農業簿記が抱える本質的問題を知る上で，必要不可欠な作業であった。

　本書第Ⅱ部においては，この作業を行ったことになる。明らかになった点の1つは，農業税務簿記の遂行上，仕訳処理の方法や勘定科目の性格は，通常の簿記に基づくものと異なる場合があるが，その理由は，農業税務簿記の目的である所得税青色申告決算書の記入フォームにより，それらがあらかじめ決めら

れていることが確認された点である。さらに，農業税務簿記最大の特徴と目される，収穫基準の本質的な意味についても明らかになった。収穫基準は，実は，「記録をとらなくても済む」というメリットを有した基準であり，だからこそ，日本の多くの農家が記録をとっていないという現実[2]と適合する基準として，実務的に重宝されてきたのであった。さらに重要なのは，農業者側の記録に頼らず，彼らの農業所得を容易に算定させ徴税執行をスムーズに行いたいという税務官庁側のニーズにも，収穫基準は見事なほど適合した基準であるということであった。そして，だからこそ，収穫基準は農業税務簿記の「根幹」と位置づけられていることが明らかとなったのである。

本書第Ⅱ部ではさらに，この収穫基準について考察を重ねていった。その結果，収穫基準は，大変な両義性（アンビバレント）を有する基準であることも確認された。収穫基準が有する両義性とは，本来の簿記なら必ず求めるはずのものを，収穫基準も一応，原則的・理論的には求めてはいるものの，実務的・実際上は，全く求めてはいないということを指すものである。収穫基準の有する両義性が，最も顕著にあらわれるのが，簿記の絶対の前提である，記帳・記録を行うことに対してであった。収穫基準に基づけば，原則的・理論的には，大変な記帳を行わなければならないこととなっているが，実務的・実際上は，驚くことに全く記帳を行わないで済むことになっていたのである。

しかし，それではなぜ，農業税務簿記の根幹である収穫基準が記録を前提としていないにもかかわらず，農業税務簿記の目的である所得税青色申告決算書は問題なく作成されているのであろうか。この疑問に対して答えを与えるものこそ，第Ⅰ部のヒアリング調査でも確認されてきた，農業に関する標準・基準であった。そこで第Ⅱ部では，この農業に関する標準・基準について，これまでなかなか表に出ることのなかった農業所得標準を中心に，実際の適用例を調査・確認すると共に，その問題点を中心に考察を進めていったのである。

考察の過程で，現在，農業所得標準自体は公式には廃止されており，またいまだ残る各種の農業に関する標準・基準の適用範囲も徐々に細りつつあるものの，米を集荷する際に全農が農家に支払う「概算金」が，現代的な米に関する標準・基準になっていることも確認された。農業に関する標準・基準の適用は，一般的な観点からすれば，農業者側の「自主性の喪失」に繋がるという問題を

抱えているが，課税・税務という観点からすれば，公平・中立・簡素という原則にマッチした，むしろ好ましい実務とさえ言えよう。しかしながら，本書全体を貫く，本来の簿記という観点からすれば，農業に関する標準・基準の適用には，簿記の基本中の基本である「記録」が不要となってしまうという大きな問題点が指摘できるのである。つまり，農業に関する標準・基準の適用には，記録を前提とする本来の簿記そのものを不要と見なす構造が厳然と横たわっており，まさにこの点こそ，日本における農業簿記第1の流れである農業税務簿記が抱える，最も看過できない簿記会計的な問題点であったことになる。

　以上のような，本書における第Ⅱ部の考察から，農業簿記第1の流れであり，現在影響力が最も大きい農業税務簿記は，その目的と，その目的を達成するための前提が，本来の簿記のそれとは，大きく異なっていることが改めて明らかになったのである。農業税務簿記は，確かに複式記入を行うものではあるが，その処理は記録を前提としておらず，したがって記録に基づいた原価の把握などは行うことはできない。そもそも，農業税務簿記の中核である収穫基準が，記録や，記録に基づく原価の計算を求めてはいないのである。ここに，農業簿記第1の流れである農業税務簿記とは，簿記という名称は付されているが，本来の農業「簿記」と果たして呼べるものだったのかについて，少なくとも議論の余地があることが指摘できたことになる。

　そして，この指摘は，農業簿記第2の流れである農業統計調査簿記に対しても，さらに，農業簿記第3の流れである農協簿記に対しても，同様になされ得るものであった。農業簿記第2の流れである農業統計調査簿記は，その目的が主として米生産費の統計調査であり，前提としているのが，特に戦後は，統計関係の職員による「坪刈り」等の実地サンプル調査であった。農業簿記第3の流れである農協簿記は，そもそもその主たる対象が農業というより金融・保険を中心とした信用事業であり，その目的も，歴史的に要請された組合員農家のためではなく，現在農協が行っている多様で複雑な事業を効率的に管理運営していくため，要は農協自らのためであった。つまり，農業簿記第2の流れである農業統計調査簿記も，また，農業簿記第3の流れである農協簿記も，農業税務簿記と同様，本来の農業簿記と果たして呼べるものだったのかについて，議論の余地があると考えられるのである。

本書における考察の結果，明らかになったことを再度まとめると，次のようになる。まず，これまで一般に農業簿記と総称されてきたものの中には，農業税務簿記，農業統計調査簿記，そして農協簿記の3つの流れがあった。しかしそのどれもが，農業簿記が「簿記」として本来持つべき目的とは異なった別の目的を有し，さらに，「簿記」が本来拠って立つべき前提とは異なる前提のもと，それぞれ独自の目的を達成しようとしていたのである。ここで，農業簿記が本来拠って立つべき前提と有すべき目的について，全国農業経営コンサルタント協会前会長である西田尚史税理士が明確に述べている記述があるので，本書では何度か示してきたが，最後にもう一度引用する。「農業簿記の目的は，正しい記帳を行うことにより，正しい損益計算書と貸借対照表を作成して，一定期間の経営成績を明らかにすること（損益計算書），一定時点の財政状態を明らかにすること（貸借対照表）です。そして，正しい所得にもとづいた税務申告を行うだけでなく，農業経営の分析などを行い，農産物の生産に要した原価を把握してこれをもとに改善をはかり，農業経営の発展に寄与することが真の目的」（教科書3級2013, 4。傍点筆者挿入）なのである。

まさに上記の言にあるように，本来の農業簿記は，「正しい記帳」，つまり農業に関する「記録」を前提に，「農産物の生産に要した原価を把握」すること，つまり原価の把握による正確な損益計算を行うことにより，「農業経営の発展に寄与すること」なのである。しかしながら，日本においてこれまで展開されてきた農業簿記は，そのどれもが，「簿記」であるならば当然の前提に立っておらず，よって，「簿記」であるなら当然把握できたものを把握できず，結果的に，真の農業簿記の目的である「農業経営の発展」に，つまり，農業の競争力強化に寄与できなかったと考えられるのである。そして以上の考察結果が，なぜ，これまで日本において展開されてきた農業簿記は，TPP等のいわば外圧によってではなく，内生的・自発的に，日本農業の競争力強化や農業経営の発展についてコミットできなかったのかという研究課題に対する，本書における最終的な解答である。

最後に，これまでの農業簿記とは異なる，本来の簿記の目的と前提に基づいた，いわば本来の農業簿記の流れ[3]が現在出現しつつあり，かつ，21世紀の新たな環境の下，日本農業の競争力強化や農業経営の発展に真に資すること

が期待されることについて触れておきたい。残念ながら，これまでの日本の農業簿記は，西田氏が述べるような農業簿記の真の目的を達成するものではなかった。ただし現在，旧来とは異なる農業簿記をめぐる新たな環境が少しずつではあるが出現しはじめている。例えば，家計と完全に分離した大規模農業法人等には，6次産業化等を契機に，農業に関連した「記録」[4]を複式簿記により処理することで農産物の原価を把握し，もって正確な損益計算を行おうとするインセンティブが，確かに働きはじめているのである。この新たなインセンティブは，記録者が関与しないところで定められた標準・基準を，所得税青色申告決算書を作成するために求められる複式記入形式で処理することにより，補助金の獲得を有利にしたり損益通算による税還付を受けようとする従来型のインセンティブとは，似て非なるものである。この新たなインセンティブは，簿記本来の目的を，簿記本来の前提に基づき達成しようとするものであるため，当該インセンティブが生み出す農業簿記の流れこそ，まさに言葉どおりの，真の「農業簿記」であると言っていいだろう。

21世紀の現代日本は，こういった真の農業簿記の，いわば黎明期を迎えているのかもしれない。そのような思いを確かなものとする次の言をもって，本書の最後としたい。「これからなんですよ，本当の農業簿記は」（西田発言，戸田(2015d, 128)）。

■注
（1）ここで言う本来の簿記とは，「記録」を前提にした原価（コスト）の把握により，損益を正しく計算すること，つまり，「記録」を前提とし「損益計算」を目的とした簿記を意味している。損益計算こそ，簿記，特に「複式簿記の実質的特徴」（安平2007, 1189）なのである。なお，複式簿記に基づく損益計算の対象は，歴史的には「商品」であったことは論を俟たないであろう。つまり，複式簿記の歴史的・本来的な対象は，利益を生み出す商品であったことになる。しかし，日本において，特に米は，歴史的に見てそういった「商品」であったことが，ほとんどなかったことになる。日本において米は，納める税であったり，生産力や豊かさを示す尺度であったり，国家によって全量徴収されるものであったり，国民に分配されるものであったり，その生産量や価格が政府によってコントロールされる対象であったり，補助金の投入先であったり，保護の対象であったりした。しかしながら，その売買によって利益を獲得する目的を有した「商品」であったことは，我が国の歴史上ほとんどなかったと考えられる。

（2）多くの日本の農家が記録をとらない理由は，本書でも様々に考察してきた。農業所得

標準の存在は，確かにその理由の1つであったと考えられる。ただし，さらに長期の歴史的視点に立つならば，日本国の成り立ちにまで遡る必要があるかもしれない。収穫量やその記録ではなく，耕す土地面積に基づき租税を課すという制度は，日本国成立以降のながきにわたる歴史的な課税制度でもあった。

　この点については，網野善彦氏の次の言を参照のこと。「なぜ百姓という語をはじめから農民と思いこんで史料を読むというもっとも初歩的な誤りを犯しつづけてきたのか・・(中略)・・。その中でいちばん大きな原因のひとつは，『日本』を国号とした日本列島最初の本格的な国家，ふつう『律令国家』などといわれている古代国家が，北海道，沖縄，東北北部を除き，水田を国の制度の基礎に置き，土地にたいする課税によって国家を支えるという制度を決めたことにあると思います」(網野2013, 258)。「荘園公領制は十三世紀前半までに確立しますが，この制度も基本的に水田を賦課単位にして，年貢・公事などの租税を取り立てているのです・・(中略)・・，水田を課税の基準にしてさまざまな産物を年貢，租税として取っているのです」(網野2013, 260)。「土地に租税を課している以上，百姓が農民であってほしいのは，国家のきわめて強い意志であり，国家にとってそれがもっとも望ましい事態だったことを考えておく必要があると思います」(網野2013, 261)。農業者が記録をとらず，お上が設定する標準・基準にしたがうのは，日本という国の成り立ちにまで遡る必要のある，深淵な理由によっている可能性が指摘できる。

(3) この流れを支援するため，現在あるプロジェクトが進行中である。それは，税務とは一旦切り離された体系を志向し，かつ株式会社化まで見据えた大規模農業法人を対象とした農業簿記検定1級の新設である。この動きに関しては，筆者自身も関係しており，2015年7月10日に初版が発行された『農業簿記検定教科書1級【財務会計編】』および『農業簿記検定問題集1級【財務会計編】』については，学術的な観点から種々の指摘を行ってきた。なお，両著の「おわりに」に，その旨の表記がある。

(4) 本書では，「記録」こそ，簿記の絶対的で，外すことのできない前提としてとらえてきた。これは，記録に基づいた農産物の「原価（コスト）」の把握が，日本の農業の将来にとって何より求められるからでもあった。ちなみに，1961年制定の農業基本法の問題点を，コストの面から記したものに，次のものがある。「それまで安く据え置かれてきた米価に，物価や賃金に比例して上昇する方式を導入したが，これがすごいのは，黙っていても米価が上昇をつづけたことだ。農業所得を上げるには，まず生産コストを下げるべきだったが，そうせずに補助金漬けにしたのである」(奥野2009, 59。傍点筆者挿入)。さらに，次も参照のこと。「大多数の農家は，つくっている作物ひとつあたりどれくらいのコストがかかっているのか把握できない。原価計算ができていないのだから，いくらの価格が損益分岐点で，この価格になれば，どれくらいの利益になるということもわからない。ただ作物をつくり，市場に流して，そこで決められたお金をもらうだけである。農業が儲からないのは，こんなことやっているからだ」(嶋崎2009, 116。傍点筆者挿入)。

　以上の諸言こそ，筆者が，本書を通じて訴えたかったことそのものである。日本の多くの農家は，記録をとらないために，記録に基づいた農作物のコストがわからない。そのため，原価割れにならないような価格交渉ができず，勢い，価格は大手スーパーの言いなりとなってしまう。大手スーパーは，消費者が望んでいるから，という名目で凄まじい安値で農産物を買い叩く。これでは，いつまでたっても日本の農業界にお金が回らない。お金が回らないところに，人が集まってくるわけがない。この悪循環を阻止する第一歩こそ，

記録をとり，その記録に基づいて農作物の原価（コスト）を割り出すことである。その意味で，記録をとることこそ，日本の農業の発展にとって必要なことなのである。記録こそ，「産業のインフラ」（杉山2008, 109）なのである。

記録が簿記にとって大前提であるということは，複式簿記の機能面からも指摘することができる。かつて筆者は，会計上の利益は，各種証憑「記録」を起点とした複式簿記の重層的な構造により，その信頼性を確保してきたのではないかという主旨の主張を行ったことがある（詳細については，戸田（2010）を参照のこと）。そこでは，利益の信頼性を担保するものに，複式簿記が有するトレーサビリティ機能があるのではないかということを指摘した。つまり，利益を中心とした財務諸表上に表示されている各項目の数値は，各種帳簿「記録」や証憑「記録」にまで遡って確認することができるからこそ，その信頼性が付与されていると考えられるのである。さらに言えば，数値が単に遡って確認できるだけでなく，各種補助簿によって「豊かに支えられている」ことこそ，複式簿記が有してきた稀有な機能ではないかということも指摘した。主張の概要図を以下に図表終－1として掲げる。

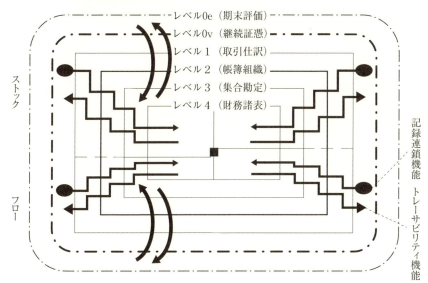

図表終－1　会計数値の信頼性を支える複式簿記の機能

出所：戸田（2010, 24）

図表終－1で重要なのは，レベル0vの継続証憑「記録」であり，複式簿記の本来の機能は，公開財務諸表レベルの情報がこの継続証憑「記録」にまで遡って確認できるトレーサビリティ機能により，公開数値，特に利益の数値に信頼性を付与することだと考えられるのである。ただし，これに対し現代では，公開する財務諸表に何を計上するかという点が最重視され，しかもそれが外部評価者によりあらかじめデザインされたものとなっているため，公開財務諸表の数値に信頼性を付与しにくくなってしまっているのではないだろう

か。このような変化は，簿記会計が本来有していた「記録→集計・計算→公開」という流れが，「公開→評価」という流れに変容しつつあることから生じているとも考えられるのである。

参考文献

浅川芳裕・飯田泰之（2011）『農業で稼ぐ！　経済学（第1版第1刷）』PHP研究所。
浅見淳之（2009）「戦前期農家経済統計の簿記様式の変遷について」『農家経済調査データベース編成報告書Vol.4　農家経済調査の資料論研究—斎藤萬吉調査から大槻改正まで（1880-1940年代）—』一橋大学経済研究所附属社会科学統計情報研究センター（統計資料シリーズ：No.63），1-44頁。
浅見淳之編（2011）『戦前期の農家簿記と農林省農家経済調査—京大式簿記を中心に—』一橋大学経済研究所附属社会科学統計情報研究センター（統計資料シリーズ：No, 67）。
阿部亮耳（1983）「『米生産費統計調査』について」『農業計算学研究』第16号（1983年10月），12-21頁。
阿部亮耳（1990）『現代農業会計論（第1版）』富民協会。
網野善彦（2013）『日本の歴史をよみなおす（全）』ちくま学芸文庫。本参考文献は第28刷であり，第1刷は2005年に発行されている。
新井肇（2000）「農業経営分析と農業会計」『農業会計の新展開（松田藤四郎・稲本志良編著，第Ⅲ部第3章）』農林統計協会，194-207頁。
荒井晴仁（2007）「農業所得の捕捉率について」『レファレンス』（2007年8月），25-39頁。
家串哲生（2001）『農業における環境会計の理論と実践』農林統計協会。
石森宏宜（1983）「農業所得課税の推移と現状」『農業と経済』（1983年3月），13-21頁。
一般社団法人・全国農業経営コンサルタント協会＆学校法人・大原学園大原簿記学校（2013）『農業簿記検定教科書3級』大原出版。なお，本書では「教科書3級」と称している。
一般社団法人・全国農業経営コンサルタント協会＆学校法人・大原学園大原簿記学校（2013）『農業簿記検定問題集3級』大原出版。なお，本書では「問題集3級」と称している。
稲葉恵一（2000）「農産物コスト計算の諸問題」『農業会計の新展開（松田藤四郎・稲本志良編著，第Ⅲ部第1章）』農林統計協会，167-182頁。
碓井光明（1987）「農業所得課税に関する研究（5・完）」『エコノミア』（1987年6月），45-59頁。
内田龍之介（2015）「TPP交渉と農政改革—政権復帰後における農林族議員の行動変化」『政策創造研究』第9号（2015年3月），231-257頁。
荏開津典生（1976）「書評：桑原正信編著『土に生きる—農業簿記と共に40年—』」『農林統計調査』第26巻第10号（1976年10月），41-43頁。
エッシーン., J・C（1951a）「日本における農業協同組合の経理及び監査の方法について」『農業協同組合制度史・第5巻（資料編Ⅱ）』（1951年6月），818-834頁。
エッシーン., ジョン・C（1951b）「私の観た日本の農industria—経理制度の改善が急務—」『農業協同組合』（1951年7月），18-20頁。なお，原文では苗字が「エッセーン」となっていた

が，坂内（2006）にならい「エッシーン」としている。
大槻正男（1990）『農業生産費論考・農業簿記原理（昭和前期農政経済名著集16）』農山漁村文化協会（農文協）。なお，同著第1刷は1979年に，また『農業簿記原理』は単著として高陽書院より1941年に発行されている。本書での引用に際しては，大槻（1990/1941）と表記している。
大槻正男発言（1940）「農家經濟調査二十周年記念座談會」『帝國農會報』第30巻第3号（1940年3月），104-144頁。
大室健治（2010）「《書評》古塚秀夫・高田理著『現代農業簿記会計』」『農業経済研究』第81巻第4号（2010年3月），243-245頁。
奥野修司（2009）『それでも，世界一うまい米を作る　危機に備える「俺たちの食糧安保」（第1刷）』講談社。
柏祐賢（1990）「解題　大槻正男著『農業生産費論考・農業簿記原理（昭和前期農政経済名著集16，第1刷）』」農山漁村文化協会（農文協）。なお，大槻著の第1刷は1979年に発行されている。
桂利夫（1969）「農業簿記における分類種目の検討―自計式方式と農林省方式との対比―」『農業計算学研究』第3号（1969年3月），67-78頁。
季刊地域編（2015）「『概算金』ってなに？　なんでそんなに下がったの？」『季刊地域』（No.20 2015年冬号），12-15頁。
菊地泰次（1976）「簿記と河瀬さん」，桑原正信編（1976）『土に生きる―農業簿記と共に四十年―』明文書房。
北村猛・森谷義光共編（2013）『平成26年版問答式　農業所得の税務（初版）』大蔵財務協会。
京都大学農学部農業簿記研究施設編（1988）『「自計式農家経済簿」記帳の解説』（改訂版），富民協会。
日下部與市（1951）「農協經理の問題点」『農業協同組合』（1951年9月），16-20頁。
草処基（2012）「解題：復刻『自計式農家経済簿』」，京都大学農学部農業簿記研究施設編『農家経済調査データベース編成報告書Vol.7 京大式簿記マニュアル集成：附　解題』一橋大学経済研究所附属社会科学統計情報研究センター（統計資料シリーズ：No.69），1-29頁。
倉田貞（1996）『新版　複式農業簿記（7刷）』大明堂。なお，初版は1979年に発行されている。
桑原正信（1967）「農業簿記研究施設の回顧と今後の課題」『農業計算学研究』第1号（1967年3月），3-17頁。
合田公計解説・訳（1998）『GHQ日本占領史34　農業協同組合』（竹前栄治・中村隆英監修『GHQ日本占領史』，初版第1刷）日本図書センター。
神門善久（2012）『日本農業への正しい絶望法（2刷）』新潮社。
小南裕之（2009）「農業簿記の実務と課題（第24回全国大会・統一論題報告）」『日本簿記学会年報』第24号（2009年7月），27-33頁。
斎藤精一郎（1982）『アングラマネー：日本を動かす地下経済の解剖（第1刷）』講談社。

佐藤寛次（1953）「農業簿記の重要性について」『農業』No.842（1953年10月），2-6頁。
佐藤正広（2012）『帝国日本と統計調査―統治初期台湾の専門家集団―（一橋大学経済研究叢書60）』岩波書店。
柴原一編（2004）『Q&A 農業・農地をめぐる税務』新日本法規出版。
嶋崎秀樹（2009）『儲かる農業 「ど素人集団」の農業革命（初版第2刷）』竹書房。
杉山経昌（2008）『農で起業する！ 脱サラ農業のススメ（第20刷）』築地書館。
鈴木誠（2011）『りんご一つにあと20円多く払えば，東北の農業は復興できる（第1刷）』講談社。
全国協同出版編（2002）『農協職員研修マニュアル 農協簿記の基礎（四訂）（第3版第1刷）』全国協同出版。
全国農業会議所（2011）『複式農業簿記 仕訳ハンドブック（第1版）』全国農業会議所。
全国農業経営コンサルタント協議会編集・発行（1999）『農業経営成功へのアプローチ（第2刷）』。本書における引用に際しては，協議会名を，「全農協」と略称している。
田代洋一編（2009）『協同組合としての農協（第1版第1刷）』筑波書房。
立花隆（1980）『農協 巨大な挑戦（第4刷）』朝日新聞社。
谷川清二（1983）「農業所得の実態―現場からの報告」『農業と経済』第49巻第3号（1983年3月），22-30頁。
テーア，アルブレヒト（Albrecht Daniel Thaer）（2007），相川哲夫訳『合理的農業の原理（Grundsätze der rationellen Landwirtschaft）（上巻）（第1刷）』，農山漁村文化協会（農文協）。原著は1809年から1812年にかけてドイツで刊行されている。なお，本書において引用する際は，「邦訳」と記している。
戸田龍介（2010）「利益の信頼性と複式簿記」（第25回日本簿記学会全国大会・統一論題報告，統一論題：「複式簿記『再考』」）『日本簿記学会年報』第25号（2010年7月），21-27頁。
戸田龍介（2011）「地域振興のための簿記の役割（1）―農業に対する『記録』と『連係』の視点を中心に―」『商経論叢』第46巻第3号（2011年2月），45-54頁。
戸田龍介（2014a）「日本の農業簿記の特徴と問題点―農業簿記検定教科書3級を題材にして―」『税経通信』第69巻第6号（2014年6月），17-26頁。
戸田龍介（2014b）「日本における農業簿記の研究（2）―全国農業経営コンサルタント協会会長・西田尚史税理士へのヒアリング調査（第1回）―」『商経論叢』第50巻第1号（2014年10月），83-99頁。
戸田龍介（2014c）「日本における農業簿記の研究（3）―全国農業経営コンサルタント協会専務理事・森剛一税理士他へのヒアリング調査―」『商経論叢』第50巻第1号（2014年10月），101-125頁。
戸田龍介（2015a）「日本における農業簿記の研究（4）―ミツハシライス管理部財務課長・澤田泰二氏へのヒアリング調査―」『商経論叢』第50巻第2号（2015年3月），309-324頁。
戸田龍介（2015b）「日本における農業簿記の研究（5）―元大手ハウスメーカーS社勤務・仮名Y税理士へのヒアリング調査―」『商経論叢』第50巻第2号（2015年3月），325-342頁。

戸田龍介（2015c）「日本における農業簿記の研究（6）―神奈川大学経済学部・谷沢弘毅教授へのヒアリング調査―」『商経論叢』第50巻第3・4号合併号（2015年4月），103-118頁。

戸田龍介（2015d）「日本における農業簿記の研究（7）―全国農業経営コンサルタント協会代表理事・西田尚史税理士へのヒアリング調査（第2回）―」『商経論叢』第50巻第3・4号合併号（2015年4月），119-134頁。

戸田龍介（2015e）「日本における農業簿記の史的展開と展望―農業税務簿記，農業統計調査，農協簿記を超えて―」『會計』第187巻第6号（2015年6月），41-55頁。

戸田龍介（2015f）「日本における農業簿記の研究（8）―JA北ひびき　営農部経営対策課・真嶋憲一課長へのヒアリング調査―」『商経論叢』第51巻第1号（2015年10月），69-87頁。

戸田龍介（2015g）「日本における農業簿記の研究（9）―JA北海道中央会　基本農政対策室・小南裕之室長他へのヒアリング調査―」『商経論叢』第51巻第1号（2015年10月），89-110頁。

戸田龍介（2015h）「日本における農業簿記の研究―収穫基準の両義性に注目して―」『日本簿記学会年報』第30号（2015年7月），68-74頁。

戸田龍介（2015i）「農業所得標準と概算金の研究―日本の農業において簿記会計の普及を阻んできたもの―」『産業経理』第75巻第3号（2015年10月），65-78頁。

戸田龍介編（2014）『農業発展に向けた簿記の役割―農業者のモデル別分析と提言（第1版第1刷）』中央経済社。

豊田尚（1999）「8．統計調査について」『農業統計・調査の確立過程―津村善郎さんの業績をふまえて―（「農業統計・調査の確立過程」編集委員会編）』農林統計協会，131-139頁。

中島光孝・中島ふみ（2010）『図解でわかるJA金融法務入門（初版第1刷）』経済法令研究会。

西村林編（1998）『農業簿記の基礎知識（初版第1刷）』税務経理協会。

日本経済新聞，2011年4月5日，2012年12月5日（夕），2015年4月2日。表示がないものはすべて朝刊。

日本農業新聞，2000年2月16日，2008年2月16日，2014年9月17日。

農業補助金研究会・農業経営者編集部構成（2009）「農業補助金をもっと知ろう！ ～その仕組みとカラクリ～」『農業経営者（6月号)』（2009年6月），18-30頁。本書における引用に際しては，筆者名ではなく雑誌名である「農業経営者」と記している。

八田達夫・髙田眞（2010）『日本の農林水産業（1版1刷)』日本経済新聞出版社。

坂内久（2006）『総合農協の構造と採算問題（第1刷)』日本経済評論社。

平野公認会計士事務所編（2003）『例解　農協簿記ワークブック（問題編，解答・解説編，第1版第1刷)』全国協同出版。

平野秀輔監修DVD（2010）『新・JAの簿記会計（初級編，中級編)』全国農業協同組合中央会（JA全中）発行。

平野秀輔（2010）『農業協同組合内部監査士検定試験参考テキスト　JAの会計（第4版第1刷)』全国農業協同組合中央会。

福田幸弘監修（1985）『シャウプの税制勧告』霞出版社。

古塚秀夫(1993)「自計式農家経済簿の特徴」『農業計算学研究』第26号(1993年12月), 19-26頁。
古塚秀夫・髙田理(2009)『現代農業簿記会計』農林統計出版。
松田藤四郎(2000)「農業経営の変貌と農業会計問題」『農業会計の新展開(松田藤四郎・稲本志良編著, 序章)』農林統計協会, 1-9頁。
松田藤四郎・稲本志良編(2000)『農業会計の新展開』農林統計協会。
眞鍋博徳(1951)「協同組合經理改善委員會について―エッセーン勧告によせて―」『農業協同組合』(1951年7月), 21-23頁、56頁。
馬渕春吉(1993)「青色申告で経営改善と節税を―農業所得課税の変遷と青色申告の必要性―」『月刊JA』(1993年10月), 27-31頁。
水田隆太郎(2009)「もうひとつの農家経済調査―京都帝国大学の農業簿記をめぐって」『農家経済調査データベース編成報告書Vol.4 農家経済調査の資料論研究―斎藤萬吉調査から大槻改正まで(1880-1940年代)―』一橋大学経済研究所附属社会科学統計情報研究センター(統計資料シリーズ:No,63), 155-195頁。
三代川正秀(1997)『日本家計簿記史―アナール学派を踏まえた会計史論考(初版第1刷)』税務経理協会。
八木幹雄(1987)「農家の税金Q&A⑨　農業所得標準とは」『農業技術研究』(1987年1月), 74-75頁。
谷沢弘毅(1997)『現代日本の経済データ(第1版第1刷)』日本評論社。
谷沢弘毅(2009)『近代日常生活の再発見―家族経済とジェンダー・家業・地域社会の関係』学術出版会。
安平昭二(2007)『会計学大辞典(第5版, 編集代表:安藤英義, 新田忠誓, 伊藤邦雄, 廣本敏郎)』中央経済社, 1188-1189頁(「複式簿記」)。
山下一仁(2009)『農協の大罪　「農政トライアングル」が招く日本の食糧不安(第8刷)』宝島社。
山下一仁(2011)『農協の陰謀「TPP反対」に隠された巨大組織の思惑(第1刷)』宝島社。

参考HP

国税庁HP「臨時の税務書類の作成等の許可申請の審査基準及び標準処理期間の公表手続について」
http://www.nta.go.jp/shiraberu/zeiho-kaishaku/tsutatsu/kobetsu/zeirishi/950413/01.html

農林水産省(2014)「米をめぐる状況について(第1回米の安定取引研究会配布資料)」(2014年12月18日)
http://www.maff.go.jp/j/soushoku/keikaku/soukatu/kome_antei_torihiki/pdf/sankou1_1_141218.pdf

参考資料

「昭和58年分　農業所得標準」(熊本東税務署／上益城地区農業所得標準協議会)
「昭和58年分　農業所得標準」(熊本西税務署／熊飽地区農業所得標準協議会)
「昭和58年分　鹿本地区　農業所得標準」(鹿本地区農業所得標準協議会／山鹿税務署／昭和59年2月8日総会)
「昭和59年分　農業所得標準」(熊本東税務署／上益城地区農業所得標準協議会)
「昭和59年分　農業所得標準」(熊本西税務署／熊飽地区農業所得標準協議会)
「昭和59年分　鹿本地区　農業所得標準」(鹿本地区農業所得標準協議会／山鹿税務署／昭和60年2月6日総会)
「昭和60年分　農業所得標準」(熊本東税務署／上益城地区町村税協議会)
「昭和60年分　農業所得標準」(熊本西税務署／熊飽地区税務協議会)
「昭和60年分　鹿本地区　農業所得標準」(鹿本地区市町税協議会／山鹿税務署／昭和61年2月7日臨時総会)
「昭和61年分　農業所得標準」(熊本東税務署／上益城地区町村税協議会)
「昭和61年分　農業所得標準」(熊本西税務署／熊飽地区税務協議会)
「昭和62年分　農業所得標準」(熊本東税務署／上益城地区町村税協議会)
「昭和62年分　農業所得標準」(熊本西税務署／熊飽地区税務協議会)
「昭和62年分　鹿本地区　農業所得標準」(山鹿税務署／鹿本地区市町税協議会)
「昭和63年分　農業所得標準」(熊本東税務署／上益城地区農業所得標準協議会)
「昭和63年分　農業所得標準」(熊本西税務署／熊飽地区税務協議会)
「昭和63年分　鹿本地区　農業所得標準」(山鹿税務署／鹿本地区市町税協議会)
「平成元年分　農業所得標準」(熊本東税務署／上益城地区農業所得標準協議会)
「平成元年分　農業所得標準」(熊本西税務署／熊飽地区税務協議会／No. 222)
「平成2年分　農業所得標準」(熊本東税務署／上益城地区町村税協議会)
「平成2年分　農業所得標準」(熊本西税務署／熊飽地区税務協議会／No. 093)
「平成3年分　農業所得標準」(熊本東税務署／熊本中央地区税協議会)
「平成3年分　農業所得標準」(熊本西税務署／熊本中央地区税務協議会)
「平成4年分　農業所得標準」(熊本東税務署／熊本中央地区税協議会)
「平成4年分　農業所得標準」(熊本西税務署／熊本中央地区税協議会)
「平成5年分　農業所得標準」(熊本東税務署／熊本中央地区税協議会)
「平成5年分　農業所得標準」(熊本西税務署／熊本中央地区税協議会)
「平成5年分　鹿本地区　農業所得標準」(山鹿税務署／鹿本地区市町税協議会)
「平成6年分　農業所得標準」(熊本東税務署／熊本中央地区税協議会)
「平成6年分　農業所得標準」(熊本西税務署／熊本中央地区税協議会)
「平成7年分　農業所得標準」(熊本東税務署／熊本中央地区税協議会)

「平成7年分　農業所得標準」（熊本西税務署／熊本中央地区税協議会）
「平成8年分　農業所得標準」（熊本東税務署／熊本中央地区税協議会）
「平成8年分　農業所得標準」（熊本西税務署／熊本中央地区税協議会）
「平成9年分　農業所得標準」（熊本東税務署／熊本中央地区税協議会）
「平成9年分　農業所得標準」（熊本西税務署／熊本中央地区税協議会／領収書（200円）あり）
「平成10年分　農業所得標準」（熊本西税務署／熊本東税務署／熊本中央地区税協議会）
「平成11年分　農業所得標準」（表紙なし）
「平成12年分　農業所得標準」（熊本西税務署／熊本東税務署／熊本中央地区税協議会）
「平成13年分　農業所得標準」（熊本西税務署／熊本東税務署／熊本中央地区税協議会）
「平成14年分　農業所得標準」（熊本西税務署／熊本東税務署／熊本中央地区税協議会）

　平成15年分から，税務署別の「農業所得者の記帳簡素化のための基準額等」に変更されている。

索　引

英　数

5中3平均 …………………………… 166
GHQ …………………………… 32, 108
IAS第41号「農業」 ……………… 238
JAカレッジ ………………………… 72
JAバンク …………………………… 87
JAへの委託販売 ………………… 122
J.C.エッシーン …………………… 108
TPP ………………………………… 1, 257

あ　行

相対取引 …………………………… 256
青色申告 …………………………… 19
青色申告決算書（農業所得用）の収入金
　額記入例 ……………………… 94, 129
預け在庫 ………………… 46, 122, 232
アルブレヒト・テーア ……………… 30
石黒忠篤 …………………………… 63
委託販売 …………………………… 46
委託簿記法 ………………………… 63
受身の方法論 ……………………… 24
大槻正男 ………………………… 25, 58, 63
大原式経理方式 …………………… 109

か　行

概算金 …………… 45, 47, 164, 251, 252
概算金決定の流れ ………………… 165
価格決定権 ………………………… 86
家事消費 …………………………… 179
家事消費高 ………………………… 124
家事消費取引 ……………………… 124
家事消費取引仕訳 ………………… 123
関係市町村 ………………………… 100
完全ブラインド状態での相対取引 … 256
期首仕掛品棚卸高 ……………… 132, 134

期首農産物棚卸高 ………… 93, 126, 130
記帳慣行 …………………………… 155
期末仕掛品棚卸高 ……………… 132, 134
期末農産物棚卸高 ………… 93, 126, 130
供出割当制度 ……………………… 156
競争 ………………………………… 1, 10
京大式農家経済簿記 …………… 26, 57, 67
京大式農家経済簿記の真の画期性 …… 64
京大式農家経済簿記の特徴と画期性 … 60
京大式農家経済簿記の目的と方向性 … 64
共同計算 …………………………… 238
京都大学農学部 …………… 28, 55, 103
記録 …………………………… 270, 271
記録の受益者 ……………………… 31
記録連鎖機能 ……………………… 271
組合員経済の計画化 ……………… 74
組合取引の集中管理 ……………… 74
クミカン ………………… 73, 110, 115
クミカンの特徴 …………………… 85
クミカンの反省点 ………………… 86
クミカンの別な狙い …………… 74, 116
原価計算 ……………… 39, 50, 233, 270
現金現物日記帳 …………… 27, 58, 59
現金主義 …………………………… 46
公定価格 …………………………… 40
合法的逃税 ………………………… 159
コスト削減 ………………………… 3
米卸し会社 ………………………… 47
米生産費調査 ……………………… 67
米の主な流通経路 ………………… 165
米の概算金 ………………………… 164

さ　行

財産純増加額 ……………………… 27
財産台帳 …………………………… 27
時価評価 …………………………… 221

事業消費	179
事業主貸	17, 125, 178
事業主借	17, 125, 178
自計式	62
自己育成資産	16
自己監査機能	58
市場流通	86, 136
市場流通問題	86
自然増殖	22
自動貸越	115
シャウプ税制勧告	108
収穫基準	34, 36, 37, 39, 50, 90, 93, 135, 138, 151, 181, 210
収穫基準による期末農産物棚卸高の評価	144
収穫基準の両義性	144, 149
「収穫基準」を適用した場合の具体的計算例（簡易な計算方法）	148
「収穫基準」を適用した場合の具体的計算例（原則的な計算方法）	146
収穫時の販売価額	40, 44, 101, 127, 137
収穫量課税方式	156
収入金課税方式	156
純額法	131, 133, 225
小規模兼業米農家	31, 77
消費税	198
食糧管理法	66
所得税青色申告決算書（農業所得用）	95, 129
所得税青色申告決算書（農業所得用）の記入フォーム	130, 139
所得税法青色申告決算書における取扱い	93, 123
所得標準の決定	99
申告納税の衣を着た賦課課税	168
水稲売上高	122
税還付	114
生産費	57, 66, 103
税の執行側のニーズ	40
政府買い上げ価格	57
税務会計	20, 56
税務官庁	100
税務規定	18
全国農業経営コンサルタント協会	119, 141
総額法	131, 133, 225
損益計算	140
損益通算	114

た 行

貸借二面的記入	140, 143
他計式	62
単記式複計算簿記	26
反別課税	86, 141, 169, 170
坪刈り	55, 105
統計調査	105
統計調査の本質	69
統計の調査簿記	65
トレーサビリティ機能	271

な 行

中曽根行革	55
日本ビジネス技能検定協会	119, 141
農家家計簿記	30
農家経済調査	54, 66, 69, 104
農家経済余剰	27
農協	6, 11, 100, 255
農協の金融事業	77
農協のワンストップ体制	83, 84
農協簿記	8, 72, 76, 85, 106, 107, 262
農協問題	32
農業経営基盤強化促進法	198
農業所得	124, 158, 159
農業所得課税の甘さ	159
農業所得金額の計算	146, 148
農業所得標準	155, 156
農業所得標準の適用状況推移	162, 171
農業所得標準の廃止	160

農業税務簿記 ……………… 8, 34, 90, 96, 259
農業税務簿記をめぐるトライアングル体
　制 …………………………… 100, 101, 115
農業統計調査簿記 ………… 8, 57, 102, 260
農業特有の会計処理 …………………… 121
農業に関する標準・基準 ………… 41, 170
農業簿記 ………………… 3, 65, 185, 269
農業簿記関連研究 …………………… 21, 25
農業簿記検定 ……………………………… 5
農業簿記検定教科書3級 ………… 92, 120
農業簿記特殊論 ………………………… 22
農業簿記の目的 ……………………… 2, 113
農作物の受払いに関する記帳 ………… 149
農政トライアングル …………………… 11
農林省農家経済調査 ………………… 62, 67

は 行

フェアバリュー ………………………… 243
賦課課税制度 …………………………… 155
複計算簿記 ………………………………… 58
複式処理 …………………………………… 17

複式簿記 ……………… 30, 51, 109, 140, 235
複式簿記の機能 ………………………… 271
複式簿記の実質 ………………………… 140
米価 ……………………………………… 169
簿記本来の目的 ………………………… 113
保護 …………………………………… 1, 10
補助金問題 ………………………………… 86

ま 行

前受金 …………………………………… 122
未収穫農産物の棚卸評価仕訳 ………… 130
未販売農産物の棚卸評価仕訳 …… 126, 127
面積課税方式 …………………………… 156

ら 行

利用高配当 ……………………………… 108
利用高配当原資の計算 ………………… 111
臨時税理士法（臨税） ………………… 114

わ 行

ワンストップ体制 ………………… 81, 85

〔著者略歴〕

戸田　龍介（とだ　りゅうすけ）

神奈川大学経済学部教授
経済学博士（九州大学）
1964年東京都生まれ

■主著

『農業発展に向けた簿記の役割―農業者のモデル別分析と提言―』（編著，中央経済社，2014年，2014年度日本簿記学会・学会賞受賞），『国際会計基準を学ぶ』（共著，税務経理協会，2011年），『通説で学ぶ財務諸表論』（共著，税務経理協会，2009年），『明解　簿記・会計テキスト』（共著，白桃書房，2007年）ほか多数。

神奈川大学経済貿易研究叢書第30号
日本における農業簿記の研究
―戦後の諸展開とその問題点について―

2017年3月25日　第1版第1刷発行

著　者	戸　田　龍　介	
発行者	山　本　　　継	
発行所	㈱中央経済社	
発売元	㈱中央経済グループパブリッシング	

〒101-0051　東京都千代田区神田神保町1-31-2
電話　03（3293）3371（編集代表）
　　　03（3293）3381（営業代表）
http://www.chuokeizai.co.jp/
印刷／東光整版印刷㈱
製本／誠　製　本㈱

© 2017
Printed in Japan

＊頁の「欠落」や「順序違い」などがありましたらお取り替えいたしますので発売元までご送付ください。（送料小社負担）
ISBN978-4-502-21751-7　C3034

JCOPY〈出版者著作権管理機構委託出版物〉本書を無断で複写複製（コピー）することは，著作権法上の例外を除き，禁じられています。本書をコピーされる場合は事前に出版者著作権管理機構（JCOPY）の許諾を受けてください。
JCOPY〈http://www.jcopy.or.jp　eメール：info@jcopy.or.jp　電話：03-3513-6969〉

■おすすめします■

学生・ビジネスマンに好評
■最新の会計諸法規を収録■

新版 会計法規集

中央経済社編

会計学の学習・受験や経理実務に役立つことを目的に，最新の会計諸法規と企業会計基準委員会等が公表した会計基準を完全収録した法規集です。

《主要内容》

会計諸基準編＝企業会計原則／外貨建取引等会計基準／研究開発費等会計基準／税効果会計基準／減損会計基準／自己株式会計基準／1株当たり当期純利益会計基準／役員賞与会計基準／純資産会計基準／株主資本等変動計算書会計基準／事業分離等会計基準／ストック・オプション会計基準／棚卸資産会計基準／金融商品会計基準／関連当事者会計基準／四半期会計基準／リース会計基準／工事契約会計基準／持分法会計基準／セグメント開示会計基準／資産除去債務会計基準／賃貸等不動産会計基準／企業結合会計基準／連結財務諸表会計基準／研究開発費等会計基準の一部改正／変更・誤謬の訂正会計基準／包括利益会計基準／退職給付会計基準／修正国際基準／原価計算基準／監査基準 他

会 社 法 編＝会社法・施行令・施行規則／会社計算規則

金融商品取引法編＝金融商品取引法・施行令／企業内容等開示府令／財務諸表等規則・ガイドライン／連結財務諸表規則・ガイドライン 他

関 連 法 規 編＝税理士法／討議資料・財務会計の概念フレームワーク 他

■中央経済社■